Covid-19 :
un seul monde

Pr Jean-Philippe Derenne

Covid-19 : un seul monde

Préface du Pr François Bricaire
Avec une chanson de Pierre Perret

Odile Jacob

15, rue Soufflot, 75005 Paris

www.odilejacob.fr

ISBN : 978-2-7381-5699-0

Pour
Gaspard Descoqs
Arthur Descoqs
Colombine Descoqs

in memoriam Jacqueline et Jeanne Derenne

Préface par François Bricaire

Infectiologue, professeur émerite à Sorbonne Université ; membre de l'Académie nationale de médecine

Covid-19 : un virus et une pandémie, oui, mais une pandémie qui interpelle, qui interroge. Il est dans l'ordre des choses de voir émerger de temps à autre, à des périodes variables, peu ou non prévisibles, une infection épidémique dont la diffusion géographique conduit à un état de pandémie. Mais la survenue brutale d'une pandémie due à un virus appartenant à une famille bien connue et le plus souvent peu agressive, qui va revêtir pendant des mois des aspects inconnus, déroutants, inattendus, a de quoi susciter interrogations, commentaires et réflexions. Voilà une épidémie qui commence comme d'autres mais qui évolue bien différemment, voilà un virus qui paraît bénin mais qui finit par tuer beaucoup plus qu'on ne l'imaginait, voilà un virus qui déjoue tous les pronostics, attaquant de façon variable et inattendue un pays, puis un autre, avant de réattaquer sévèrement celui qu'il avait épargné ou modérément contaminé. Et que dire des manifestations cliniques, polymorphes, parfois surprenantes, sur ces formes prolongées, dites « Covid long » et quelque peu troublantes ! Voilà en tout cas un virus qui a obligé le monde entier, dans sa globalité à réagir. Il a perturbé gravement nos habitudes de travail et de vie. Et au-delà des conséquences immédiates que la pandémie provoque en matière de santé, en terme économique et social, apparaît et apparaîtra à son décours la nécessité de réfléchir sur bien des aspects de nos conduites, de nos mentalités et de nos modes de vie : mesures barrières, confinement, restrictions dans nos échanges et nos activités économiques, sociales ou culturelles nous ont contraints et nous obligent à des réflexions dans divers domaines. Ainsi, il faudra faire un bilan de la pratique du télétravail, à travers ses aspects sûrement positifs certes, mais aussi négatifs notamment sur le plan social et psychologique. Il faudra analyser nos habitudes d'achats en ligne, bien sûr pratiques et modernes, mais délétères pour le petit commerce de nos villes, détruisant la convivialité et sources de difficultés sociales. De même, l'observation que nombreux sont ceux qui souhaitent quitter les agglomérations urbaines pour s'implanter en zone rurale impose aux pouvoirs publics de devoir revoir structures et équipements. Il n'est pas exclu que nos habitudes de voyage, surtout lointain, soient modifiées. En période d'épidémie, comment maintenir les indispensables activités sportives et culturelles ? D'un point de vue plus orienté vers la santé, devrons-nous porter obligatoirement un masque chaque fois qu'un virus respiratoire grippal ou autre menacera ? Si de nouvelles mesures de confinement s'avéraient souhaitables, quelles en seraient les conséquences en termes de rapport bénéfice-risque ? Déprogrammer des soins médicaux ou chirurgicaux pour soulager les services accueillant des malades victimes d'une future épidémie ne constitue-t-il pas éthiquement une perte de chance potentiellement grave ?

Nombreuses sont déjà les interrogations sur l'origine exacte du virus, le pourquoi de cette émergence, les diverses modalités évolutives de la pandémie ô combien difficiles à prévoir, chez nous comme dans le reste du monde et ce sur quelle durée. Combien de futurs variants risquent-ils d'émerger ? Et les vaccins seront-ils efficaces ? Sont-ils sûrs sur le long terme ? Y en aura-t-il assez pour les « pays pauvres » ? Devrons-nous nous refaire vacciner ? Même si c'est difficile à concevoir, aurons-nous un jour un médicament antiviral efficace ? Les modalités de lutte prises par les divers pays sont-elles appropriées et valides ? II est aussi légitime de s'interroger sur les pouvoirs des médias et des communicants, les capacités de la science, les relations induites par la crise entre les générations… La liste est longue et loin d'être exhaustive.

Nous vivons dans un monde où les agents infectieux sont en permanence présents. Ils sont là à notre insu, partout, dans l'air, dans l'eau, dans le sol, et partout dans l'atmosphère la plus éloignée. Ils sont présents dans et sur tous les organismes vivants, animaux, végétaux ou minéraux. Ils nous entourent, ils sont en nous, le plus souvent pour notre bien, mais aussi parfois pour nous agresser et nous nuire. Nous subissons leur loi. Ils existent depuis la nuit des temps, apparus bien avant que les espèces animales n'apparaissent elles-mêmes sur la terre. Ils persisteront bien évidemment rendant parfaitement illusoire et incontestablement néfaste l'idée d'une vie dans un monde aseptique et stérile.

« Les maladies infectieuses sont les compagnes constantes de notre vie », écrivait en 1933 un grand pastorien, Charles Nicolle.

Nous touchons en permanence des virus, nous en respirons, nous en avalons. La quantité de virus circulants est absolument considérable et quasi innombrable au sens propre du terme. Une infime minorité est actuellement découverte. Certains experts estiment à 1,7 million le nombre de virus non encore découverts chez les mammifères et les oiseaux, dont la moitié pourrait contaminer l'homme. D'un point de vue pratique dans cette abondance de virus, seuls quelques-uns retiennent l'attention, ceux bien évidemment qui sont pathogènes pour l'homme : ceux déjà connus, contre lesquels on sait se défendre, ceux surtout connus, contre lesquels nous ne savons pas ou mal nous protéger, ceux que nous redoutons potentiellement, ceux que nous ne connaissons pas mais qui dans le futur ne manqueront pas d'apparaître et de se répandre. L'important est de souligner que l'homme doit vivre et s'adapter à un monde complexe où les équilibres sont essentiels. Il doit savoir à la fois respecter certains agents microbiens qui lui sont favorables, utiles, voire nécessaires à lui-même ou à son environnement et combattre ailleurs d'autres qui lui sont néfastes. Nous devons en tout cas bien intégrer le fait que de futures épidémies ou pandémies surviendront, correspondant à des émergences de divers agents infectieux.

La grande majorité des agents émergents proviennent du monde animal, les virus pouvant concerner l'homme étant présents dans ce que l'on appelle des réservoirs animaux. Le phénomène infectieux apparaît chez une espèce animale alors principalement concernée avant de se transmettre éventuellement à une autre, pour ensuite s'adapter à l'homme, le contaminer et se répandre. Divers mécanismes de mutation, de réarrangement du matériel génétique des agents infectieux, sont à l'origine de ces adaptations.

Les facteurs qui permettent ou favorisent une émergence sont multiples, variés et pour beaucoup d'entre eux inconnus. Parmi eux les phénomènes écologiques, climatologiques, les déplacements des populations humaines ou animales.

À ce titre, on doit insister sur le rôle majeur et souvent délétère des activités humaines qui favorisent ces facteurs. Le déboisement dans de nombreuses régions du globe, les activités industrielles, la pollution, le réchauffement climatique actuel, quelles qu'en soient les causes mais que nous constatons, sont autant d'éléments qui ne peuvent que faciliter d'éventuelles émergences. Les déforestations souvent brutales et excessives modifient l'écologie locale, la vie animale, provoquent des déplacements de populations animales, les mettant au contact de l'homme. Il y a aujourd'hui et de façon sans doute très importante la concentration animale, créée par l'homme, dans des élevages. L'importance des élevages industriels où des milliers d'animaux, poulets, canards, porcs, etc., sont entassés sur des surfaces limitées sont des foyers potentiels majeurs d'émergence d'un agent infectieux contagieux. Il suffit que ces animaux soient porteurs de germes pour que l'un d'entre eux puisse se transmettre aux humains et s'y adapter. À cause du réchauffement climatique, la fonte des glaces est à même de permettre de voir apparaître des virus, que ceux-ci soient inconnus ou antérieurement connus et redoutés comme le virus de la variole par exemple. L'augmentation des densités de population dans le monde, les fortes concentrations urbaines dans de nombreux pays comme en Asie, les contacts rapprochés entre humains et monde animal accroissent le risque d'extension d'une émergence infectieuse. Si l'on ajoute la facilité et la rapidité des possibilités pour l'homme à se déplacer, on conçoit que le phénomène d'émergence ne peut que risquer de croître dès à présent et dans le futur. Soulignons d'ailleurs que c'est en général l'homme qui est le responsable de l'extension d'une épidémie. Cela justifie qu'il faille considérer tous ces éléments, en tirer des conséquences pratiques et envisager des mesures, peut-être difficiles mais indispensables. Il est essentiel de prendre conscience de toutes ces données, si l'on veut tenter de réduire les risques infectieux, mieux les détecter, les surveiller, et développer les moyens nécessaires pour les combattre, les contrôler, en diminuer les effets.

Quoi qu'il en soit, chaque nouvelle épidémie motive le plus souvent intérêt majeur, interrogations justifiées, inquiétude d'autant plus forte que l'agent infectieux responsable est inconnu, peur de mourir, fantasmes, comportements inappropriés…

Tout phénomène épidémique soulève la question de son origine. Comment naît une épidémie ? Quelle en est l'origine et pourquoi survient-elle ? Force est de reconnaître qu'il est souvent très difficile de répondre de façon satisfaisante à ces interrogations. L'expérience du Covid-19 illustre bien la difficulté de déterminer l'origine exacte du virus. Quand aux causes naturelles précédemment évoquées s'ajoutent de possibles responsabilités humaines, quand la politique induit des comportements de réserve dans la recherche de la vérité, des cachotteries ou des mensonges, quand la suspicion des uns se heurte aux affirmations des autres, on vit alors un véritable roman pouvant être qualifié de scientifique ou plutôt d'espionnage et presque de fiction ! *Quid* exactement du laboratoire P4 de Wuhan, de ses employés, de la contamination de mineurs atteints de pneumonie dans le nord de la Chine, puisque le réservoir supposé du pangolin est abandonné ?

Par la suite, nombreux sont les facteurs qui vont permettre ou favoriser le développement d'une épidémie. Certains sont connus, d'autres, probablement la majorité, ne le sont pas.

Les premiers sont ceux qui caractérisent l'agent responsable. D'abord les connaissances que l'on peut avoir antérieurement sur lui : sur sa virulence qui s'exprime par la sévérité de l'infection ; sa contagiosité ensuite qui s'estime par le fameux « R zéro », reflet de la diffusion de l'épidémie. Les autres facteurs de développement dépendent de l'environnement et de tout ce qui peut s'y rattacher, connu ou non, de conditions météorologiques, d'habitat, des caractéristiques des populations concernées, de leur susceptibilité vis-à-vis de l'agent infectieux, susceptibilité génétique, acquisition d'un degré de protection par des contacts antérieurs avec un germe identique ou proche, de la densité de cette population, de ses modes de vie… Viennent ensuite les réactions et moyens mis en œuvre pour lutter contre l'épidémie. Les réactions individuelles et collectives de protection : isolement, mesures barrières, moyens de détection et de diagnostic, de traçage, voire confinement, limitation de circulation…, sont susceptibles de modifier le profil évolutif d'une épidémie.

Une épidémie dans sa complexité atteint volontiers les plus fragiles pour ensuite trouver de la résistance devant des sujets moins réceptifs, soit des sujets qui ont pu développer une immunité contre l'infection. C'est l'immunité collective dont on parle beaucoup, dont il est difficile d'apprécier la qualité et surtout le niveau nécessaire pour stopper la poussée épidémique. Par conséquent, diminuer les possibilités de contacts, c'est sans doute souhaitable mais c'est bien sûr retarder ou réduire l'acquisition de l'immunité collective.

Globalement, une épidémie évolue le plus souvent en plusieurs phases. Après un début progressif, ailleurs plus explosif, survient une phase ascendante de pente et de durée variable, jusqu'à un pic qui peut être un plateau. C'est ensuite la phase descendante, elle également variable en pente et durée pour aboutir progressivement à une régression complète ou au contraire une persistance sur un mode plus faible pouvant précéder des phénomènes de rebond, eux-mêmes d'intensité et de durée variables, pouvant se succéder sur plusieurs semaines à plusieurs mois. En dépit d'une régression qui pourrait paraître complète, d'autres vagues peuvent survenir, dues au même agent infectieux, ou à certains de ses variants, au profil évolutif comparable. Ces vagues peuvent toutefois être différentes de la ou des précédentes en sévérité comme en longueur. Malheureusement il est souvent très difficile de prévoir de façon fiable ces rechutes de l'épidémie ; divers scénarios sont possibles. Souvent s'imposent donc le maintien de moyens de lutte et une surveillance attentive et prolongée. Si la mise en place de mesures de protection peut favorablement influencer le cours évolutif d'une épidémie, force est de reconnaître que très souvent la circulation de l'agent continue, surtout lorsqu'il s'agit d'un virus, ce quoi que l'on fasse et que de toute façon le profil de l'évolution reste le même avec le plus souvent cette courbe, dite « en cloche », qui à chaque éventuelle poussée garde schématiq uement ses trois périodes d'ascension, de plateau, de décroissance.

Il convient aussi d'insister sur le fait que rares sont les épidémies qui sont identiques. La variabilité et l'imprévisibilité sont les deux maîtres mots en ce domaine. Malgré cela, on peut et on doit tirer avantageusement profit des épidémies antérieures. Elles ont souvent des points communs, des aspects associés à des données biologiques et épidémiologiques proches, voire identiques. Ceci est essentiel pour préparer le futur, réfléchir et s'organiser. Il faut aussi rappeler que d'une façon générale l'expression même d'une maladie infectieuse peut évoluer dans le temps, changer. Charles Nicolle, une fois encore, écrivait : « Les maladies infectieuses, il en naîtra de nouvelles, il en disparaîtra lentement quelques-unes ; celles-ci ne se montreront plus sous les formes que nous leur connaissons aujourd'hui. »

La sagesse a toujours valorisé l'importance de la préparation. « Gouverner, c'est prévoir. » L'anticipation des phénomènes et en particulier s'il doit s'agir de catastrophes sanitaires, est une nécessité absolue. Cette préparation doit savoir s'adapter en fonction de l'évolution des connaissances, des possibilités techniques, des capacités de nos structures. Elle doit tenir compte des volontés politiques en guidant, conseillant, stimulant si nécessaire nos décideurs. Elle doit tenir compte du passé, des expériences antérieures. De façon générale, il est impératif de rappeler que la santé coûte cher. Si les valeurs d'une société mettent en avant le respect de la vie, la volonté absolue de protéger la majorité de la population, de sauver le maximum de malades, il est fondamental de prévoir et de mettre à disposition les moyens financiers notamment, pour organiser tout ce qui sera nécessaire à la lutte contre une épidémie. Il faut le faire par anticipation et ne pas attendre la survenue de la crise sanitaire. Cette position peut apparaître antinomique avec les intérêts économiques d'un pays. C'est exact, mais ce qui semble déraisonnable en période de calme peut devenir parfaitement justifié en période de crise. Il est vrai aussi que l'imprévisibilité des épidémies rend très compliquée la justification anticipée de dépenses en ce domaine. Mais même sans tenir compte du sacro-saint principe de précaution, on doit en matière de prévention et de préparation se montrer suffisamment généreux et large pour ne pas avoir des regrets plus tard. Nous venons de le vivre avec la pandémie de Covid-19. Se préparer c'est en ce domaine tenter au maximum d'avoir une vision à long terme. C'est utiliser des moyens qui peuvent sembler coûteux, éventuellement inutiles. Tout comme une assurance peut sembler chère avant l'accident, une préparation de crise sanitaire est aussi un investissement et une protection pour un avenir incertain hypothétique et mal connu.

Pendant toutes ces dernières années, les objectifs imposés par nos autorités de santé en France allaient justement à l'encontre de ce qu'il fallait faire en ce domaine. La volonté constamment exprimée de rentabiliser la santé, la volonté de nos directions hospitalières de regrouper des structures, de fermer des lits d'hospitalisation, de réduire le nombre de postes et de personnel ne pouvaient aboutir qu'à des difficultés futures en particulier en cas d'épidémie. Nombreux étaient les chefs de services hospitaliers qui ont tenté d'alerter, de s'opposer, de freiner ces orientations. Ce fut globalement sans succès. Les directions hospitalières sont devenues toutes-puissantes, l'autorité et l'écoute médicale ont, sur ce point, malheureusement régressé.

Il est vrai que les dépenses de santé doivent être maîtrisées. Mais reconnaissons ici que beaucoup de gabegies pourraient être dénoncées, permettant des réductions de dépenses non ou mal maîtrisées et sûrement injustifiées. La pratique médicale permet hélas de le constater quotidiennement. On ne contrôle pas nombre d'investigations biologiques, radiologiques parfaitement inutiles, nombre de prestations médicales ou paramédicales davantage encore qui ne sont que du confort et que la Sécurité sociale rembourse largement sans vérification, des doublons de consultation que rien ne justifie sur le plan médical. La liste des prestations discutables ou indues pourrait être revue avec bénéfice pour nos finances publiques.

Quant à la recherche, il est également fondamental et indispensable qu'elle soit financée et largement pourvue. Le retard pris en ce domaine par la France est majeur. Les résultats sont là : la France a reculé dans le classement international, la pandémie a mis en lumière notre retard dans les avancées en vaccinologie où nous, pays de Pasteur, étions pourtant longtemps leaders.

Et pourtant la France se prépare. Dire que lorsque survient une crise nous ne sommes pas prêts est excessif. Il est vrai que chacune des particularités qui caractérise les différentes épidémies fait que jamais l'on ne peut être parfaitement prêt. Il est trop souvent méconnu que depuis déjà de nombreuses années divers organismes travaillent sur ce sujet et contribuent à structurer et à mettre en place les moyens de détection et de lutte contre les maladies infectieuses émergentes. Des cellules existent dans les ministères concernés, différentes structures collaborent sous l'égide de l'État à cette préparation. Certes on a pu dire que l'État agissait avec retard. Mais des organismes comme l'Assistance publique – Hôpitaux de France (AP-HP) par exemple ont depuis longtemps non seulement réfléchi mais aussi établi des plans d'action précis. L'AP-HP a créé notamment dans plusieurs de ses hôpitaux des centres référents. Des services d'accueil avec des chambres d'isolement ont été construits. Le Coreb (Coordination du risque épidémiologique et biologique) est en place depuis plusieurs années. Il fonctionne et a déjà fait ses preuves.

Mais, de façon sans doute anecdotique, remontons en arrière, pour constater que cette volonté de préparation et d'organisation dans la lutte contre les épidémies est ancienne. Vers la fin du XIXe siècle (1884), il fut décidé de construire un hôpital à Paris, en bordure de sa ceinture, ce qui devait devenir les boulevards extérieurs ou des Maréchaux. Cet hôpital était destiné à accueillir exclusivement les malades infectés et infectieux, contagieux donc, en cas d'épidémie. À cette époque, les épidémies de choléra étaient celles les plus redoutées. Cet hôpital construit sur un mode pavillonnaire était organisé avec beaucoup de chambres dites « seules », rareté à cette époque, avec des galeries extérieures permettant la circulation des personnels soignants, et réduisant le risque de contagion. Ce fut le lazaret de Paris. Il s'étendait de la porte d'Aubervilliers jusqu'au canal de l'Ourcq, porte de la Villette. Il était en mesure de recevoir immédiatement un nombre important de malades en cas d'épidémie. Par la suite cet hôpital baptisé « Claude-Bernard » est devenu un centre d'hospitalisation et de recherche exclusivement destiné aux maladies infectieuses et tropicales. Étaient hospitalisés des adultes mais aussi des enfants. Il y avait entre autres des pavillons où étaient regroupés les malades par infection : pavillon de la rougeole, pavillon de la varicelle, des oreillons, de la coqueluche, et également un pavillon où étaient hospitalisés les malades fébriles sans diagnostic immédiatement établi, dit « pavillon des douteux ». Un grand hôpital internationalement reconnu, le « temple » des maladies infectieuses où de très grands noms de la médecine française se sont succédé et ont créé « l'École de Claude Bernard ». C'est là qu'étaient enseignées les maladies infectieuses. C'est là que se faisait la formation clinique et biologique des médecins dans cette spécialité. C'est là que l'on pouvait apprendre tout ce qui concernait l'infectiologie au sens large du terme et acquérir un esprit très structuré autour des prises en charge des maladies infectieuses et de ceux qui en étaient victimes. On parlait même d'un « esprit Claude Bernard » ! Qui voulait devenir infectiologue devait obligatoirement passer par Claude Bernard.

Cette structure avec un nombre important de lits est devenue avec la vision moderne de nos directions hospitalières non rentable, onéreuse, donc à fermer. À cette époque certains prétendaient que les maladies infectieuses étaient vaincues et n'étaient plus un souci. L'hygiène, les vaccins et les antibiotiques avaient réglé la majorité des problèmes. Des voix médicales autorisées se sont élevées fortement pour empêcher la fermeture de ce prestigieux hôpital. Rien n'y fit. Claude-Bernard fut fermé en 1988 sous prétexte de vétusté. L'épidémie de sida était en pleine extension !

En période de crise, la communication est tout à fait fondamentale. De sa qualité dépendent la réaction de la population, son acceptation des mesures proposées, sa tolérance, son implication et sa réactivité dans la lutte à mener contre le phénomène infectieux. D'une façon générale, communiquer est difficile.

Les choses en cette matière ont beaucoup évolué. À côté de l'essentielle presse écrite qui permet analyse et réflexion, l'importance de la radio mais surtout celle de la télévision ont entraîné une accélération de l'information avec bien sûr des avantages mais aussi des inconvénients. Notamment sont apparues des chaînes d'information en continu. Celles-ci ont besoin d'une information immédiate, suffisamment marquante pour retenir l'attention de ceux qui regardent, et faire en sorte de les retenir pour valoriser leur audimat. Cela aboutit à une information qui se veut extrêmement rapide, répétée « en boucle », avec des commentaires variés certes mais eux aussi rapides, donc exprimant des opinions tronquées ne favorisant pas la nuance. Les échanges et débats proposés, si possible contradictoires, laissent souvent le spectateur sur des interrogations ou des doutes qui ne facilitent pas la construction de sa propre opinion. On voit nettement que ce qui retient l'attention des journalistes est ce qui fait peur. L'objectif est de retenir, de développer ce qui est stressant, ce qui est négatif. Entre deux nouvelles sur le même sujet, l'une rassurante, l'autre inquiétante, c'est la seconde qui est valorisée. D'où des biais majeurs dans la présentation de ces informations instantanées. Trouver le ton adéquat pour ne pas sombrer dans les excès du catastrophisme induisant une peur dont on sait qu'elle est mauvaise conseillère autant que de rassurer abusivement ce qui est tout aussi néfaste n'est pas facile. La crise du Covid l'a très bien illustré : ce fut un tsunami d'informations comme jamais vu, des pics d'audience incroyables. On ne parlait plus que de cela ; le reste de l'information était gommé. Ces constatations participent par conséquent à un certain degré de désinformation. À la décharge de certains de ces médias, il est souvent difficile de répondre à la nécessité d'informer en instantané, sans possibilité de vérification immédiate. Il est difficile quand on ne connaît pas un sujet de savoir sélectionner, de rester objectif. Il faut souligner la difficulté de choisir et de trouver dans l'heure les experts ou prétendus tels, pour commenter une information qui vient de leur être fournie. Qui inviter, qui est autorisé à s'exprimer valablement, qui s'exprime suffisamment bien pour être clair, simple, donc compris ? La « science » est néanmoins souhaitée, recherchée et invitée à travers certains de ces experts. La parole de quelques-uns peut être valide et entendue. Ailleurs, les distensions, les contradictions dans les propos tenus ou les affirmations exprimées souvent constatées ne peuvent que faire naître le doute déjà évoqué, les interrogations ou les rejets. Le bon scientifique doute lui-même ; cela est évidemment mauvais en termes de communication et de désir de convaincre. Tout cela aboutit à ce que l'on entend régulièrement : « On ne sait plus qui croire ! »

Or il faut y insister, la science dans des domaines comme la biologie et la médecine a besoin d'échanges contradictoires, de discussions, de vérifications des données. Les chercheurs en ces domaines le font en permanence mais entre eux. Les publications de la littérature scientifique et les divers colloques, congrès ou réunions sont faits pour cela. Lorsque ces débats se font sur la place publique, sur les plateaux de télévision, les risques de dérapage et d'incompréhension deviennent grands. Et puis, comme corollaire, les sciences de la vie ont besoin de temps. La sûreté des informations à donner au public impose que celles-ci aient été suffisamment réfléchies, contrôlées, validées, « digérées ». En période épidémique, les inconnues sont telles qu'il est quasiment impossible de répondre à ces critères fondamentaux. Et l'obligation d'informer en instantané est évidemment incompatible avec ces contraintes. Or il est impératif de ne faire aucune entorse à l'intégrité scientifique. Science qui en l'occurrence se doit de rester modeste et de le montrer. Dire que l'on ne sait pas est également honnête et fondamental.

Et puis, à part, il y a les réseaux sociaux, dont la place est aujourd'hui majeure. Ils sont devenus par conséquent incontournables dans cette communication, mais incontrôlables. Ils sont en permanence transmetteurs du pire comme du bon. Cela n'est pas surprenant puisque tout peut être exprimé. En positif, ils maintiennent des liens sociaux, ce qui en période de crise est fort utile. Ils contribuent largement à délivrer une quantité énorme d'informations, et à permettre de larges échanges. Ils peuvent être d'efficaces lanceurs d'alerte. En négatif, ces informations sont en règle non contrôlées, donc discutables. La parole des uns est mise à égalité avec celle des autres sans hiérarchie, ce qui est donc très dommageable à la diffusion de la réalité et de la vérité. Ce sont eux surtout qui sont à l'origine des nombreuses *fake news*, participant au maintien de l'inquiétude et de l'angoisse dans la population. Entretenir et développer des théories comme celle du complot est par exemple particulièrement néfaste et redoutable. Il s'y ajoute des invectives, voire des menaces à l'encontre de personnes qui ne sont pas acceptables.

Il y a aussi la communication gouvernementale, la communication officielle.

Lorsque l'on parle de communication officielle, il faut reconnaître qu'elle est de base délicate surtout en période de crise. Elle doit tenir compte d'éléments qui touchent au politique et parallèlement des possibles réactions de ceux qui la reçoivent. Elle est attendue, observée, analysée, épluchée pour être commentée et critiquée. Les erreurs et surtout les contradictions relevées ne sont que rarement pardonnées. Cette communication doit donc être très travaillée et dans le fond et dans la forme.

Elle doit s'imposer de respecter en permanence le citoyen dans le contenu des messages à faire passer comme dans les modalités de leurs diffusions. Cela veut d'abord dire : présenter la vérité des faits, vérité authentique, vérité scientifique qui peut être éloignée de la vérité politique. Il faut expliquer simplement et clairement le pourquoi de décisions qui ne seraient pas en rapport avec la réalité scientifique mais obligées pour des raisons autres que matérielles par exemple. Celles-ci peuvent parfaitement être entendues si leurs justifications sont rationnelles, valides, simplement et bien expliquées. Au début de la pandémie de Covid-19, il aurait été plus adroit d'expliquer qu'en l'absence de masques en suffisance en France, il n'était pas recommandé en l'état d'utiliser cette protection plutôt que d'affirmer de façon péremptoire que le port du masque ne servait à rien, était donc inutile et non recommandé. D'autres organismes peuvent aussi participer à la communication en période de crise sanitaire. Leur responsabilité publique reconnue ou leur réputation les rendent légitimes pour pouvoir s'exprimer. À la condition que leurs messages soient adaptés au contexte, scientifiquement valides, clairs, précis avec pour but d'être objectifs, constructifs, et de se montrer si possible forces de proposition, ces structures peuvent apporter beaucoup. Leur positionnement peut être volontiers considéré comme indépendant et néanmoins officiel. Ainsi, l'Académie nationale de médecine a très bien rempli ce rôle durant la pandémie de Covid, en publiant régulièrement des avis et des communiqués de qualité sur les points importants de l'épidémie et de sa gestion. Elle a de cette façon pris position, en toute indépendance, sensibilisé l'opinion et apporté des données valides, souvent reprises par les médias.

Pour conclure : nous sommes dans un monde où les aspects infectieux sont une constante avec lesquels il faut et il faudra continuer à compter. Il importe sans doute entre autres réflexions de s'interroger sur l'évolution des relations entre l'homme et la nature. A-t-on dépassé les limites acceptables de tolérance d'une nature très, voire trop agressée par une humanité devenue trop prégnante, écrasante car très nombreuse en de nombreux endroits du globe ? C'est la notion d'Anthropocène. Hors de question bien sûr de tomber dans des interprétations anciennes ou fantasmatiques qui faisaient des épidémies des punitions divines, ou vouloir même interpréter un tel phénomène comme quelque chose d'inéluctable ou de répréhensible. Mais à toute chose malheur doit être bon ! Interrogeons-nous sur nos façons d'envisager nos actions sociétales, nos objectifs en tant qu'humains, nos relations avec notre environnement. Cette remarque est sûrement naïve, peut-être parfaitement illusoire pour ne pas dire irréaliste, mais elle se devait selon nous d'être évoquée.

Durant toute cette crise pandémique, Jean-Philippe Derenne a, au jour le jour, relevé dans chaque pays du monde les évolutions de l'infection, le nombre des cas. Il a colligé un nombre impressionnant de données. Avec le talent littéraire que beaucoup lui connaissent, sa grande culture, avec la légitimité d'un pneumologue hospitalier, enseignant, ayant beaucoup réfléchi et travaillé sur des phénomènes épidémiques, écrit avec moi sur la grippe aviaire en 2005 un livre prémonitoire et la dernière pandémie de grippe A (H1N1), chacun se plaira à lire dans cet ouvrage avec intérêt ses réflexions et commentaires sur la crise pandémique due au virus du Covid-19.

Avant-propos

Un seul monde. C'est un seul monde que depuis presque deux ans le Covid-19 a attaqué. C'est l'ensemble des peuples qu'il a touché, blessé, meurtri. Avec ses cas par dizaines de millions et ses morts par millions. Entraînant désarroi, peur, rupture des liens affectifs et familiaux, crise économique sans précédent. Et avec son corollaire, que l'on a retrouvé toutes les fois qu'une maladie épidémique grave, une pandémie, a frappé la planète, des réactions irrationnelles de dénégation, de recherche de coupables et de boucs émissaires, avec la prolifération des escrocs, des négationnistes de tout poil et des charlatans. Et, comme c'est un mal nouveau, inconnu jusque-là, une cacophonie apparente de spécialistes dépassés par l'événement.

Pourtant la situation est simple et n'a jusqu'ici pas changé. Virus nouveau sans traitement efficace, c'est simple, il ne faut pas l'attraper et, si on l'a, ne le donner. Car il est contagieux et se transmet par la respiration. Et pour ne pas l'attraper, il faut se mettre à distance et se faire vacciner. Un point c'est tout. Mais une vérité aussi simple, aussi compréhensible par tous, ne plaît pas à ceux qui préfèrent les dédales compliqués de l'erreur. Et Dieu sait que de nombreux gouvernements sont tombés dans ce piège et, au lieu de guider leurs peuples avec sagesse, les ont entraînés dans les méandres de l'inquiétude, de l'incertitude et de la crainte.

Mais le Covid-19 a eu aussi un aspect positif. Car face à lui, c'est l'humanité tout entière qui compte jour après jour cas et morts. C'est l'ensemble des peuples de la terre qui se mobilise contre la maladie. C'est les plus de 200 vaccins à l'étude. C'est la mise au point avec une rapidité inattendue de plus de 12 vaccins apparemment efficaces. C'est plus de 5 milliards de doses administrées. C'est aussi les plans d'aides aux pays les plus pauvres.

Ce livre, écrit comme un récit continu et aussi comme un journal car il est le résultat de l'étude quotidienne depuis janvier 2020 de tous les cas et les morts de l'ensemble de la planète, donne un état réel de la situation. Basé sur les statistiques officielles et les sources scientifiques les plus éminentes, il donne au lecteur un état réel des faits, rien que les faits, en dehors de tout aspect polémique. Il analyse et critique les politiques mises en place face à ce fléau et fait des propositions.

Introduction

Apparue à la fin de l'année 2019 dans la ville de Wuhan, dans la province du Hubei en Chine, l'épidémie de pneumonie causée par un nouveau venu identifié dès le 7 janvier 2020, un coronavirus nommé SARS-CoV-2 par l'Organisation mondiale de la santé (OMS) le 11 février 2020, a touché rapidement l'ensemble de la planète, et l'état de pandémie, des mots grecs *pân*, « tout » et *dêmos*, « peuple », c'est-à-dire qui touche tous les peuples, a été déclaré le 11 mars 2020.

Comme au cours des pandémies antérieures, elle a entraîné une multitude de réactions : négation, sous-estimation, recherche de boucs émissaires, intrusion de charlatans, diffusion de fausses nouvelles, stigmatisation de certains. Et ces réactions ressemblent à celles qui ont accompagné les précédentes.

Quant à ses conséquences, elles sont multiples, économiques, psychologiques, sociales, politiques. Et diffèrent selon les pays en fonction de la façon dont les pouvoirs publics ont géré la situation.

Alors que nous sommes loin de la fin et que de nouveaux développements se profilent à l'horizon avec l'arrivée des mutations et des vaccins, il nous semble utile de faire le point d'une manière objective.

NB : Le virus s'appelle SARS-CoV-2.
La maladie est le Covid-19.

I

SARS-CoV-2
et
Covid-19

La sale bête

La sale bête

A priori, il n'est pas bien méchant ce nouveau venu. Beaucoup moins que son grand frère qui causait le SRAS et qui tuait près de 10 % de ses victimes. Mais qui, lassé de l'espèce humaine, avait subitement disparu quelques mois après son apparition. Alors, comprenant la leçon, il a fait profil bas, est apparu comme bénin pour une immense majorité de ceux qui entrent en contact avec lui. Du coup beaucoup ne se méfient pas de lui. Il pourrait presque apparaître comme anodin, comme ce que l'on dit des 4 grands frères qui, en Europe, sont responsables d'environ 30 % des rhumes. Quoi de plus bénin qu'un simple rhume ? Hmmm, il y aurait probablement beaucoup à redire sur cette affirmation, mais... C'est vrai que parmi les petites affections hivernales, c'est celle qui semble la moins dangereuse.

Ce qu'il perd en agressivité individuelle, il le gagne en contagiosité. Et cette dernière propriété est la plus importante. En effet, en touchant des dizaines de millions de personnes, il en tue des centaines de milliers. À l'heure où ce livre paraît, les chiffres officiels dépassent les 4 millions (c'est-à-dire 2 ou 3 fois plus en réalité) alors que le SRAS n'avait pas atteint 1 000. Et puis il a une manière bien à lui de venir, de faire le gros dos sans qu'on s'en inquiète, puis tout à coup de se développer brutalement pour, soit spontanément, soit à la suite des mesures barrières prises contre lui et des vaccins, avoir l'air de disparaître. Mais, à quelques très rares exceptions (et dont la fragilité des résultats peut être brutalement mise à mal), il ne disparaît pas – la plupart des pays qui disaient l'avoir maîtrisé, la Chine, Taïwan, la Thaïlande, etc., doivent reconnaître l'apparition quasi quotidienne de nouveaux cas, pas nombreux certes mais réels. Sans compter ceux qu'à la fin du printemps on aurait pu citer comme modèles : Slovaquie, Géorgie, Jordanie, Myanmar, et qui, à l'automne, ont vu le nombre de cas se compter en centaines de mille et les morts par milliers, suivis d'ailleurs au printemps par la Thaïlande.

Quant aux pays européens, qui pensaient en avoir fini l'été 2020, on a vu l'explosion de la maladie là encore à l'automne et encore plus au printemps 2021. Le virus attaque comme une bête de proie se jette sur sa cible. En apparence il ne bouge pas. On pourrait croire qu'il est assoupi. Brusquement, alors que le danger semble écarté, il frappe et tue. Puis, son but atteint, il s'éloigne et passe ailleurs. Pour revenir le cas échéant au moment où on ne s'y attend pas.

Car il s'est humanisé. Il y a de ce point de vue une grande différence avec la grippe. Cette dernière arrive, reste pendant trois mois et disparaît jusqu'à l'année suivante. Rien de tel avec le SARS-CoV-2. Il est là, bien là, alternant la phase d'attaque et de quiescence apparente. Grâce à cette façon de se comporter, il multiplie les cas et les morts. En même temps qu'il suscite, au moins dans le monde occidental, un mouvement de négation du danger – indifférents au sort des autres, certains deviennent ses collaborateurs et le diffusent dans un mélange d'ignorance, de défi et d'hédonisme égoïste, sourd et aveugle.

Et, bien entendu, l'arrivée de vaccins qui pourraient participer à l'éradication de la sale bête suscite de la part de ces derniers un refus souvent exprimé avec violence. De ce point de vue, le Covid-19 jette une lumière crue et cruelle sur la décadence de l'Occident.

Ah oui, c'est une sale bête. Mais elle révèle aussi la faiblesse des gouvernants et la confusion des peuples. Elle révèle aussi à elle-même une génération. Elle a réveillé les jeunes médecins et soignants qui, depuis les trente-cinq heures de Martine Aubry, traînaient un blues dépressif et autodépréciatif. D'un seul coup, ils sont devenus combatifs, s'entraidant, réorganisant l'hôpital pour le plus grand bien des malades. Espérons qu'ils auront montré le chemin au reste de la jeunesse.

Pourquoi faire simple et juste quand on peut faire faux et compliqué

Depuis le début de la pandémie, quelques éléments simples la caractérisent :
- **c'est un nouveau virus ;**
- **il donne des pneumonies qui peuvent tuer ;**
- **il n'y a pas et il n'y aura pas à court terme de traitement.**

Donc :
- **il ne faut pas l'attraper ;**
- **si on l'a, il ne faut pas le donner ;**
- **et si on est malade, il faut des scanners pour faire le diagnostic des ventilateurs et des gens sachant les faire marcher en cas de besoin.**

Le tout en attendant un vaccin et éventuellement un traitement efficace.

À quelques détails près, rien n'a changé, même si le vaccin est arrivé, car il faudra du temps pour qu'il soit administré à suffisamment de monde pour que le danger disparaisse (ce qui nécessite des traitements efficaces).

Une affaire mondiale

Une pandémie, par définition, touche l'ensemble du peuple, c'est-à-dire des peuples de la planète. À entendre certains médias et à lire certaines proses, on a l'impression qu'il s'agit d'une histoire franco-française, voire pour certains d'un match entre cités qui rappelle les rivalités de certains clubs de football. De même a-t-on vu tel ou tel s'épancher sur la plus faible mortalité en Allemagne qu'en France. Tout cela est réducteur, fallacieux et en définitive délétère.

En effet, la seule façon de comprendre ce qui se passe est de suivre dans l'ensemble des pays du monde la progression tant des cas que de la mortalité. Et on se rend compte que les petites querelles hexagonales sont dérisoires. Que les comparaisons citant tel pays en exemple sont démenties par l'évolution de la pandémie. Phénomène nouveau, l'analyse de la pandémie passe d'abord par l'observation minutieuse des faits, de leur évolution, des conséquences des interventions humaines. Le Covid-19 en fait ne ressemble à rien de connu. Pour des raisons mystérieuses, il apparaît, semble stable, tout à coup, se développe à une vitesse qui fait craindre le pire, puis se calme, comme maîtrisé. Mais même dans ce cas, de nouvelles infestations se font jour et c'est dans des pays où on croyait que tout était sous contrôle (par exemple, pour le mois d'octobre 2020 de la Jordanie ou de la Slovaquie) que brutalement il se répand. Qui plus est, sa mortalité est incroyablement variable selon les pays et au sein des mêmes pays comme cela a été le cas dans l'ouest de l'Europe de février à mars comparé à la poussée de l'automne 2020.

Affaire mondiale, le Covid-19 est aussi un projecteur implacable sur l'extraordinaire diversité des situations, sur la sagesse – ou l'incompétence (souvent doublés de l'arrogance) – des dirigeants, sur les moyens, sur l'honnêteté de l'information des différents pays. Tous, ou presque tous, comptent cas et morts. Et prennent part à ce que le futur jugera. De ce point de vue, ce qui est recueilli aujourd'hui servira à faire un bilan qui n'épargnera aucun pays, aucun gouvernement. Car c'est bien au nom de l'humanité tout entière que les leçons de ce fléau pourront être tirées.

Tout le monde compte

Tous les jours, divers instituts publient l'état des cas, des morts, et parfois des malades graves. La fiabilité de ces informations, de toute évidence, est variable d'un pays à l'autre. Lorsqu'on dispose d'un réseau étatique permettant d'identifier précisément les malades, on peut raisonnablement penser que la réalité est proche de ce qui est publié. Toutefois, même dans ce cas, il est quasi constant que le nombre de personnes contaminées est supérieur. Il dépend en effet des critères diagnostiques utilisés et principalement des tests pratiqués. Comment comparer le Congo-Kinshasa qui ne disposait pour ses dizaines de millions d'habitants que d'un seul laboratoire et l'Islande où le nombre de tests est supérieur à celui de la population.

À côté de ces données discutables par manque de moyens, et c'est le cas de la quasi-totalité des pays d'Afrique noire, il y a ceux dont il est évident que les autorités ne transmettent qu'une information truquée et adaptée aux besoins de leur propre propagande. C'est ainsi que le président Ortega du Nicaragua, ex-guérillero gauchiste devenu un quasi-dictateur, a licencié tous les médecins qui rapportaient des chiffres 10 à 100 fois supérieurs à ceux qu'il distille toutes les semaines et qui, vu leur modicité, pourraient passer pour exemplaires.

Et puis il y a la Corée du Nord et le Turkestan : miraculeusement, la maladie a dû s'arrêter aux portes de leurs pays car, exception parmi les nations de la planète, ils ne rapportent ni malades ni, évidemment, morts.

Et il va sans dire que les nombres tant des cas que des morts sont sous-estimés, parfois probablement d'une façon importante.

Pour considérables que soient ces réserves, elles ne doivent pas faire sous-estimer l'essentiel. En effet c'est la première, et jusqu'ici la seule fois que tous les pays du monde donnent tous les jours l'état de la maladie. Montrant ainsi qu'avec ses imperfections, c'est toute l'humanité qui réagit ensemble face à un fléau qui touche toute l'humanité. Cette affirmation d'une solidarité entre les peuples et ce quels que soient les politiques et les choix faits pour combattre la maladie est une première dans l'histoire de notre planète.

Et il y a plus. En donnant cette information chaque jour, tous les pays s'engagent dans une voie sans retour et qui servira de point de comparaison pour le futur. Car personne n'échappera au fait que les excès de mortalité observés rétrospectivement invalideront un certain nombre de truqueurs. Et pour ceux qui ne disposent pas des ressources suffisantes pour identifier les cas, ce sera un argument très fort pour demander une aide internationale. En effet, comment ignorer des centaines de millions d'êtres humains qui, en se contaminant sans moyen d'en faire le diagnostic, pourraient servir de réservoir à une poussée chez les autres. Une pandémie par définition touche tous les peuples – et c'est ce que nous observons avec le Covid-19. C'est de l'intérêt évident des plus riches de permettre de diagnostiquer et de traiter la maladie dans les régions les plus pauvres pour éviter d'en être contaminés.

En comptant tous en même temps cas et morts, l'ensemble des peuples de la terre s'engage ainsi dans une voie dont la logique est de renforcer la solidarité face au mal. Et de prendre date pour le futur.

Légitimité

Pour intervenir dans un domaine il faut en avoir la légitimité et chacun doit la prouver. Quelle est la nôtre ? Cela remonte à 2005 lorsque plana le risque de la transformation pandémique de la grippe aviaire A (H5N1) qui s'annonçait particulièrement dangereuse et mortifère, les cas humains décrits ayant une mortalité de plus de 50 %. À l'époque François Bricaire était chef du service des maladies infectieuses du groupe hospitalier Pitié-Salpêtrière et moi-même du service de pneumologie et réanimation dans le même hôpital. La maladie était une pneumonie virale, autrement dit une maladie infectieuse du poumon pouvant nécessiter un passage en réanimation. Il avait alors été décidé que les premiers malades seraient hospitalisés dans nos services. Notre devoir était donc : 1) de soigner les malades ; et 2) de protéger les soignants. Nous avons alors écrit *Pandémie. La grande menace* où nous analysions la situation et faisions des propositions. Le président de la République Jacques Chirac, le ministre de la Santé Xavier Bertrand et le directeur général de la Santé Didier Houssin nous ont écoutés et les deux derniers ont élaboré le plan Pandémie unanimement salué comme un des meilleurs au monde. Heureusement, et contrairement aux prédictions des virologues, le virus ne devient pas pandémique. Étant donné la similitude générale de la pandémie du Covid-19 avec ce que nous décrivions quinze ans auparavant et dont on ne peut pas dire qu'il a été pris en compte, il convient, alors que la pandémie, malgré l'arrivée des vaccins, est bien loin de sa fin, de faire le bilan, de rappeler quelques vérités élémentaires et de décrire ce qui vient de se passer. Pas dans une optique franco-française mais du point de vue de la pandémie elle-même, c'est-à-dire de son agression sur l'ensemble de la planète, sur la réponse des divers peuples et sur les conséquences multiformes qu'elle imprime à notre monde. Sans souci de polémique, sans démagogie mais en décrivant ce sur quoi on doit réfléchir : les faits, les faits, rien que les faits.

Le virus

Tout rond avec des piques

L'agent du Covid-19 est un Bêta-coronavirus. Sa séquence génétique est proche de celle du SRAS (80 %) et encore plus du coronavirus RaT413 trouvé chez des chauves-souris en fer à cheval. Il s'appelle SARS-CoV-2.

L'ARN viral est entouré d'une enveloppe virale qui comprend des protéines d'enveloppe E et de membrane M. Et surtout des spicules (*spikes*). Les protéines des spicules S sont impliquées dans l'amarrage et l'entrée dans les cellules. La sous-unité S1 se lie au récepteur de l'angiotensine 2 (ACE2). La sous-unité S2 est préservée et considérée comme une cible pour un antiviral – la protéine S est de plus la cible du système immunitaire et joue un rôle majeur dans la conception des vaccins. Une fois entré dans la cellule, le virus oblige cette dernière à fabriquer ses propres protéines virales qui, assemblées, permettent sa multiplication. Il faut signaler qu'à la différence d'autres virus, celui de la grippe par exemple, il y a eu au début peu de mutations et que leur influence ne semblait pas majeure. Et puis il s'est mis à muter pour de bon. Il semble que des différences des protéines de surface expliquent la plus grande transmissibilité du Covid-19 par rapport au SRAS, par deux mécanismes : ancrage plus solide sur le récepteur de l'angiotensine 2 et plus grande affinité pour les muqueuses conjonctives et des voies aériennes supérieures. La distribution du récepteur de l'angiotensine 2 explique celle de la diffusion du virus : voies aériennes et poumon tout d'abord mais aussi tube digestif et cellules endothéliales des reins et du système vasculaire. Cependant, les constatations pathologiques, en particulier à l'autopsie, peuvent être dues à l'action directe du virus ou à des phénomènes plus ou moins complexes impliquant cytokines et troubles de la coagulation.

Que diable, d'où peut-il bien venir ?

Au début, tout est simple : un nouveau virus, qui ressemble à un de ces coronavirus qui se sont établis à demeure chez les chauves-souris en fer à cheval et qui ne demandent que la proximité d'un intermédiaire pour passer chez l'homme, frappe à plusieurs reprises des usagers d'un marché de fruits de mer à Wuhan, capitale de la province du Hubei (Chine) où on trouve toute une série d'animaux vivants vendus pour la cuisine ou pour la pharmacopée traditionnelle. Quel est donc cet hôte intermédiaire ? Allons voir. Le pangolin, mais oui, c'est le pangolin. Et tout le monde de se précipiter sur ce mammifère couvert d'écailles qui a le malheur non seulement de susciter le désir de certains gastronomes mais d'être une vedette de la pharmacopée traditionnelle chinoise. Donc, pas de problème, c'est lui, c'est le pangolin. Et puis, il a été impossible de détecter chez un quelconque animal la présence du Covid-19, y compris le pangolin. On se rappelle qu'à Berlin, dans une boîte de nuit, un malade a contaminé 79 personnes. Alors, la présence du SARS-CoV-2 chez les habitués du marché de Wuhan ? Est-ce parce que le virus en provenait qu'ils ont été contaminés ? Ou, à cause du confinement de ce marché, qu'un malade a pu transmettre le virus à beaucoup d'autres ? Et du coup, l'idée du pangolin intermédiaire a été remise en cause pour disparaître, comme tant d'autres, dans les poubelles de l'histoire de la pensée. Nouveau suspect : quelques années auparavant, en 2012, 6 ouvriers chargés de nettoyer le guano de chauves-souris en fer à cheval dans une mine abandonnée à Tongguan, dans le canton de Mojiang, sont hospitalisés à Kunming dans le Yunnan avec une pneumonie virale et des signes de thrombose pulmonaire (ce qui est caractéristique du Covid-19), le premier le 25 avril 2012, 3 des 6 meurent. Est-ce que le Covid-19 ne viendrait pas de là ? Si la présentation clinique fait de ces 6 victimes de potentiels malades du Covid-19, la biologie n'est pas claire. Comme l'explique Christophe Foucart dans le journal *Le Monde* du 23 décembre 2020, un mémoire de 2016 fait mention d'anticorps contre les coronavirus chez 4 mineurs de Tongguan. Mais ces derniers auraient été victimes d'une affection de nature fongique. C'est-à-dire sans aucune relation avec le coronavirus. Par ailleurs, on aurait collecté dans cette mine 9 coronavirus Bêta, c'est-à-dire proches du Covid-19.

Et puis il y a ceux qui pensent qu'il a pu s'échapper d'un laboratoire (rappelons que Wuhan a le seul P4 de Chine). Sans qu'il y ait aujourd'hui de preuves.

Une seule certitude, semble-t-il : il n'a pas été fabriqué en laboratoire même si certains n'excluent pas que des expériences de « gain de fonction » aient pu amener un virus à être plus apte à se répandre et qu'il se soit échappé.

On le voit, il n'existe aujourd'hui aucune piste indiscutable et l'origine du virus reste mystérieuse. D'où la prolifération des théories complotistes accusant tel ou tel sur la base d'un raisonnement dévoyé partant de faits tronqués ou même totalement fictifs.

Une mission de l'OMS s'est rendue en Chine pour essayer d'y voir plus clair en janvier 2021, qui n'a pas apporté de réponse claire et définitive.

NB : Notons que plusieurs publications font état à l'automne 2019 de cas en France et en Italie. Si dans ce dernier pays c'est en Lombardie qu'il y avait le plus de sujets positifs pour le SARS-CoV-2 (région en relation avec le Hubei), ce n'était pas le cas des Français.

Fer à cheval

En matière de maladies infectieuses, il est très important de prendre en considération la notion de réservoir. C'est-à-dire de la nature de la résidence de l'agent causal. Pour la poliomyélite, c'est l'homme, et une campagne de vaccination aurait dû supprimer ce fléau (elle a été empêchée dans certains pays par des islamistes persuadés qu'il s'agissait d'un moyen de stériliser les musulmans...). Dans le cas des grippes aviaires, ce sont les oiseaux aquatiques chez lesquels la maladie est digestive : le virus est excrété dans l'eau pendant une dizaine de jours ; en ingérant cette dernière, d'autres oiseaux se contaminent et ce cycle, on s'en doute, est impossible à éliminer. Savoir où se terre l'agent causal est donc très important. En ce qui concerne les divers coronavirus, le réservoir se trouve dans des espèces de chauves-souris du genre *Rhinolophus* dites « en fer à cheval ». Ce sont de petits animaux de 20-25 g dont on se doute qu'à moins d'en faire du bouillon, l'utilisation culinaire est très restreinte. Elles font partie toutefois de préparations médicinales traditionnelles telle l'huile de chauve-souris de certains Népalais dont la préparation consiste à laisser pourrir l'animal dans un flacon d'huile de moutarde. Il semble que c'est à l'odeur qu'on sait si cette médication ô combien naturelle et parfaitement bio est prête à la prescription.

Les chauves-souris sont les seuls mammifères capables de voler de façon prolongée. Ce qui leur permet de disséminer les virus dont elles sont porteuses et augmente leurs capacités de transmission interespèce.

Au cours des quinze dernières années, plus de 30 coronavirus ont été identifiés, avec séquençage complet de leur génome. Sur les 4 groupes de coronavirus, seuls Alpha et Bêta ont été trouvés chez les chauves-souris, en Asie, en Europe, en Afrique, en Amérique du Nord et du Sud et en Australasie. Parmi ces agents pathogènes il y a les précurseurs des virus du syndrome respiratoire aigu sévère (SRAS) et du *Middle East Respiratory Syndrome* (MERS). Quant à celui du Covid-19, il a de grandes parentés avec un coronavirus présent chez une chauve-souris (*R. affinis*) qui est généralement considéré comme à l'origine de la pandémie.

Les chauves-souris en fer à cheval dont il existe plus de soixante espèces sont disséminées dans la planète. Et leur habitus est extrêmement variable, allant de groupes de quelques individus à des amas de plusieurs dizaines de milliers dans des grottes asiatiques.

Mutations et variants

C'est par la protéine S présente sur les spicules que le Covid-19 s'amarre sur le récepteur de l'enzyme de conversion 2 ACE2 et peut pénétrer dans les cellules.

On le sait, lors de la réplication du virus il peut se produire des mutations. Certains sont plus stables que d'autres et c'est à cause de sa capacité à muter et éventuellement à se recombiner (c'est-à-dire faire un métis avec un autre virus) que celui de la grippe se modifie en permanence et donc que le vaccin change chaque année.

Le virus du Covid-19, comme d'autres, mute. Mais la plupart de ces mutations (environ 4 000) n'ont pas d'influence (en apparence) sur ses propriétés tant de contamination que de création de cas graves et mortels. Le 16 décembre 2020, le ministre de la Santé britannique Matt Hancock a annoncé l'apparition dans son pays d'un mutant (VUI 2020 12/01) caractérisé par 17 changements dont le N501Y affectant la protéine S. Sortis d'une base de données de 140 000 malades, 1 108 cas avec ce variant ont été identifiés le 13 décembre, provenant surtout du sud de l'Angleterre mais aussi du pays de Galles et d'Écosse. Il avait été identifié la première fois le 13 septembre et est probablement né en Angleterre. Ce mutant est plus contagieux (+71 %), et il est un peu plus agressif.

En attendant donc, les pays de l'Union européenne ont étudié la façon de mettre en quarantaine le pays qui a décidé de les quitter (Brexit) alors qu'en décembre le mutant avait touché les Pays-Bas, le Danemark, l'Italie, l'Islande, l'Australie et la France en janvier 2021. Quasiment en même temps sont apparues d'autres mutations en Afrique du Sud, au Brésil et aux États-Unis. Qui ont eux aussi essaimé une des premières découvertes du variant brésilien, peut-être originaire de Manaus en Amazonie, ayant été faites au Japon. Cette diffusion très rapide montre d'ailleurs les limites des mesures de quarantaine. Et puis sont apparus les 3 variants indiens dont l'un appelé Delta, ayant pris le relais, au Royaume-Uni, du variant anglais, constitue une nouvelle menace et au cours de l'été a envahi la planète.

La réponse

Immunité et SARS-CoV-2[1]

Tous les êtres vivants, végétaux et animaux, disposent d'un système immunitaire inné. Qui permet de se défendre contre les agressions infectieuses à partir d'éléments disponibles immédiatement et qui ne nécessitent pas de division cellulaire. Chez les vertébrés à mâchoires (gnathostomes) il y a en plus un deuxième système immunitaire, adaptatif, qui prend plus de temps à devenir efficace et qui donne une protection plus spécifique et plus durable.

Le système inné, en dehors de la barrière physique que constituent les épithéliums, est constitué :

- de cellules sanguines (neutrophiles, éosinophiles, etc.) et tissulaires (mastocytes, cellules dendritiques, macrophages) ;
- de peptides antimicrobiens et de protéines dont celle du complément.

Ces éléments participent à l'inflammation et aux systèmes de reconnaissance.

Le système adaptatif, lié intimement au système inné, est constitué de 3 principales sortes de lymphocytes :

- B produisent les anticorps ;
- T $CD4^+$ sont dotées de diverses propriétés fonctionnelles ;
- T $CD8^+$ tuent les cellules infectées.

La mémoire immunitaire repose sur 3 types de lymphocytes : B à mémoire, $CD4^+$T spécifiques d'un virus, $CD8^+$T spécifiques d'un virus et sur les anticorps.

Un virus est dangereux s'il est capable d'échapper au système immunitaire. Identifier la façon dont il procède est important pour comprendre la genèse de la maladie et rechercher à la fois des médicaments actifs et des vaccins.

Dans une infection virale, le système inné reconnaît très vite l'agression et sonne l'alarme. Il agit de 3 façons : 1) limitation de l'infection ; 2) recrutement de cellules ; et 3) déclenchement de l'activation du

1. Ce chapitre est largement inspiré de l'article d'Alessandro Sette et Shane Crotty « Adaptive Immunity to SARS-CoV-2 and COVID-19 » (*Cell*, 2021, 184, 861-880).

système adaptatif. Autant les 2 premières actions sont rapides et essaient d'arrêter ou de limiter l'expansion virale, autant la 3e est longue (six à dix jours) car elle consiste à sélectionner et à répliquer un certain nombre de lymphocytes B, T $CD4^+$ et T $CD8^+$.

Le coronavirus SARS-CoV-2 semble particulièrement habile à retarder le déclenchement de l'activation du système adaptatif. Or il a semblé que le caractère plus ou moins grave de la maladie dépend de la réponse des cellules T spécifiques du SARS-CoV-2.

Mécanismes immunologiques pour contrôler l'infection

De manière schématique, les anticorps attaquent les virus hors des cellules et les cellules T à l'intérieur de ces dernières. Mais, alors que le taux d'anticorps n'est pas corrélé au pronostic, plus importante est la réponse en cellules $CD4^+T$ et $CD8^+T$ spécifiques, meilleur il est. Pour certains, les anticorps ne jouent pas un rôle déterminant dans le contrôle de la maladie. Mais cette position est discutée.

Immunopathologie

La réponse immunitaire peut également faire des dégâts. Et il n'y a pas de consensus sur les cellules responsables bien que celles du système inné soient généralement considérées comme les plus probables.

Réponse immune locale

C'est bien évidemment au niveau du site de l'infection que la réponse immunitaire doit s'exprimer. Qui n'est pas forcément facile d'accès. Il semble cependant que les mesures faites dans le sang soient en grande partie représentatives de la réponse immune locale.

Hétérogénéité de la réponse adaptative

L'expression clinique de la maladie est hétérogène, allant de l'absence de symptômes à la mort. Il en est de même de la réponse immunitaire.

L'âge est le premier facteur : aux États-Unis, le risque de mort est 90 fois plus grand à 65 ans qu'à 20 (et 200 à 75).

La population de cellules T naïves (celles qui peuvent se différencier) diminue avec l'âge. Et la réponse adaptative est médiocre chez les sujets âgés.

Chez l'enfant la situation n'est pas clairement établie.

Mémoire immunitaire et protection contre les réinfections

Quatre facteurs sont impliqués dans la mémoire : les anticorps, et les cellules à mémoire $CD4^{+}T$, $CD8^{+}T$ et B. De plus, une mémoire tissulaire immune locale peut être en cause.

La question est évidemment de savoir si le SARS-CoV-2 induit une mémoire immunitaire et dans ce cas laquelle et si celle-ci prévient une réinfestation par le virus et protège contre une éventuelle récidive de la maladie. Et évidemment pendant combien de temps.

Vu la courte durée de la pandémie, ce sont autant de questions sans réponses. Les anticorps ont été mesurés : stables à trois mois, diminués à six.

À six mois, il semble que les populations de cellules à mémoire $CD8^{+}T$, B et surtout de $CD4^{+}T$ soient largement conservées. Toutefois il y a une hétérogénéité entre les sujets et des études sur le plus long terme sont bien évidemment nécessaires.

Réinfestation. Il y a très peu de cas de réinfestations par la forme « classique » du SARS-CoV-2 suggérant qu'en pratique la mémoire immunitaire est protectrice pendant de nombreux mois et probablement d'années, malgré la diminution des anticorps.

Variants. L'apparition relativement récente de variants qui peu à peu remplacent la forme « classique » du virus amène à s'interroger sur leurs capacités à leurrer le système immunitaire. Jusqu'ici ils semblent être principalement plus contagieux avec une dangerosité soit identique, soit un peu plus grande.

Ils constituent un ensemble évolutif qui ne permet pas d'avoir une idée homogène et définitive de leur interaction avec le système immunitaire.

Immunité post-vaccinale

La vaccination a pour objet d'activer la réponse adaptative bien avant l'infection virale. De ce fait elle fait gagner un temps précieux pour adapter et coordonner l'ensemble de la réponse immunitaire.

Les premiers résultats sur les 2 vaccins à ARN messager montrent une réponse en anticorps et en CD4^{+}T égale, voire supérieure, aux cas d'infection spontanée. Il reste à savoir : 1) combien de temps cette immunité durera ; et 2) ce que d'éventuelles mutations pourront entraîner.

Jusqu'ici, il semble que l'immunité qu'ils confèrent soit efficace face aux variants existant à ce jour.

Orage cytokinique

L'orage cytokinique caractérise les formes les plus sévères du Covid-19. Sa reconnaissance et sa prise en charge ont permis de ramener la mortalité en réanimation, inhabituellement élevée au début de l'épidémie (aux alentours de 40 %), dans des zones les plus proches de celle usuellement observée (entre 20 et 30 %).

L'orage cytokinique, qui a été décrit il y a vingt-sept ans et qui depuis a été retrouvé dans diverses situations aiguës, est une réaction inflammatoire inadaptée avec élévation des cytokines et hyperactivation des cellules immunocompétentes qui met en jeu la vie des patients. Il comporte plusieurs altérations du système immunitaire avec inflammation systémique, dysfonction de divers organes pouvant aboutir à la défaillance multiviscérale, situation généralement mortelle. Les patients présentent au début une fièvre souvent élevée, de la fatigue, une perte d'appétit, un mal de tête, de la diarrhée, des éruptions cutanées, des douleurs musculaires et articulaires et des manifestations neuropsychiatriques. En l'absence de traitement surviennent : coagulation intravasculaire disséminée (CIVD) avec ses hémorragies catastrophiques ou ses occlusions vasculaires, dyspnée, baisse profonde de la pression d'oxygène, hypotension, choc et mort. Nombre de malades présentent un syndrome de détresse respiratoire aiguë (SDRA) qui nécessite la ventilation assistée. Il peut survenir une insuffisance rénale et/ou hépatique et une cardiomyopathie (maladie du muscle cardiaque). L'association inflammation, baisse des plaquettes et troubles de la coagulation expose au risque hémorragique ; l'association dysfonction rénale, baisse de l'albumine dans le sang et lésion des cellules endothéliales au risque de fuite d'eau dans les tissus (anasarque). Enfin, une toxicité neurologique peut être présente, d'apparition plus tardive.

Du point de vue biologique, les marqueurs de l'inflammation sont présents. La *C-Reactive Protein* (CRP) est toujours élevée et est corrélée à la sévérité du tableau clinique. Fréquemment, on observe une augmentation des D-dimères, de la ferritine, une baisse des plaquettes et diverses modifications (non systématiques) de la formule sanguine.

Le taux des cytokines est augmenté : interféron γ (ou chémokines CXCL9 et CXCL10 induites par l'interféron γ), interleukines 6 et 10 (IL6 et IL10) ainsi que le récepteur soluble α de l'interleukine 2, un marqueur de l'activation des lymphocytes T.

L'orage cytokinique a des causes variées, y compris iatrogéniques. Il est évident que dans le cas du Covid-19, il s'agit d'une réaction inadaptée à l'agression virale.

Les systèmes biologiques sont régulés – la façon évidente pour tout le monde est le rétrocontrôle (feed-back) négatif. Derrière cette terminologie en apparence difficile à appréhender, rien de plus simple : supposons par exemple que pour cuire un plat, il faille une température de 150° pendant cinq heures. Le feed-back négatif est le suivant : dès qu'on dépasse 150°, le système de contrôle coupe et empêche de brûler la préparation. Si l'eau d'un barrage dépasse une certaine hauteur, des vannes s'ouvrent pour revenir à une situation où l'ouvrage ne risque plus de se rompre sous la pression de l'eau, etc.

Dans l'orage cytokinique, il y a rupture de ce système de protection. Pour faire face au virus, il faut tant de telle cytokine. Au-delà, des mécanismes protecteurs en diminuent l'amplitude. Ce mécanisme est grippé et ne fonctionne plus. Il peut même s'inverser (rétrocontrôle positif – *positive feedback system*) et, au lieu de diminuer, il augmente et aggrave les dégâts.

Ainsi (et bien qu'il n'y ait pas de définition commune à tous) peut-on considérer l'orage cytokinique comme l'association entre : 1) augmentation de taux de cytokines ; 2) symptômes de réaction inflammatoire aiguë ; et 3) dysfonction (fonctionnement anormal) de différents organes.

En bref, l'orage cytokinique est une réponse qui crée plus de dommages collatéraux que de bénéfices à court terme. Et on peut aisément comprendre qu'un taux élevé de cytokines soit approprié à une situation et délétère dans une autre.

La première ligne de défense face à un agresseur est constituée par les cellules du système immunitaire inné : neutrophiles, macrophages et monocytes. Ils reconnaissent l'ennemi, le phagocytent (le mangent) et sécrètent des cytokines.

De plus, une seconde ligne comportant les cellules dendritiques, les cellules NK (*Natural Killer*, « tueur-né ») et les cellules T Gamma-Delta interviennent d'une manière plus ou moins spécifique et produisent des cytokines qui vont activer les cellules du système adaptatif. Dans l'orage cytokinique, les cellules et en particulier les macrophages peuvent sécréter des cytokines en quantités telles que d'armes anti-infectieuses elles se transforment en Attila dévastant tout sur leur passage.

La réponse adaptative est faite de lymphocytes B et T – la principale ligne de défense antivirale est constituée des lymphocytes Th1 qui régulent le recrutement des macrophages et des lymphocytes T cytotoxiques (CTL). Une réaction inflammatoire liée avec Th1 est fréquemment retrouvée dans l'orage cytokinique. Et il semble que ce soit l'incapacité des CTL à tuer l'ennemi qui entraîne une prolongation de l'activation des cellules T avec des dégâts tissulaires graves.

L'IL6, le TNF, l'interleukine 1β et l'IL18 sont des cytokines impliquées dans l'orage cytokinique. Les chémokines sont des cytokines impliquées dans le recrutement et la mobilisation des globules blancs.

Enfin, les protéines du complément jouent un rôle anti-infectieux mais, en cas de surchauffe, peuvent elles aussi causer des dégâts.

Dans le cas du Covid-19, il reste un doute : est-ce que l'augmentation des cytokines est le fait d'une dysrégulation ou de l'incapacité de maîtriser l'invasion virale, car il existe une corrélation entre la charge virale et le niveau de certaines cytokines (TNF, interférons α et γ) ? Il est d'ailleurs possible qu'il n'y ait pas un mais deux tableaux possibles : réponse mal dirigée ou système de défense débordé.

Le taux d'IL6 est un bon indicateur du pronostic.

On pourrait dès lors penser qu'un anti-IL6 améliorerait ce dernier. Comme on peut s'en rendre compte, la situation est complexe et l'interprétation délicate. Dans une situation caractérisée par une agression virale qui met en jeu le pronostic vital, il n'est pas simple de différencier parmi les anomalies mesurées celles qui peuvent être des réactions antivirales en situation extrême de celles qui peuvent être destructrices.

Actuellement, il y a plusieurs centaines de drogues immunomodulatrices en essai clinique. Il est trop tôt pour en connaître les bénéfices.

Par contre, l'utilisation des glucocorticoïdes et en particulier de la dexaméthasone, quand administrée au bon moment, a permis de réduire sensiblement la mortalité des cas graves (*cf.* p. 171). Les perspectives thérapeutiques, dont beaucoup sont en rapport avec des anticorps monoclonaux, doivent prendre en compte l'existence possible de groupes de patients nécessitant des solutions spécifiques. Une autre considération est la temporalité. Supposons une cytokine qui est essentielle à la lutte contre le virus et qui, au bout de quelques jours, devient délétère. Un anticorps qui la supprimerait au début aiderait à la propagation du virus alors que le même, donné plus tard, pourrait limiter les dégâts. On le voit, identifier pendant le développement de la maladie ce qui est utile, adapté ou insuffisant, et ce qui devient dangereux, voire nuisible, est complexe et nécessite des travaux scientifiques pour mieux en comprendre la nature exacte.

Néandertal

Issu d'un ancêtre commun avec *Homo sapiens, Homo neanderthalensis* est une espèce à part, dont les plus anciens fossiles retrouvés sont datés de 466 000 ans avant Jésus-Christ et qui ont disparu vers 30 000. Ils étaient forts et trapus et probablement d'une grande force physique. Les raisons de leur élimination restent mystérieuses et ont suscité de nombreuses hypothèses, toutes purement spéculatives par manque de preuves (épidémies, consanguinité, éruption volcanique, etc.).

Une des découvertes les plus importantes de la génétique humaine a été l'identification d'éléments provenant des néandertaliens et des dénisoviens (leurs cousins asiatiques) chez les humains. Ces éléments jouent un rôle dans l'immunité native et diminuent, entre autres, le risque d'allergies et la susceptibilité à *Helicobacter pylori* (le germe à l'origine des gastrites, ulcères et cancers de l'estomac).

Un haplotype du chromosome 3, hérité du Néandertal, est associé à un plus grand risque d'avoir une forme sévère du Covid-19. Mais un autre haplotype également hérité du Néandertal, localisé sur le chromosome 12, est au contraire protecteur contre le risque de contracter une forme grave du Covid-19. Il est présent dans les populations d'Eurasie et d'Amérique et protège également contre l'hépatite C et le virus du Nil occidental.

Ces deux études ont été faites par les Suédois Hugo Zeberg et Svante Pääbo, ce dernier étant un des pionniers de la paléogénétique.

Et les autres animaux ?

Loulou

Le premier animal domestique testé (faiblement) positif au SARS-CoV-2 fut, à Hong Kong, en février 2020, un loulou de Poméranie dont le maître était malade. Après analyse, il fut conclu que c'était ce dernier qui lui avait transmis le virus.

Cet exemple est important. En effet, le Covid-19 est une zoonose, c'est-à-dire une maladie transmise par un animal à l'homme. Ce qui, par nature, pose la question plus générale de la relation entre l'espèce humaine et les divers animaux auxquels elle est confrontée. On sait que certains préconisent une séparation absolue entre l'homme et tout le reste du monde animal. Cette position, de plus en plus populaire, pourrait avoir un certain succès. Il suffit pour cela d'exterminer les animaux domestiques et de compagnie qui, par nature et pour 99 % d'entre eux, ne peuvent survivre par eux-mêmes. Toutefois, les limites d'une telle politique sont évidentes. Depuis des siècles l'homme a essayé sans succès de se débarrasser, pour ne parler que des hôtes indésirables de ses constructions, des rats et des souris. Pour ne pas mentionner les cafards, termites et bien entendu mouches, moustiques, etc. On le voit, cette politique n'a aucun sens.

Cependant se pose la question par exemple des animaux de compagnie pendant la pandémie : est-ce qu'ils peuvent tomber malades, transmettre le virus à d'autres animaux, voire à leurs propriétaires ?

Le Covid-19 a été retrouvé non seulement chez des chiens mais chez des chats. Il en est de même des furets. Alors que volailles et porcs, rats et souris semblent résistants au virus. Mais ce n'est pas le cas des lions et des tigres, de divers singes (singe vert et macaque) et de chauves-souris fructivores d'Égypte.

Il n'a pas été constaté de transmission de l'animal à l'homme chez ces espèces. Néanmoins l'exemple des visons montre qu'une mutation peut survenir, et que ce constat peut s'inverser.

Cela justifie des mesures de prudence de la part des propriétaires d'animaux domestiques si d'aventure ils tombent malades.

Et la découverte en décembre 2020 dans l'Utah aux États-Unis d'un vison sauvage positif au SARS-CoV-2 pose la question d'un éventuel réservoir non humain du virus.

À la date du 30 juin 2021, l'OIE (Observatoire international des épizooties), c'est-à-dire l'équivalent de l'OMS pour les animaux, a répertorié les cas suivants : chats (102), tigres (8), lions (4), pumas (3), léopard des neiges (1), loutre (1), chiens (86), visons (352), furet (1), gorille (1).

La damnation des visons

Jens Malmkvist avait un but dans la vie : étudier les visons élevés pour leur fourrure et leur donner de meilleures conditions de vie. Mais l'œuvre pour laquelle il militait s'est terminée les 9 et 10 novembre 2020 : les 6 300 visons de l'élevage d'Aarhus dont il s'occupait ont été gazés comme les 17 millions élevés au Danemark, premier producteur du monde de fourrure de cet animal – décision du Premier ministre Mette Frederiksen le 4 novembre 2020. Pourquoi cet holocauste ? L'homme lui avait transmis le SARS-CoV-2 qui en retour l'avait contaminé avec une souche légèrement modifiée. En fait, parmi les pays où le vison est élevé, quatre (Italie, Suède, États-Unis et Espagne) ont décidé d'éliminer l'élevage de ces mustélidés pour le mois de mars 2021. Dans la revue *Nature* du 13 novembre 2020, Smriti Mallapaty indique que la mutation n'était pas dangereuse, ne risquait pas de compromettre le vaccin mais vu l'importance des populations de visons qui vivent dans des conditions d'extrême promiscuité, le risque de mutations autrement dangereuses a justifié cette mesure drastique.

Les voies de la contamination

Le 9e jour

Comment et quand peut-on être contaminé ?

La contamination consiste à faire passer le virus d'un sujet à un autre où il va se multiplier.

Il convient tout d'abord de préciser une notion importante. La découverte par qRT-PCR du virus ne signifie pas qu'il peut se multiplier, autrement dit qu'il peut contaminer. Des traces virales peuvent persister plus ou moins longtemps sans qu'elles puissent présenter de danger.

Dans l'appareil respiratoire, la charge virale maximale est observée juste avant le début des symptômes et se maintient pendant la première semaine avec une baisse rapide. Autrement dit, la transmission est maximale immédiatement avant le début des symptômes (un à deux jours) et dans les cinq jours suivants. Et malgré la présence de protéines virales, il n'y a guère d'exemples où le sujet malade soit contagieux passé le 9e jour.

De plus, il semble que les sujets qui ne présentent aucun symptôme soient peu contagieux, mais ce fait mérite d'être confirmé. Par contre ceux qui ont des formes minimes ou moyennes peuvent abriter de grandes quantités de virus et le transmettre.

C'est ce risque de contamination qui est à la base des mesures de distanciation et éventuellement d'isolement.

Notons pour finir que dans quelques cas il a été constaté la persistance de virus contaminants au-delà du 9e jour.

Les voies de la contamination

La transmission de virus peut se faire de trois manières :

1 – par contact avec une personne infectée ou avec une surface contaminée ;

2 – par transmission de gouttelettes contenant le virus ;

3 – par inhalation de minigouttelettes contaminées transmises au loin.

1 – Contact

La bonne nouvelle est que, malgré la persistance du virus sur des surfaces pendant des heures, voire des jours, on n'a pas été capable de cultiver ceux qu'on a prélevés à partir de ces sites. Si on ne peut affirmer qu'il est impossible de contracter la maladie de cette façon, il est évident qu'une telle éventualité n'est que marginale.

2 – La distanciation recommandée par l'Organisation mondiale de la santé (OMS) est de 1 m entre individus alors que le Center for Disease Control and Prevention (CDC) d'Atlanta et le National Health Service (NHS) britannique recommandent 2 m. On considère généralement que ce sont les particules émises par la toux et la parole. Il y a à ce sujet une discussion. Théoriquement les grandes ont plus de 5 µm de diamètre et les petites moins. En fait, en se basant sur les propriétés aérodynamiques, ce sont celles qui mesurent entre 60 et 100 µ qui tombent sur le sol à 2 m de leur lieu d'émission.

3 – Par contre les virus sont plus nombreux dans celles de 5 µm qui peuvent être inhalées. Il en résulte que la transmission du virus peut se faire à plus de 2 m de distance d'un contaminateur. Il semble que ce soit le cas dans les locaux fermés et au bout d'au moins trente minutes d'exposition.

Malgré ce constat, la principale source de contagion est en rapport avec un contact proche.

Atchoum !

Dans une étude publiée par le *New England Journal of Medicine*, Lydia Bourouiba a mesuré les effets des éternuements produits spontanément par des sujets en bonne santé. L'éjection, qui dure 0,15 seconde, consiste en un mélange d'air chaud et humide, de filaments et de gouttes de salive. Les gouttelettes les plus grosses tombent rapidement à 1-2 m alors que les plus petites demeurent en suspension pendant une période pouvant atteindre quelques minutes et se déposer 6 à 8 m plus loin.

On voit l'importance de l'éternuement dans la diffusion d'une maladie telle que le Covid-19 et celle de sa prévention par l'usage d'un masque couvrant, bien entendu, le nez.

Et les selles ?

Puisque le virus se retrouve impacté sur les surfaces, il est possible d'en collecter avec les mains et, par contact avec la bouche, d'en ingérer. De même, une partie des aérosols et autres contaminants respiratoires peuvent être déglutis.

Dès lors la question se pose du rôle de la transmission orale ou fécale du virus. En dehors d'une publication où une avarie des systèmes de collecte des eaux usées avait entraîné une transmission de cas dans un bloc d'immeubles, probablement par un phénomène d'aérosolisation, il n'y a pas de cas documenté dans la littérature scientifique de transmission oro-fécale.

Aujourd'hui, il semble de plus en plus net que la concentration du virus dans les eaux usées (égouts, entre autres) est un bon indicateur de l'amplitude de l'épidémie bien que les études prouvant définitivement ce fait soient encore peu nombreuses. Cela ne signifie pas pour autant que ce soit une voie de contamination importante.

L'amour réverse

Dans la vie, un individu est proche de ceux qu'il aime. La personne dont il est le plus proche est celle qui partage sa vie, puis il y a ses enfants, ses parents, ses amis. Un peu plus à distance ceux avec qui il travaille ou partage des activités ludiques. Et loin de lui ses ennemis. Dans le cadre d'une maladie infectieuse transmise par voie aérienne, c'est-à-dire par les particules émises au cours de la respiration, de la toux et de l'éternuement, par définition, plus le contact est proche entre deux êtres et plus grand est le risque de contamination.

Au cours de la grippe espagnole, une étude avait été menée dans un quartier de Boston aux États-Unis. On avait analysé la contamination à partir d'un malade en comparant trois types de receveurs éventuels : ceux qui dorment dans le même lit, dans la même chambre dans un autre lit et dans une autre chambre. Résultat : 40 % dans le premier cas, 20 % dans les deux autres. Et il va sans dire que c'était 0 % pour ceux qui vivaient ailleurs. Ainsi donc, plus on est physiquement proche d'un contaminateur, plus ce dernier risque de transmettre la maladie.

C'est la logique de l'amour inverse, l'amour réverse : plus on est proche et plus on devient l'ennemi ; plus on est loin et moins on ne fait de mal.

Et cette logique se retrouve dans le cas du Covid-19, maladie certes moins grave que la grippe espagnole mais qui a déjà tué plusieurs millions de personnes de par le monde. Déjà, dès la première publication importante de plusieurs dizaines de milliers de malades chinois, l'agent contaminateur était familial dans 64 % des cas.

L'expansion de la maladie a permis de préciser ce fait dans d'autres pays. Comme dans le cas de Boston, dormir dans le même lit qu'un malade augmente considérablement le risque de contagion. Divers rapports font état, dans le cas d'une réunion avec un sujet contaminant, d'un taux de transmission variant de 4 à 35 %. C'est au cours des réunions de famille et d'amis que se font la plupart des contaminations. Immédiatement après, le fait de manger à proximité d'une personne infectée qui fait des restaurants un des lieux privilégiés de transmission de la maladie. Les activités de groupe, de quelque nature qu'elles soient, sont plus dangereuses dans des lieux fermés qu'en plein air. En effet, comme indiqué plus haut, la transmission du virus par les aérosols créés par la respiration peut se faire à plus de 2 m dans ces circonstances.

Ainsi donc l'amour et l'amitié sont-ils des sentiments dangereux dans une pandémie comme celle du Covid-19. Il y a toutefois un bémol : l'isolement de la personne malade pendant une dizaine de jours limite fortement la contagion.

Bon anniversaire maman

Une bien bonne, et qui plus est authentique. Nous l'appellerons Kevin. Beau gosse, branché, il ne rate aucune manifestation pour défendre la liberté. Liberté de se déplacer. Liberté de s'amuser. Liberté de faire ce qu'il veut. Et comme il est courageux, c'est sans masque qu'il exprime ses opinions, le pétard à la bouche. Mais n'allez pas croire qu'il n'a pas de cœur. Il adore sa mère. Et va la voir très régulièrement. Même quand, un jour, il s'est senti un peu fatigué, avec un peu de fièvre, mais rien d'inquiétant. À peine une toute petite toux à laquelle personne ne prêterait attention. Et comme c'est son anniversaire, il lui a apporté champagne, foie gras, fleurs, etc. Car c'est un bon fils. Embrassades. Fête. Dîner. Puis il est reparti car il avait rendez-vous avec une copine. Huit jours plus tard, maman est morte du Covid. Et Kevin, le bon fils, la pleure. Comme quoi la réalité peut venir pour une fois illustrer la communication gouvernementale.

C'est la fête en boîte de nuit

Une intéressante étude a été publiée à propos d'un événement survenu à Berlin dans un club le 29 février 2020. Dans cet espace de 150 m^2, ventilé, aux fenêtres fermées, une fête a réuni 300 personnes dont un malade qui avait déclaré ses symptômes la veille. Résultat : 74 personnes contaminées.

Et dans l'Illinois en février 2021, ouverture d'un bar de 280 m^2 avec une centaine de personnes. Résultat : 46 contaminations.

Vive le sport !

En décembre 2020-janvier 2021 ont eu lieu en Floride des tournois de lutte. Sur les 130 athlètes, arbitres et coachs, 38 ont contracté le SARS-CoV-2 (sur 54 testés), soit 29,3 %.

Malades en mer I

Le *Diamond Princess*

Construit au Japon pour un coût de 500 millions de dollars, mis en service en 2004 pour la société britannique Princess Cruises, le *Diamond Princess* est un navire de croisière de 288 m de long pouvant accueillir 2 674 passagers et 1 238 personnels d'équipage. Un malade ayant été débarqué à Hong Kong, testé positif au Covid-19, le bateau a été mis en quarantaine à Naha devant l'île d'Okinawa au Japon le 1er février 2020, mais repart le 3 pour être à nouveau confiné dans le port de Yokohama le 5 février par le gouvernement japonais. Entre cette date et le 21 mars on a recensé 712 contaminations, sur un total de 3 711 passagers et membres d'équipage. Le nombre de décès selon les sources va de 7 à 14.

Plus de 3 000 tests ont été effectués, les passagers ont été confinés dans leurs cabines alors que l'équipage dormant en dortoir recevait des indications (gestes barrières). La contagiosité, forte au début dans des espaces restreints où se côtoyaient passagers et équipage, a chuté dès l'obligation de rester dans sa cabine. Selon une modélisation, cette mesure aurait évité plus de 2 000 contaminations. Et donc sauvé de 20 à 40 vies.

Cet exemple (une population d'âge et d'origine différents enfermée sans possibilité de s'en aller) illustre et démontre l'importance des mesures d'éloignement (confinement, gestes barrières) pour limiter l'épidémie.

Malades en mer II

Le porte-avions, à propulsion atomique, américain *Theodore Roosevelt* abrite 4 779 personnes. Il patrouillait dans le Pacifique occidental quand une épidémie de Covid-19 a été signalée à bord treize jours après son départ en mer. Trois marins furent testés positifs à la maladie qui peu à peu se répandit parmi les membres de l'équipage. Quatre jours plus tard, le navire rejoignit la base navale de Guam. Les sujets testés positifs furent placés en quarantaine, le reste confiné à bord puis dans des chambres individuelles dans 11 hôtels de Guam… Les malades symptomatiques furent, si leur état le justifiait, dirigés vers l'hôpital naval de Guam. Des tests répétés, en plus de la mesure deux fois par jour de la température et de la saturation en oxygène, furent pratiqués sur l'ensemble des sujets en isolement qui ne purent sortir qu'après trois jours sans symptôme au terme de quatorze jours (donc au total dix-sept jours). Tous furent ensuite suivis au minimum pendant dix semaines.

Au total, entre le 23 mars et le 18 mai 2020, 1 271 (26,6 %) furent testés positifs au SARS-CoV-2. Parmi eux, près de la moitié (572) ne présentèrent aucun symptôme, 293 (22 %) avaient des symptômes et 406 (30,5 %) en développèrent peu après les tests – 23 furent hospitalisés, 4 en réanimation, avec 1 mort.

Ainsi, dans cette population jeune, âge moyen 27 ans, en bonne santé, d'origine ethnique très diversifiée, surtout masculine (78 %), l'épidémie a continué pendant plusieurs semaines après l'arrivée à Guam. Les personnels affectés aux machines, travaillant en atmosphère plus confinée, ont été plus atteints que ceux travaillant sur le pont. Cette histoire a modifié le comportement de la marine militaire américaine : quarantaine pendant quatorze jours avant le départ, suppression des escales, masques, distanciation, lavage des mains, etc. Avec pour résultat l'absence de nouveau foyer.

Objets contaminés (OMS)

Les gestes de la vie courante mettent les mains en contact avec de nombreux objets. D'où la dissémination du virus par un comportement qui apparaît d'autant plus anodin qu'il est répété et généralement de manière semi-automatique. L'OMS a publié quel pourcentage est contaminé de cette façon :

Téléphones portables	83,3 %
Poignées de portes	83 %
Toilettes	81 %
Souris d'ordinateur	75 %
Sol	70 %
Filtres aériens	67 %
Télécommandes	65 %
Poubelles	60 %

De plus, dans les services hospitaliers :

Sol de la pharmacie	100 %
Air près du patient	44 %
Masques de malades	40 %
Sol des vestiaires	37,5 %
Sol de l'office médical	12,5 %

Et chez le personnel hospitalier :

Semelles	50 %
Gants	35 %
Manches	17 %
Protection faciale	0 %

Quant aux matériaux, le SARS-CoV-2 est plus stable sur le plastique et l'acier inoxydable que sur le carton et le cuivre.

Une question évidente se pose. Les objets contaminés sont-ils contaminants ? Il n'y a pas de réponse claire et nette car il faut tenir compte de l'importance de la contamination, de la fréquence d'utilisation, de la durée de survie du virus qui dépend très probablement des conditions de température et d'humidité. Tout ce qu'on sait, c'est qu'on n'a pas été capable de cultiver des virus récupérés sur des surfaces telles que des portes. Il semblerait donc – mais c'est à prouver – que les objets ne soient pas une source importante de contamination.

Histoire d'âges

La statistique la plus importante est celle du CDC américain. Sur une série de 12 710 571 cas avec 223 283 morts, la distribution était la suivante.

	CAS	MORTS
0-4 ans	1,8 %	moins de 0,1 %
5-17 ans	8,6 %	0,1 %
18-29 ans	23,1 %	0,5 %
30-39 ans	16,5 %	1,2 %
40-49 ans	15,1 %	2,9 %
50-64 ans	20,5 %	14,6 %
65-74 ans	7,7 %	20,8 %
75-84 ans	4,1 %	27,2 %
85 ans et plus	2,6 %	32,7 %

Il est aisé de tirer des conclusions. La très grande majorité des cas sont chez les jeunes : 33,5 % ont moins de 30 ans, 52,1 % entre 30 et 64 ans, alors que seulement 0,6 % des morts ont moins de 30 ans et 18,7 % entre 30 et 64 ans.

Les plus de 65 ans, avec 15,4 % des cas, ont 80,7 % des morts.

Les plus de 85 ans avec 2,6 % des cas représentent le tiers des morts. Alors comment peut-on mourir du Covid-19 quand on est vieux ou très vieux ? La réponse est malheureusement facile à trouver : parce que des plus jeunes leur ont transmis la maladie.

Ô saisons
Ô contaminations

Froid et chaud

Le virus aime le froid. La preuve, on peut le conserver au congélateur comme un vulgaire surgelé. Il n'aime pas beaucoup le chaud bien qu'il se trouve tout à fait à l'aise dans les 37 °C du corps humain.

Mais pour passer d'un individu à un autre, c'est-à-dire en général à moins de 1 m de distance, la température de l'air n'a pas le temps de beaucoup l'inquiéter. Le résultat est simple à deviner. Il se propage aussi bien quand il fait chaud que froid, sec qu'humide. Et l'épidémiologie le confirme : il frappe à n'importe quelle saison. Il est là, n'a pas la périodicité de la grippe, et donc profite de toutes les occasions quelles que soient la température ou la saison. Et les poussées se font aussi bien quand il fait froid que chaud (40° en moyenne à New Delhi en avril-mai 2021).

Printemps, été, automne, hiver… et printemps

C'est au printemps que le Covid-19 a frappé en Europe en 2020 lors de la première vague. Quant à la seconde, très nette dès l'été, elle a culminé à l'automne, a été diminuée mais non contenue et est repartie en hiver, fortement en Espagne, au Portugal et dans le Royaume-Uni, plus progressivement et durablement en France.

Si l'on considère l'ensemble du globe, on peut retenir les saisons suivantes pour les poussées de l'épidémie dans un grand nombre de pays en 2020. Après la Chine à la fin de l'hiver, c'est au printemps qu'en plus de l'Europe de l'Ouest, elle a touché l'Allemagne, la Russie, l'Iran, la Turquie et les États-Unis.

Lors de l'été, nouvelle poussée des États-Unis, le sous-continent indien (Inde, Pakistan, Bangladesh), l'Indonésie, les Philippines, l'Asie centrale, les pays du golfe Persique. Lors de l'été austral, six mois plus tard, les pays andins, l'Argentine, le Brésil et l'Afrique du Sud.

L'automne a été la saison des expansions les plus grandes dans l'ensemble de l'Europe, généralement contaminée en hiver, de façon moins intense mais toujours importante. L'Iran, l'Afrique du Nord et le Japon ont suivi un cours similaire, et les États-Unis ont connu leur troisième poussée.

Dans les pays de l'hémisphère Sud, l'hiver (contemporain de notre été) a frappé les pays andins, le Brésil et l'Afrique du Sud. Dans l'hémisphère Nord, c'est le cas de la Turquie, de l'Espagne, du Canada et pour la quatrième poussée des États-Unis.

On le voit : printemps, été, automne, hiver, tout est bon pour le Covid-19. Chaud, froid, sec, humide, rien ne l'arrête. Il passe là où il peut, dans la neige ou dans la chaleur du désert comme dans les climats tempérés…

Et le printemps 2021 a été désastreux en Inde, tout comme (à un niveau moindre) la Turquie et plusieurs autres pays asiatiques.

L'homme et l'animal

Zoonoses

Le Covid-19 est la dernière en date des zoonoses importantes. Ce sont des maladies transmises aux hommes par des animaux. Un exemple historique est bien entendu la rage, et le traitement en 1885 d'un enfant mordu par un chien atteint de cette maladie constamment mortelle par Louis Pasteur a marqué le début de la prise en charge de ces pathologies.

Une autre maladie bien connue évolue par ses recombinaisons et ses mutations, la grippe. On pense aujourd'hui que la grippe espagnole, la pire tueuse depuis le début du XXe siècle, est passée directement de l'oiseau vers l'homme. Pour transmettre une maladie infectieuse, il faut bien évidemment un contact. Les facteurs favorisant le risque de zoonoses sont divers : élevage intensif, commerce international d'animaux exotiques, utilisation médicinale traditionnelle et consommation d'animaux sauvages. Mais le risque principal vient de l'intrusion humaine dans la vie animale sauvage. Et ce dernier facteur n'est pas le plus simple à traiter car il est en relation avec la multiplication des populations humaines dans certaines zones du globe qui étendent de plus en plus leur territoire et entrent en contact et souvent en conflit avec des espèces animales qui jusque-là existaient dans un cadre où les variations climatiques au cours de l'année déterminaient les mouvements de populations cherchant leur nourriture avec, les suivant, leurs prédateurs. On sait que la maladie de Carré, par exemple, a été transmise par des animaux domestiques à toute une série de carnassiers : lycaons, hyènes, lions. Inversement, la proximité physique des humains avec les animaux est responsable de la fièvre d'Ebola dont la mortalité en moyenne est de 50 %, avec des pointes à 90 %.

Comme on peut le voir, il suffit de réglementer certains comportements humains, mais arrêter la croissance des populations est de nature différente car elle est liée étroitement à l'extrême pauvreté. Autrement dit, arrêter la croissance en nombre de l'espèce humaine est lié à la nécessité de faire sortir de leur état les quelque 800 millions de personnes qui vivent dans des conditions misérables et qui sont dénutries et sans accès à l'énergie de cette situation car leur nombre double tous les vingt-cinq ans. Il s'agit là d'une urgence d'autant plus importante que c'est l'augmentation des populations qui, par leur désir d'avoir accès à l'énergie, représente le problème de loin le plus important de lutte contre l'effet de serre : à quoi servent les efforts faits si la population pauvre double tous les vingt-cinq ans et veut, à juste titre, accéder à un minimum de confort ? On le voit, les risques de zoonose, le réchauffement climatique et les migrations du sud vers le nord relèvent tous de la même cause : l'état de déréliction dans lequel on accepte que vive 15 % de l'humanité.

L'homme et l'animal

Depuis qu'il est apparu sur la terre, l'homme, comme ses ancêtres et cousins, a été confronté à la nature : événements climatiques, saisonnalité des ressources alimentaires, maladies, compétition avec d'autres espèces, menace de la part des prédateurs. Dans sa longue marche vers des conditions de vie plus stables et meilleures, il a modifié de plus en plus profondément son environnement, mis en danger ou exterminé de nombreuses espèces animales ou végétales, transféré certaines de continent en continent, de pays en pays, de région en région. Ce remodelage a, comme toute action, des aspects positifs et d'autres qui sont dangereux, voire néfastes. Par exemple, les échanges entre l'Europe et l'Amérique lors de l'exploration de ce continent par les Portugais et les Espagnols en ont importé une impressionnante liste de fruits, de légumes et de céréales qui sont aujourd'hui parmi les plus utilisés dans l'alimentation européenne (pommes de terre, tomates, poivrons, piments, courges, courgettes, maïs, etc.). De l'Amérique est également arrivée la syphilis, maladie vénérienne dont les formes initiales, bien différentes de celles d'aujourd'hui, étaient assez terrifiantes. En échange, l'arrivée chez des populations « naïves » des maladies infectieuses européennes de virus dont elles n'avaient pas l'expérience a été la première et de loin la plus importante cause de mortalité chez les Amérindiens.

L'homme vit au contact des animaux. Ces derniers peuvent être domestiques ou sauvages, gros ou petits, voire très petits. On sait les ravages que causent les différentes espèces de moustiques, qui transmettent le paludisme, la dengue, le chikungunya, la fièvre jaune, etc., ou la mouche tsé-tsé (trypanosomiase africaine, *alias* maladie du sommeil).

Dans d'autres cas, ce sont des animaux domestiques qui, soit parce qu'ils sont le réservoir des agents pathogènes, soit parce qu'ils servent d'hôtes intermédiaires, transmettent la maladie. C'est le cas du kyste hydatique (échinococcose) qui touche plusieurs millions de personnes et qui est le résultat de la cohabitation avec des chiens en contact avec du bétail, et surtout des moutons et des ténias, parasites dont l'hôte intermédiaire est bovin (*T. saginata*) ou porcin (*T. solium*). Comme indiqué au chapitre précédent, ce sont au contraire des chiens domestiques qui ont transmis la maladie de Carré à des carnassiers sauvages.

On le voit, la proximité entre l'homme et l'animal peut entraîner la transmission de maladies qui éventuellement débordent la « barrière d'espèces ».

Mais il y a d'autres façons de transmettre, voire de créer, des maladies grâce à un système impliquant animaux et humains. Prenons le cas des grippes A. Ce sont initialement des virus d'oiseaux aquatiques, canard en premier lieu. Chez ce dernier, elles créent une maladie digestive qui dure une dizaine de jours et dont la mortalité est très faible. Les virus émis dans l'eau sont ingérés par d'autres canards. Ainsi se crée un cycle où canard et eau dormante forment un ensemble qui pérennise les virus. De temps en temps, un virus s'humanise, c'est-à-dire franchit la barrière d'espèces et s'installe chez l'homme. Cela se fait à l'occasion de pandémies, par exemple en 1957 et 1958. Ainsi se forme-t-il deux sortes de virus A de la grippe : ceux des oiseaux aquatiques et ceux de l'homme. Et on sait du fait que l'enzyme de relecture (qui s'assure, lors de la multiplication virale, du fait que le produit fini est identique à celui qui est entré dans la cellule) a bénéficié d'un plan social et a été licenciée, le virus mute en permanence.

Mais il y a un troisième compère, le porc. On sait qu'il est avec le poulet le meilleur recycleur de nourriture et le fabricant de protéines les moins chères de toutes, animales ou végétales. Et l'économie de la rizière humide associe culture du riz dans l'eau, canards qui y vivent et porc qui recycle les déchets. Or ce dernier a la particularité de pouvoir abriter aussi bien les virus aviaires qu'humains, et qu'il peut donc y avoir recombinaison entre eux en cas d'infestation simultanée amenant à la fabrication d'un nouveau virus, héritier en partie de ses parents. Mais si la zone privilégiée est en Asie, c'est de l'Amérique que sont venues la grippe espagnole de 1917 et la A (H1N1) de 2010. Cette dernière était le résultat de la recombinaison de cinq virus.

Il y a dans le rapport entre l'homme et l'animal des situations bien différentes : chats et chiens sont considérés comme des amis, rats et souris comme des ennemis.

Et les animaux, sauvages ou domestiques, peuvent faire partie de l'alimentation humaine, ce qui est le cas de la plupart des espèces domestiques, et d'un certain nombre d'espèces sauvages. En Europe, on préfère par exemple les poissons sauvages à ceux d'élevage ; par contre le gibier de chasse – pourtant parfaitement bio – n'intéresse qu'une petite minorité quand agneaux, bovins, poulets, etc., tous d'élevage, ont la faveur du plus grand nombre.

Et ensuite les peuples divergent. Les Français mangent des escargots sauvages ou d'élevage, ce qui horrifie une partie des Anglo-Saxons ; et des cuisses de grenouilles, ce qui leur vaut de la part de ces derniers le sobriquet méprisant de *froggies* (du mot *frog*, « grenouille »). Racisme par mort. Les Chinois sont probablement ceux qui consomment le plus d'espèces animales, y compris batraciens, insectes, serpents, etc. Parmi ces dernières, la civette palmiste, qui a été incriminée dans la genèse du SARS. Notons que, hors de Chine, une autre civette palmiste (hermaphrodite) est le fruit d'élevages intensifs. En effet, elle est gourmande de cerises de café qu'elle ingère. Le noyau (grain) est partiellement fermenté dans le tube digestif. Il est ramassé, lavé et, sous le nom de Kopi luwak, vendu à prix d'or.

Mais, de même que les plantes, les animaux sauvages font également partie des éléments de certaines médications traditionnelles. Il existe par exemple une entreprise pharmaceutique vietnamienne qui utilise chaque année 50 tonnes de guano de chauves-souris en fer à cheval. Quand on sait que ces dernières pèsent entre 20 et 25 g, on devine le nombre d'animaux impliqués dans cette production.

Alors quel est le rôle de ces liens entre humains et animaux dans la genèse des nouvelles maladies infectieuses ? Probablement majeur – les coronavirus proviennent des chauves-souris en fer à cheval ; la fièvre d'Ebola d'autres chauves-souris frugivores (qui se nourrissent de fruits) ; la maladie des griffes du chat, de l'animal domestique ; etc.

L'importance et le nombre de maladies toutes plus graves les unes que les autres imposent une attitude résolue et sage. Certes on pourrait décider tout à coup de supprimer tout contact entre l'homme et l'animal. C'est assez facile pour le tigre et le lion, plus problématique pour le chat et le chien, illusoire pour le rat, absurde pour les moustiques, mouches et autres insectes.

Il n'y a donc pas de système miracle et les jaïns de l'Inde, qui non seulement n'utilisent pas de produits animaux mais, lorsqu'ils marchent, balaient le sol devant eux pour ne pas écraser d'insectes, n'échappent pas plus aux maladies que les autres, et même moins puisqu'ils sont, du fait de leurs croyances, plus vulnérables aux maladies transmises par les moustiques.

Il va sans dire que la vaccination évite la maladie de Carré chez le chien, que la diffusion de vaccins parmi l'alimentation lancée à partir d'hélicoptères est venue à bout de la rage des renards à partir de 1988 : dix ans plus tard, elle était devenue minime et concrètement négligeable. Quant à la lutte contre les maladies transmises par d'autres animaux, elle est d'abord et avant tout spécifique chaque fois.

Mais parmi les mesures à prendre, il y a l'identification des risques que font peser certaines espèces utilisées dans l'alimentation et la pharmacopée. On sait par exemple que les Chinois ont interdit d'utiliser le pangolin qui a été incriminé (à tort) dans la genèse du Covid-19. C'est probablement plus facile pour la nourriture car il existe déjà des agences chargées de vérifier l'innocuité de ce qui est proposé sur le marché. Par contre, c'est beaucoup plus délicat en ce qui concerne les médecines traditionnelles et alternatives car elles ne font pas partie de ce qui est vérifié et évalué. Il y a très probablement des produits qui sont efficaces au milieu d'un fatras de poudres de perlimpinpin qui au mieux jouent le rôle d'un placebo, au pire tuent (comme cet amaigrissant à base « de plantes » en Belgique).

Qui plus est, beaucoup sont locaux, dans un village, une tribu. Et sont le secret de personnages qui tirent prestige de leur fabrication et de leur détention.

Ainsi les zoonoses posent-elles la question de la cohabitation entre l'homme et les espèces animales. Qui sont hétérogènes. Et à chaque zoonose sa nature, ses hôtes, son évolution spatiale et temporelle. Il faut cependant remarquer que lorsqu'elles sont le résultat de la transmission d'une maladie de la part d'un animal sauvage, le risque dépend de la proximité. Et cette dernière, comme on peut l'observer en Afrique subsaharienne, de l'augmentation de la population humaine.

Trafics et condition animale

Une évolution particulièrement nette des sociétés occidentales depuis le milieu du XXe siècle a concerné la condition animale. Certes, il y a toujours eu des penseurs et, dans chaque profession, des individus qui se préoccupaient à la fois de la relation entre l'homme et l'animal et du bien-être de ces derniers. En contraste, dans de nombreux cas, même les animaux de compagnie étaient au mieux regardés avec indifférence, et souvent maltraités. Il ne faudrait cependant pas croire que cela correspondait à un mépris vis-à-vis d'eux car le sort des humains n'était guère meilleur. L'éducation des enfants se faisait souvent à coups de gifle, voire de fouet. Dans un monde essentiellement rural dans les années 1950, les valets de ferme – l'auteur en a été le témoin dans son enfance – recevaient à la moindre peccadille une bonne raclée de coups de fouet de cheval donnée avec l'intention de faire le plus mal possible. La maladie, la mort et la souffrance étaient omniprésentes. Qu'on se rappelle que l'espérance de vie moyenne était de 48 ans en 1900 contre plus de 80 aujourd'hui et que la mortalité infantile était de 143 pour 1 000 (contre moins de 4 actuellement). L'anesthésie n'est arrivée qu'au milieu du XIXe siècle et on se doute de ce que devaient subir ceux que l'on opérait à vif, par exemple pour réduire une fracture. Et après son introduction, pendant très longtemps les agents utilisés, comme l'éther et le chloroforme, en plus de leur toxicité, laissaient aux opérés des souvenirs peu agréables. La douleur était la règle – souffrir, un des éléments de la condition de l'homme. Sans compter la mort en couches (3 à 7 pour 1 000 contre moins de 1 sur 10 000 actuellement) et les ravages liés aux avortements clandestins pratiqués par des faiseuses d'anges dont la compétence et l'hygiène étaient aléatoires. La sexualité pour les femmes était grevée du risque de grossesse non désirée et des maladies vénériennes pour lesquelles les traitements, douloureux, étaient d'efficacité médiocre. À condition humaine difficile, condition animale difficile. Aujourd'hui, le niveau de vie, partout dans le monde sauf en Afrique subsaharienne et dans divers pays d'Asie et d'Amérique, a nettement augmenté. Et avec cette amélioration, on a assisté à un phénomène ambivalent. En effet, si le rapport avec les animaux s'est amélioré, ce n'est de toute évidence pas le cas partout, comme le démontrent les témoignages sur certains abattoirs (mais les cadavres humains n'étaient pas mieux traités dans certaines morgues hospitalières il y a quelques décennies).

Mais il y a plus. La demande d'animaux de compagnie, anodine dans la majorité des cas (chats, chiens, lapins nains), lorsqu'elle concerne des animaux originaires de pays éloignés, a entraîné des trafics considérables. Pour lutter contre ce fléau, a été lancée du 1er au 31 mai 2018 l'opération Thunderstorm dans 80 pays. Trente espèces protégées ont été saisies, allant de boas et de pythons vivants à des crânes de babouins, de l'ivoire, des coraux, etc. En juin 2019, une opération simultanée dans 109 pays a permis de récupérer des milliers d'oiseaux, de tortues, d'animaux marins, des dizaines de primates et de fauves, etc. Le trafic d'animaux est considéré comme l'une des causes de l'érosion de la biodiversité. Mais en même temps, les conditions de détention des animaux et en particulier la promiscuité favorisent la diffusion d'agents pathogènes qui peuvent passer d'une espèce à l'autre et éventuellement à l'homme. De la même manière, la juxtaposition de divers animaux vivants vendus sur les marchés, en particulier en Chine, expose là encore à ces mêmes risques ; comme on peut le constater sur le marché Qingping de Canton (Guangzhou) où sont proposés aux gourmets serpents, scorpions, chats enfermés en masse dans des sacs de jute, chiens, poissons et toute une kyrielle d'animaux divers. Malgré un début de régulation à la suite du SRAS de 2003 dont le responsable a été identifié : une civette proposée à la vente comme animal de boucherie, il semble que persiste aujourd'hui de manière plus ou moins légale tout un ensemble d'animaux vivant dans des conditions de détention et de promiscuité peu conformes aux exigences du respect de la vie animale.

Ainsi donc y a-t-il un lien entre le respect de la condition animale, la lutte contre le trafic d'animaux qui met en danger la survie de certaines espèces et la prévention de nouvelles zoonoses.

Et de la même manière se discute l'existence d'élevages intensifs d'animaux dans des conditions qui à la fois sont responsables de lésions traumatiques (un pourcentage élevé de poulets en batterie a des fractures des os des membres inférieurs) et de la diffusion de maladies, comme on l'a vu dans les élevages de visons avec la transmission de l'homme à l'animal, puis des animaux entre eux, pour finir par, en coup de fouet en retour, le transfert vers l'homme d'un SARS-CoV-2 modifié. Notons au passage que la modification des normes des poulaillers industriels au niveau de l'Europe, caractérisée principalement par une augmentation de la taille des cages, a eu une conséquence inattendue : une augmentation de la production d'œufs. Preuve s'il en est que le (relatif) bien-être animal peut être synonyme d'une productivité plus grande. Un animal en bonne santé fait plus d'œufs qu'un individu chétif et souffrant. Il va sans dire que, en plus de ces préoccupations, l'éloignement des espèces animales pour éviter les dangereux événements que sont les franchissements des barrières d'espèces est un impératif dont il faut à la fois être conscient et soucieux de le mettre en œuvre.

La maladie : une pneumonie virale

Le Covid-19 : une pneumonie virale

Le Covid-19 a la particularité, ce qui le différencie entre autres de la grippe, d'impliquer un grand nombre d'organes (*cf.* plus bas). Néanmoins, sa première et principale manifestation est pulmonaire. Ce qui implique deux ordres de préoccupations :

1 – Quels sont les signes et les symptômes que les médecins, en même temps que les malades et leur entourage, doivent connaître ?

2 – Quels sont les signes que l'imagerie thoracique fournit pour le diagnostic et le suivi de la maladie ?

Les signes cliniques et les symptômes sont décrits plus loin. Il importe cependant d'isoler ceux qui concernent le système respiratoire qui est l'organe cible principal du virus.

Il va sans dire qu'il n'y a pas de présentation clinique uniforme puisque les sujets atteints peuvent aussi bien n'avoir aucun symptôme que se trouver très tôt dans une situation respiratoire critique, voire désespérée. Les principaux symptômes respiratoires de la pneumonie sont, selon le *British Medical Journal* :

- la *toux* (88 %) généralement sèche ; mais dans quelques cas elle peut être grasse avec expectoration typiquement muqueuse (18 %) ;
- la *dyspnée* (essoufflement) survient généralement cinq à huit jours après le début des symptômes. Elle peut persister longtemps après le début de la maladie. On la retrouve dans 38 % des cas chez l'adulte, moins souvent chez l'enfant, alors que c'est le symptôme principal chez le nouveau-né. Elle peut s'accompagner de sifflements dans 17 % des cas et de sensation de constriction thoracique (22 %) ;
- l'existence de *douleurs thoraciques* (7 %) doit faire rechercher des signes de pneumonie sévère (scanner) après avoir éliminé une autre cause, coronarienne en premier lieu. Elles peuvent également être la manifestation d'une embolie pulmonaire ;
- l'*hémoptysie* (crachement de sang) retrouvée dans 2 % des cas doit faire évoquer une embolie pulmonaire ;

- la *polypnée* (augmentation de la fréquence respiratoire) doit faire craindre une détresse respiratoire aiguë, de même que la *cyanose* (coloration bleutée des extrémités, du nez et de la bouche) ;
- à l'examen on peut retrouver des *sibilants* (râles sifflants) et des *râles crépitants* typiques d'une pneumonie.

Un tel tableau évoque une pneumonie due au Covid-19 et, en dehors des tests nécessaires pour en faire le diagnostic, nécessite une surveillance de l'oxygénation. Le Covid-19 entraîne souvent l'*hypoxie silencieuse* : la saturation en oxygène de l'hémoglobine (c'est-à-dire en pratique le contenu du sang en oxygène) peut chuter de façon « silencieuse » et entraîner de façon très brutale et imprévisible une insuffisance respiratoire aiguë chez des patients qui semblaient stables et non inquiétants quelques minutes auparavant.

C'est pourquoi l'*oxymétrie de pouls* qui mesure en continu et de façon non invasive la saturation en oxygène de l'hémoglobine est un outil indispensable pour monitorer les sujets qui présentent une forme modérée à sévère.

Lorsque la saturation en oxygène atteint un niveau critique (90 %), des *gaz du sang* doivent être mesurés dans le sang artériel 1) pour quantifier l'hypoxie et 2) rechercher une éventuelle hypercapnie (augmentation de la pression artérielle en CO_2) qui est le signe d'une détérioration grave de la situation.

L'évaluation de la pneumonie se fait généralement vers une guérison sans séquelles.

Son évolution peut entraîner une défaillance respiratoire qui nécessite, selon sa gravité, l'administration d'oxygène, l'aide mécanique externe par un ventilateur « léger » permettant d'assister le système ventilatoire en injectant de l'air en pression positive. Et dans les formes les plus graves, intubation (tube placé dans la trachée) et ventilation artificielle par une machine.

Dans des cas extrêmes où, malgré la ventilation assistée, l'arrivée d'oxygène est insuffisante, on peut, dans quelques centres, utiliser l'ECMO (*Extracorporeal Membrane Oxygenation*), autrement dit créer un court-circuit qui assure l'oxygénation du sang par un système cœur-poumon artificiel, les organes du patient étant mis au repos. Cette technique, lourde et rare, est réservée à des sujets dont le tableau clinique permet d'espérer raisonnablement une issue favorable.

Facteurs de risque associés à des formes sévères

Terrain

- Âge.
- Hypertension, maladie cardiaque.
- Broncho-pneumopathie chronique obstructive (BPCO).
- Obésité, diabète.
- Cancer.

Clinique

- Température supérieure à 39 °C à l'admission.
- Dyspnée à l'admission.
- Indice de gravité simplifié (IGS2) élevé.

Biologie

- Lymphopénie inférieure à 1 500/mm^3.
- Neutrophilie.
- Augmentation des lactates et de LDH, de la *C-Reactive Protein* (CRP) et de la ferritine.
- Augmentation de l'IL6 et de l'ACE2.
- D-dimères supérieurs à 1 µg/ml.

Le scanner thoracique

Il a une place majeure dans le diagnostic, le suivi et le pronostic de la maladie.

La réalisation du scanner nécessite des précautions hygiéniques afin d'éviter que le cabinet de radiologie devienne un lieu de dissémination de la maladie. Cela implique, en plus des mesures communes (port de masque, lavage des mains, distanciation dans la salle d'attente), des procédures de décontamination. Dans un centre d'imagerie rodé à ce comportement, on peut en toute sécurité pratiquer un examen tous les quarts d'heure, c'est-à-dire quatre par heure, ce qui chiffre les possibilités en fonction du temps d'utilisation des machines et de l'ouverture de l'activité entre une quarantaine et une petite centaine au maximum.

Le scanner thoracique est un outil indispensable dans la prise en charge de la maladie, et le 13 février 2021, les Chinois ont augmenté d'un tiers le nombre de cas, passant *grosso modo* de 45 000 à 60 000, par l'addition des sujets qui, n'ayant pas eu de test Covid-19 ou avec un test négatif, présentaient des images scannographiques semblables à celles de ceux qui avaient un test positif.

Le scanner thoracique est donc indispensable.

Pour les indications, nous reprendrons celles décrites par un questionnaire de la Fleischner Society. Les signes observés lors des examens proviennent de diverses sources de référence.

Le questionnaire de la Fleischner Society

La Fleischner Society est une société internationale et multidisciplinaire d'imagerie thoracique pour le diagnostic et le traitement des maladies thoraciques. Étant donné l'autorité dont elle jouit, il est intéressant de consulter la réponse de ses membres à un questionnaire.

I. Faut-il faire une imagerie pulmonaire ?	OUI	NON
Ⓐ Chez un sujet avec une forme mineure, un test positif et l'existence de facteurs de risque	71 %	
Ⓑ *Idem* sans facteur de risque		77 %
Ⓒ Chez un sujet avec une forme mineure et un test négatif		88 %
Ⓓ Chez un sujet avec test positif ou négatif et qui s'aggrave	96 %	
Ⓔ Chez un sujet hospitalisé avec une forme modérée à sévère et un test positif	92 %	
Ⓕ *Idem* avec un test négatif	100 %	
Ⓖ Chez un sujet hospitalisé avec un test positif et qui s'aggrave	93 %	
Ⓗ Chez un sujet qui, après guérison, présente une hypoxémie (baisse de la saturation en oxygène) ou des anomalies fonctionnelles respiratoires	88 %	
Ⓘ Lorsque les ressources sont limitées chez un patient positif et une forme modérée à sévère	76 %	
Ⓙ *Idem* lorsque les tests ne sont pas disponibles	96 %	
II. Faut-il faire une radiographie du thorax tous les jours sur un malade ventilé stable *?*		83 %
III. Faut-il faire un test Covid-19 chez un patient qui présente des signes scannographiques évocateurs *?*	100 %	

Les anomalies scannographiques

Tout d'abord, le scanner peut être normal : c'est le cas dans environ 10 % des sujets symptomatiques dont la maladie est prouvée par RT-PCR. Chez les sujets asymptomatiques, là encore prouvés, c'est le cas de près d'une personne sur deux (46 %).

Dans le reste des cas, le scanner montre des anomalies.

*Anomalies les plus fréquentes (*70 % des cas*)*

Opacités en verre dépoli, bilatérales, impliquant les lobes inférieurs avec une prédilection postérieure, s'accompagnant d'élargissements vasculaires.

*Autres anomalies fréquentes (*10-70 % des cas*)*

Consolidation (51 %), opacités linéaires (41 %), épaississement septal avec réticulation ou réticulations seules (50 %), *crazy paving* (35 %), bronchogramme aérien (40 %), épaississement pleural (35 %), signe du halo (35 %), bronchectasie (24 %), nodules (20 %), épaississement des parois bronchiques (15 %), signe du halo inversé (11 %).

La localisation est multifocale (63 %), diffuse (26 %), unilatérale (15 %), focale (10 %).

Les lésions sont périphériques (59 %) ou mixtes : centrales et périphériques (39 %).

Les lobes moyens et supérieurs sont impliqués dans la moitié des cas.

Localisations rares

- Épanchement pleural (5 %).
- Lymphadénopathies (5 %).
- Localisation centrale (3 %).

- Épanchement péricardique (3 %).
- Cavités (moins de 1 %).

Ces dernières anomalies doivent faire rechercher un autre diagnostic. En outre peuvent être constatées des images de lésions induites par la ventilation mécanique : pneumothorax, pneumomédiastin.

Évolution dans le temps

1 – De 0 à 5 jours après le début des symptômes : rien ou opacités en verre dépoli.
2 – Du 5e au 8e jour : accentuation des lésions.
3 – Du 9e au 13e jour (pic) : consolidation.
4 – À partir du 14e jour : amélioration progressive avec parfois des complications – signes de fibrose.

Les anomalies à terme du scanner, des explorations fonctionnelles et de la structure du poumon, ne sont actuellement pas connues.

Scanner thoracique : sensibilité et spécificité

La sensibilité et la spécificité (pour la définition de ces termes, voir page 147) du scanner thoracique sont des éléments majeurs qui permettent de le situer dans la chaîne diagnostique et dans l'évolution de la maladie.

La sensibilité a été évaluée dans une méta-analyse aux alentours de 95 %, ce qui indiquerait que seuls 5 % des cas ne sont pas diagnostiqués par cet examen. En fait elle est sûrement moindre puisque, chez les patients symptomatiques, environ 10 % ont un scanner normal. Néanmoins, on peut en conclure que la sensibilité de cet examen est très grande.

Par contre, toujours dans la même publication, la spécificité n'est que de 46 %. Autrement dit, plus d'un sujet sur deux chez lesquels le diagnostic aurait été posé en l'absence de test RT-PCR n'avait pas le Covid-19. La méprise serait due aux autres pneumonies virales, les pneumopathies induites par les médicaments, etc.

En fait, ces faux positifs dépendent de la population étudiée. En cas de forte affluence de patients Covid-19 positifs, il est probable que la spécificité serait plus grande. En effet, les lésions scannographiques sont semblables ou à peu près à celles des autres pneumonies virales. Or ces dernières, sans être rares, ne sont pas fréquentes. Il en résulte que s'il y a peu de patients Covid-19 positifs, le doute existe, alors qu'en cas d'avalanche de patients, ce sera moins vrai.

Un dernier élément est la coexistence des lésions du Covid-19 avec une pathologie préexistante. C'est le cas des broncho-pneumopathies chroniques obstructives (BPCO) qui sont une des populations cibles du virus. Il faut dans ce cas faire la part de ce qui est antérieur et de ce que le virus crée *de novo*.

Scanner thoracique et complication

En dehors de la défaillance multiviscérale, le scanner thoracique est un outil diagnostique majeur pour deux des grandes complications de la maladie.

Le *syndrome de détresse respiratoire aiguë* (SDRA) est causé par l'orage cytokinique qui entraîne des lésions pulmonaires : œdème pulmonaire non cardiogénique, hypoxémie, qui nécessitent intubation et ventilation mécanique. Ces signes sont en rapport avec des lésions alvéolaires diffuses, qui sont la première cause de mortalité chez les malades hospitalisés par le Covid-19.

Les *complications thrombo-emboliques* sont trouvées de façon très fréquente (17 à 35 %). On peut les suspecter sur des arguments cliniques : hémoptysie (crachement de sang), tachycardie inexpliquée, phlébite. Et sur des arguments biologiques avec l'augmentation des D-dimères (qui peuvent être augmentés en cas de pneumonie sévère). Le scanner avec injection est l'examen de référence pour le diagnostic.

Scanner thoracique et pronostic

Plusieurs algorithmes qui incluent le scanner thoracique ont été publiés. Leur place dans la réalité clinique n'est à ce jour pas clairement établie.

Les symptômes et les signes de la maladie

Ils sont extrêmement variables tant en nature qu'en intensité et en pronostic. Qui plus est, l'évolution est imprévisible, surtout chez les sujets âgés. C'est pourquoi il faut rester prudent, une forme d'allure peu menaçante pouvant tout à coup virer vers un avenir plus sombre.

La *forme typique* survient après une incubation de deux à quatorze jours, en moyenne six. Elle associe une fièvre modérée (38-39 °C), une toux sèche et fréquemment une altération du goût et de l'odorat avec un certain degré d'asthénie (fatigue). Le tout disparaît spontanément en une semaine.

Les *formes prolongées* au-delà d'une semaine doivent attirer l'attention car parmi elles se trouvent celles qui nécessitent oxygénation, hospitalisation et éventuellement réanimation, avec son contingent de décès.

Période d'incubation. Elle caractérise une situation où, après avoir contracté le virus, le sujet malade est progressivement envahi par sa multiplication sans présenter de symptôme. Comme indiqué plus haut, elle est variable en moyenne de cinq à six jours. Il faut insister sur le fait que pendant cette période le sujet est très contagieux, la charge virale étant maximale juste avant qu'il ne présente des symptômes. Dans une étude publiée par He dans *Nature Medicine*, 44 % des maladies causées par contagion par des patients surviennent pendant cette période, c'est-à-dire près de la moitié.

Sujets asymptomatiques. Selon les études, ils représenteraient de 15 à 45 % de l'ensemble, bien qu'il n'existe pas d'études de grande ampleur qui, à partir de tests sérologiques, pourraient indiquer l'extension réelle de la maladie. De plus peuvent être considérés à tort comme sans symptômes des sujets âgés frappés de troubles de la mémoire immédiate.

Si l'absence de manifestation est un bien pour ceux qui présentent cette forme, elle ne l'est pas pour les autres car ils transmettent le virus. Deux exemples de populations captives (le bateau de plaisance *Diamond*

Princess et le porte-avions *Theodore Roosevelt*) retrouvent une proportion d'environ 20 % de malades asymptomatiques. Par contre, les études faites dans les maisons de retraite montrent des données beaucoup plus importantes pouvant aller jusqu'à 86 % des résidents.

Symptômes usuels[1]

Les principaux symptômes sont la *fièvre*, la *toux* et l'*essoufflement* (dyspnée). Ils sont présents dans environ 70 % des cas.

L'existence d'une *polypnée* (respiration rapide) au-delà de 24 par minute est retrouvée quatre fois plus souvent dans les formes fatales. À ces trois manifestations s'associe fréquemment une fatigue (asthénie) qui est parfois importante, voire invalidante dans 30 % des cas.

Il peut s'y associer des *douleurs* musculaires, 17 % (myalgies), des articulations et au niveau de la tête (céphalées), 16 %, qui réagissent peu aux antalgiques usuels.

Étant donné la présence virale dans les entérocytes (cellules de l'intestin), il n'est pas surprenant de trouver dans 20 à 30 % des cas des symptômes digestifs : *diarrhée*, *nausées* et *vomissements*. De plus, chez les patients de réanimation, les complications digestives graves sont plus fréquentes que chez les autres malades.

L'*anosmie* (perte de l'odorat) est présente dans une majorité de cas, cependant que les troubles du *goût* sont un peu moins fréquents. De façon curieuse, l'anosmie, qui dure en moyenne une petite dizaine de jours, ne s'accompagne pas d'anomalie des tests de reconnaissance olfactive dans un bon tiers des cas.

Par contre, mal de gorge, rhinorrhée, congestion nasale et éternuements sont inhabituels dans le Covid-19 (8 %).

L'association anosmie, toux, fatigue et perte de l'odorat constitue un excellent prédicteur de la maladie.

1. Les pourcentages sont ceux donnés par le *British Medical Journal*.

Manifestations cardio-vasculaires

Le virus peut infecter les cellules du cœur et ce dernier peut être envahi par des cellules inflammatoires. De plus, des mécanismes de nature immunologiques peuvent léser le cœur.

Les principales manifestations, plus fréquentes chez les malades cardiaques, sont la dilatation et la dysfonction (fonction anormale) du ventricule droit, la dysfonction systolique ou diastolique du ventricule gauche, et la bradycardie (ralentissement du cœur).

La troponine-1 est élevée dans les cas sévères et a été proposée comme un facteur prédictif de la mortalité.

Des myocardites ont été constatées chez des hommes jeunes (2,3 % des cas sur des athlètes dans une publication[1]).

Troubles de la coagulation

Une des différences majeures avec ce qui est constaté dans d'autres viroses comme la grippe est la fréquence des thromboses veineuses. Elles s'accompagnent d'une augmentation des D-dimères et des PDF (produits de dégradation de la fibrine). Dans une revue de 23 études, on a retrouvé en moyenne 15 % d'embolies pulmonaires et de thromboses pulmonaires chez les patients en hospitalisation conventionnelle et près de 25 % en réanimation.

Les causes de ces accidents ne sont pas claires, et les constatations à l'autopsie des sujets décédés montrent des lésions endothéliales sévères avec microangiopathie et thromboses diffuses. Quant à l'utilisation des anticoagulants, elle ne parvient pas toujours à empêcher la mort.

1. À comparer aux cas (1 sur 25 000) après vaccin à ARN messager.

Troubles neurologiques

On observe fréquemment dans les formes sévères des manifestations neurologiques : agitation, confusion (11 %), insomnie (24 %), troubles de la conscience, anxiété (15 %), dépression (16 %).

Elles sont en général réversibles. Leur origine reste l'objet de débats. Le Covid-19 peut s'accompagner d'accidents vasculaires cérébraux. Là encore, leur origine n'est pas claire. Des cas de Guillain-Barré, Parkinson, etc., ont été rapportés.

Les lésions dermatologiques

Elles sont présentes dans 8 % des cas. Ce sont surtout des éruptions : rash maculopapulaire, exanthème de type viral, lésions vésiculobulleuses.

Des lésions de type pseudo-engelures et même des nécroses ont été rapportées.

Reins et foie

Ces deux organes sont fréquemment atteints par le Covid-19. De fait, les formes sévères de la maladie s'accompagnent de signes cliniques et biologiques de lésions pouvant nécessiter, dans le cas des reins, une dialyse.

Manifestations oculaires (11 %)

Elles sont fréquentes (conjonctivite, chémosis, larmoiement, etc.). Diverses autres manifestations, entre autres des anomalies de la rétine, ont été rapportées.

Anomalies biologiques

La plus nette est la baisse des lymphocytes (lymphopénie) à moins de 1 500/µl dont l'amplitude est un facteur pronostique. Elle s'accompagne d'une baisse des sous-groupes $CD3^+$, $CD4^+$ et $CD8^+$T et NK dont, là encore, l'ampleur est liée à l'évolution de la maladie.

Il s'y associe souvent une leucopénie (baisse des globules blancs) et une baisse des plaquettes au-dessous de 150 000/µl.

D'autres anomalies peuvent être constatées, en particulier une augmentation des LDH, de la CRP, de la procalcitonine, de l'interleukine 6 (IL6) et de la ferritine.

Myopathie

Dans une série d'autopsies de 43 patients, une myopathie auto-immune a été retrouvée dans 26 cas.

Obésité

Selon l'OMS, l'obésité a triplé dans le monde depuis 1975. C'est ainsi qu'on a évalué à 1,9 milliard le nombre d'adultes en surpoids, dont 650 millions d'obèses (rappelons que le surpoids est défini comme un IMC [index de masse corporelle[1]] compris entre 25 et 30 ; l'obésité au-dessus de 30). Ce qui veut dire que 39 % des adultes étaient en surpoids et 13 % obèses. Dans les pays où coexistent obésité et dénutrition – en Asie notamment –, le surpoids tue plus que la maigreur.

En 2016, plus de 340 millions d'enfants et d'adolescents (âgés de 5 à 19 ans) étaient en surpoids ou obèses, et en 2019, on évaluait à 38 millions ceux de moins de 5 ans présentant les mêmes anomalies.

L'obésité est un facteur de risque pour les formes graves de nombreuses maladies, y compris virales. Et c'est le cas du Covid-19.

Dès le mois de mars 2020, une équipe chinoise de Shenzhen retrouvait un doublement du risque de pneumonie sévère en cas de surpoids. Chez les obèses, ce risque était multiplié par 3. Dans une autre série, Simonnet et coll. ont retrouvé un risque de ventilation assistée 7 fois plus grand pour ceux qui ont un IMC de 35 et plus comparé à moins de 25. Dans une étude des premiers cas de New York, Petrilli et coll. ont retrouvé une surreprésentation d'obèses, la grande obésité (IMC > 40) étant le risque n° 1 d'hospitalisation.

Ces premières publications ont été confirmées par de nombreuses séries de diverses origines. Dans une méta-analyse portant sur 42 publications sélectionnées selon les règles parmi un groupe de 572, Hussain et coll. ont évalué à 3,68 l'augmentation du risque de mourir du Covid-19 en cas de surpoids (IMC > 25). Les raisons pour lesquelles l'obésité est un facteur aggravant sont discutées. Elles mettent en jeu un état inflammatoire chronique avec surproduction de cytokines, altération de certaines cellules dont des macrophages qui entraînent une diminution de l'immunité innée. Cependant que l'immunité adaptative est elle aussi affectée.

1. IMC = poids (en kilogramme) divisé par la taille au carré (en mètre carré).

Il va sans dire que les mécanismes précis dépassent l'objet de cet ouvrage (et la compétence de son auteur). Il en reste un élément très important : le surpoids est un facteur pronostique défavorable en cas d'infection par le Covid-19 et l'obésité est grevée d'une mortalité particulièrement élevée.

Et le cerveau

Étant donné la fréquence de manifestations neurologiques dans le Covid-19, se pose la question de leurs causes et du rôle que joue le virus. En fait, les autopsies de patients morts du Covid montrent essentiellement des lésions en rapport avec le manque d'oxygène et une fréquente athérosclérose, mais pas de lésion grave aiguë. Par contre, dans une proportion importante de cas le virus peut être détecté, sans qu'on puisse lui attribuer de lésion particulière.

Ainsi donc n'y a-t-il généralement pas de pathologie grave aiguë neurologique. Néanmoins la présence des virus amène à s'interroger sur 1) la durée pendant laquelle il peut persister et 2) son éventuelle activité pendant cette période.

Faute de goût et d'odorat

La perte de l'odorat est devenue très vite une façon pour ceux qui la subissaient de s'interroger sur l'éventualité d'une contamination par le Covid. Un peu moins présente en apparence, la perte du goût fait également partie des symptômes de la maladie. Dans une méta-analyse de 32 articles (sélectionnés sur des critères de qualité à partir d'un ensemble de 240) comprenant 20 451 patients, le trouble de l'olfaction a été retrouvé dans 48,47 % des cas avec toutefois des différences régionales importantes : 54,5 % en Asie, 41 % en Europe et seulement 33,2 % en Amérique. La perte du goût étant un peu moins fréquente, 41 %. Là encore, l'Asie, l'Europe et l'Amérique différaient, mais dans un ordre différent : respectivement 14,2, 44,8 et 38,6 %. L'association des deux symptômes est survenue dans 35 % des cas. Ces constatations confirment qu'ils sont une marque importante de la maladie présente dans la moitié des cas environ.

La raison de ces deux anomalies n'est pas clairement établie. En effet, il n'est pas habituel d'observer une congestion nasale ou une rhinorrhée (écoulement nasal) chez les malades atteints par le Covid-19. Ce qui suggère une origine neurologique. Ce système olfactif détecte les odeurs volatiles à partir de neurones situés dans la cavité nasale : elles arrivent par le nez (olfaction orthonasale) alors que celles qui sont en rapport avec la nourriture et les boissons sont repérées par le nasopharynx (olfaction rétronasale). Le goût, en rapport avec des récepteurs essentiellement linguaux, détecte dans les composés non volatiles les cinq sens élémentaires : salé, sucré, amer, acide et umami. La chemesthésie détecte d'autres produits chimiques, souvent contenus dans les épices et les composants aromatiques, comme la chaleur brûlante, le froid, etc. Goût et chemesthésie sont souvent confondus car l'expérience alimentaire les combine lorsqu'un sujet mange un plat.

De plus, ceux qui présentent une perte de l'olfaction et en particulier de la rétro-olfaction ont souvent une perte du goût. Ce qui peut entraîner des confusions à l'interrogatoire.

Il y a peu d'équipes qui, dans le cas du Covid-19, se sont intéressées à l'étude objective de ces altérations alors que les mécanismes de ces

3 systèmes sont différents. Dans une étude basée sur un questionnaire international rédigé dans plusieurs langues différentes, 4 039 patients (en majorité des femmes) ont retrouvé en moyenne une réduction de près de 80 % de l'odorat, de 69 % du goût et de 37 % de la chemesthésie. L'association de ces 3 symptômes, dont la nature est différente, suggère un mécanisme neurosensoriel.

Le 3 mai 2021 une équipe coopérative française a mis en évidence certains éléments explicatifs : disparition des cils des neurones sensoriels, persistance du virus à l'intérieur de ces neurones ; apoptose (suicide cellulaire) qui désorganise l'épithélium olfactif ; présence du virus dans le bulbe olfactif et dans plusieurs régions du cerveau avec neuro-inflammation (Guilherme Dias de Melo et coll., *Science Translational Medicine*, 3 mai 2021).

Dépression et automutilation : l'étude anglaise

Alors que tous les rapports intermédiaires et publications d'impression par les praticiens de divers pays annonçaient une augmentation des effets du Covid-19 et en particulier du confinement sur la santé mentale des plus fragiles, une étude britannique portant sur une cohorte de plus de 14 millions de patients enregistrés sur le CPRD (*Clinical Practice Research Datalink*) a retrouvé au contraire une diminution de 43 % de dépression, de 47,8 % d'anxiété et de 36,6 % de prescription initiale d'antidépresseurs. Les cas d'automutilation avaient baissé eux aussi de 37,6 %. Des résultats similaires ont été retrouvés au pays de Galles, en Écosse et en Irlande du Nord.

Qui plus est, pour le mois d'avril 2020, les admissions en psychiatrie avaient baissé de 75,3 %.

Ces résultats très surprenants mais indiscutables posent la question de savoir si les cas chroniques les plus graves étaient inclus parmi eux.

En contraste, un questionnaire rempli par 7 890 adolescents de Wuhan sur le vécu du confinement a retrouvé 21,7 % d'anxiété et 24,6 % de dépression, liées à la modification des rapports sociaux, en particulier à l'éloignement des camarades et amis du même âge.

Par ailleurs, nombre de psychologues et de psychiatres font état d'une demande accrue de soins et d'écoute, mais cela reste jusqu'ici au niveau des témoignages individuels et non de publications scientifiques.

Ce que confirme l'analyse de Taquet et coll. qui ont trouvé dans une cohorte de 62 354 malades entre le 20 janvier et le 1er août 2020 une incidence de 18,1 %, dont 5,8 % sans antécédent, de manifestations psychiques ou psychiatriques diverses.

Suicide

L'arrivée d'une nouvelle menace sur la santé, avec ses milliers de morts, entraîne des comportements variés. Les uns regardent la situation froidement ; d'autres fanfaronnent et, comme cela fut le cas de la Grande Peste, festoient et font la fête ; quelques-uns se terrent. Certains, désespérés, veulent sortir de l'angoisse de leur statut, réel ou imaginaire, par la mort. Les pandémies ont souvent été accompagnées de suicides. Il s'ajoute, dans le cas présent, les conséquences d'une décision prise par la majorité des gouvernants de la planète : la restriction plus ou moins grande de se déplacer. Et on imagine facilement comment on peut ne pas supporter la solitude ou au contraire la cohabitation avec des personnes dont le caractère et le comportement peuvent être source de conflit et de souffrances.

Alors, est-ce que la pandémie de Covid-19 a entraîné autant de suicides que certains libertariens et complotistes ont annoncés et proclament dans les médias avec toute la véhémence de leurs certitudes ?

Tout d'abord, il faut constater que les modélisateurs ont prévu une augmentation allant de 1 à 145 %, autrement dit n'importe quoi.

Il n'y a par ailleurs aucun article paru dans des revues à comité de lecture faisant un bilan clair et indiscutable à la fin du mois de juin 2021. Néanmoins, des résultats fragmentaires et préliminaires soit n'ont pas retrouvé d'augmentation (Massachusetts aux États-Unis, Victoria en Australie et Royaume-Uni), soit ont au contraire enregistré une baisse des suicides (Japon, Norvège). Ces résultats doivent être pris avec prudence, d'autant plus qu'ils concernent essentiellement les débuts de la maladie. Il est parfaitement possible que la continuation de l'épidémie entraîne des comportements différents. On peut très bien supporter une situation traumatisante pendant un certain temps, et ce d'autant plus que, le virus semblant disparaître après une première poussée, certains prophétisent avec assurance, du haut de l'autorité qu'ils se sont attribuée eux-mêmes, que c'est fini, que ça ne reviendra pas. Dans ces conditions, le cauchemar évacué, on se croit à l'abri du danger. Alors quand, patatras, il revient et tue plus que la première fois, on peut penser que certains ne le supportent pas et se sentent pris dans un vortex qui les aspire dans une angoisse sans fin. Avec en plus la cacophonie soigneusement créée et minutieusement entretenue par certains médias afin de donner l'impression parfaitement fausse qu'il n'y a pas de vérité, que les experts se contredisent et disent n'importe quoi.

Il est donc tout à fait possible qu'une épidémie secondaire de suicides se produise.

Notons à ce point qu'au Japon, le nombre de suicides a diminué de 14 % pendant les cinq premiers mois de l'épidémie, à vrai dire très marginale dans ce pays, alors qu'il serait remonté de 16 % quand elle s'est amplifiée avec chez les femmes mais pas chez les hommes une augmentation en juillet-août et septembre 2020. Par contre une étude dans le Queensland (Australie) n'a pas montré de différence entre 2018 et 2020.

Aux États-Unis les consultations pour tendance suicidaire entre le 21 février et le 20 mars 2021 ont augmenté de 50,6 % chez les filles et de… 3,7 % chez les garçons de 12 à 17 ans comparé à 2019 – on le voit, la situation n'est pas claire et définitivement comprise.

Récupération – Covid-19 long

Il va sans dire que les formes asymptomatiques le restent à distance. Ce n'est pas toujours le cas de ceux qui ont ressenti des symptômes et en moyenne, 10 à 20 % d'entre eux ont encore au moins une manifestation résiduelle après cinq semaines, les plus fréquents étant la fatigue qui peut persister, intense pendant plusieurs mois. Plus les signes et les atteintes sont forts et plus grand est le risque de les voir se pérenniser.

On manque évidemment de recul pour identifier de façon indispensable d'éventuelles anomalies séquellaires au très long cours.

Plusieurs sociétés médicales britanniques ont défini comme « syndrome post-Covid-19 » la permanence de symptômes pendant plus de douze semaines. Les symptômes les plus fréquemment observés sont l'essoufflement et la toux ; des douleurs et impression de constriction du thorax ; des palpitations ; de la fatigue, de la fièvre, des douleurs diverses en particulier musculaires et articulaires.

Il peut y avoir aussi des manifestations neurologiques ou psychiatriques cognitives (perte de concentration et de mémoire, « brouillard cérébral ») ou à type de douleurs (céphalées), troubles du sommeil, neuropathie périphérique, pseudo-vertiges, anxiété, dépression, délire.

Sur le plan digestif : anorexie (manque d'appétit), nausées, diarrhée, douleurs abdominales. Peuvent également persister les troubles du goût et de l'odorat, des douleurs au niveau des oreilles, une bouche sèche et, sur le plan dermatologique, des éruptions cutanées.

On le voit, comme maladie bénigne, il y a mieux…

Violences domestiques

On se doute que les restrictions de mouvement et plus encore le confinement ne risquent pas d'améliorer les relations au sein des couples en conflit, des familles déchirées et entre voisins fâchés. Les femmes en particulier sont les plus vulnérables aux violences domestiques. Malheureusement, la quasi-totalité des publications font état de considérations générales et tiennent pour acquise l'augmentation de la violence sans en présenter de données chiffrées. Une étude italienne réalisée à Milan fait état au contraire d'une diminution de 50 % des appels pour aide ou conseil dans les cas de violence domestique. L'interprétation des auteurs est que les femmes avaient trop peur pour appeler et donc que cette diminution cachait une augmentation d'autant plus forte...

Insécurité et délinquance (ministère de l'Intérieur)

	2020	2019	%
Violences intrafamiliales	131 200	119 800	+11
Autres coups et blessures volontaires	129 300	138 600	–6,7
Viols	24 800	22 300	+10,7
Autres agressions sexuelles	30 100	30 900	–2,6
Vols avec arme	6 900	7 500	–8
Vols violents sans arme	63 700	78 700	–19
Vols sans violence	543 700	715 700	–24,1
Cambriolages de logements	185 600	231 900	–20
Vols de véhicules	119 700	137 700	–13
Vols dans les véhicules	218 500	262 800	–16,9
Vols d'accessoires sur véhicules	73 200	88 900	–18,8
Destructions et dégradations volontaires	523 500	602 600	–13,1
Escroqueries	362 700	359 900	+0,8

Comme on le voit sur le tableau, les violences intrafamiliales et les viols ont augmenté respectivement de 11 % et de 10,7 % entre 2019 et 2020. À l'exception des escroqueries (+0,8 %), tous les autres, vols, agressions, coups et blessures, dégradation, etc., sont en recul de 2,6 à 24,1 %. La crise du Covid-19 a donc aggravé l'insécurité à l'intérieur des familles et diminué nettement les délits commis en dehors.

Tabac et BPCO

Une étude basée sur le registre du système de santé de Cleveland en Ohio et en Floride entre le 8 mars et le 25 août 2020 a montré une forte relation chez 7 102 patients entre l'intoxication tabagique cumulée exprimée en PA (paquet-année : paquet par jour pendant un an) et le pronostic. Les sujets avec plus de 30 PA avaient 2,25 fois plus de risque d'hospitalisation et 1,89 fois plus de mourir que les non-fumeurs.

Chez les sujets atteints de BPCO (broncho-pneumopathie chronique obstructive), maladie respiratoire chronique généralement due au tabagisme, on a constaté au Royaume-Uni une mortalité hospitalière particulièrement élevée (40 %).

Contrairement à ce qu'une insidieuse propagande affirmait, le tabac ne protège pas. Là encore il est néfaste et tue.

Covid-19 et sida

Il s'agit de savoir si la maladie est plus sévère chez les sidéens (et non de rechercher une absurde parenté entre les deux virus). Plusieurs groupes se sont intéressés à ce sujet. En particulier dans une publication concernant 50 167 patients dont 404 HIV positifs, la mortalité était supérieure dans ce dernier groupe. Toutefois, il y avait parmi eux une plus grande proportion d'obèses, de fumeurs, de diabétiques, d'hypertendus, d'insuffisants rénaux, de coronariens et de porteurs de broncho-pneumopathie chronique obstructive (BPCO). En appariant les patients pour ces cofacteurs de risque, le statut HIV n'était plus un élément pronostique en soi. Une bonne nouvelle donc pour ceux qui en sont affectés.

Prisons

Comme l'a rappelé l'OMS, ceux qui sont en prison sont des êtres humains comme les autres. Pour des raisons qu'ont décidées les tribunaux qui les ont fait incarcérer, leur liberté est limitée par nature. C'est pourquoi il faut être particulièrement vigilant sur les éventuelles dérives qu'inexorablement l'existence d'une catégorie d'êtres humains, soumis à une autre, peut engendrer de déviances et d'injustices soit dans le rapport entre gardiens et détenus, soit entre les détenus eux-mêmes.

Aux États-Unis, une enquête a concerné au mois de juillet 2020 53 systèmes de prisons répartis dans les divers États. Dix d'entre eux n'avaient pas mis en place de politique de détection du Covid-19. Sur l'ensemble des États-Unis, dans 33 États, il y avait un nombre de cas par millier de personnes supérieur en prison par rapport à la population locale contre 20 où c'était l'inverse. Toutefois, dans ce dernier groupe, les différences étaient faibles et le maximum était de 21 pour 1 000, alors qu'on atteignait des nombres beaucoup plus élevés dans le premier groupe : 159 contre 20 dans le New Jersey, 149 contre 10 dans l'Arkansas, 122 contre 10 dans le Tennessee et 13 dans le Connecticut, 105 contre 6 dans l'Ohio, 103 contre 8 dans le Michigan, etc. Par contre la mortalité y a été très faible (moins de 5 pour 1 000 cas) et toujours fortement inférieure à celle de la population de référence. La population carcérale est dans l'ensemble à plus grands risques de contracter le Covid-19 et, étant donné son âge, la mortalité y est plus faible.

On sait qu'il y a environ 11 millions de personnes incarcérées dans le monde et qu'il s'agit en grosse majorité d'hommes jeunes. Les conditions de détention sont extrêmement différentes selon les pays et dans la plupart des cas elles sont peu respectueuses des droits de l'homme. De ce fait, il est difficile de comparer certaines prisons sud-américaines où les détenus sont agglutinés les uns sur les autres et celles dont disposent les pays occidentaux. S'il semble que vu la démographie il y ait plutôt moins de morts dans cette population, l'expérience américaine montre dans l'ensemble une plus grande incidence de la maladie que dans le reste des divers États, avec une très grande diversité des situations. La politique de relâcher les prisonniers pour diminuer le risque de transmission, possible d'un côté, nécessite de s'assurer que ceux qui retrouvent leur liberté ne risquent pas de contaminer leur entourage (en plus du risque de rupture des thérapeutiques psychiatriques). Par contre, la possibilité d'isoler des petits groupes qui par nature ne peuvent changer volontairement de lieux de vie, pourrait permettre une politique de prévention et de prise en charge plus facile à réaliser (si tant est qu'il y en ait une).

Une étude sur les plus de 13 000 détenus du complexe formant la prison fédérale du Brésil à Brasilia a retrouvé entre le 1er avril et le 12 juin 2020 959 cas chez les détenus, 180 chez les gardiens, 9 chez les contractuels et 9 dans le service de santé. Il y a eu 9 hospitalisations et 3 morts. L'incidence de la maladie y a été 40 fois plus grande que dans le district fédéral de Brasilia, pas la mortalité, au contraire très inférieure.

Les SDF et les réfugiés

Les sans domicile fixe (SDF) sont particulièrement vulnérables à la maladie à la mauvaise saison. Alors que d'ordinaire ils sont solitaires ou vivent en petits groupes, on les rassemble dans des locaux collectifs pour y dormir où ils vivent en promiscuité. Une étude faite à Paris en 2020-2021 a retrouvé 52 % de positivité parmi eux dont les deux tiers asymptomatiques. En fait, il s'agissait d'une population jeune faite principalement de migrants avec une faible mortalité. Ce n'est pas le cas partout et le nombre de décès est plus grand dans d'autres pays.

En Grèce, une étude a montré que les réfugiés avaient 2,5 à 3 fois plus de risques de contracter la maladie que les populations locales.

Les soignants

Une importante question, dans une épidémie contagieuse, est de savoir comment elle affecte ceux qui sont en rapport avec les patients pour les soigner (médecins, infirmières, ambulanciers, etc.). Une méta-analyse de tous les résultats collectés entre le 31 décembre 2019 et le 23 avril 2020 a été faite à partir d'une base de données de 13 199 soignants atteints par le Covid-19 dans un ensemble de 119 216 malades – l'objet de l'étude n'a pas été de rechercher la fréquence relative de la maladie parmi les soignants comparés à celle de la population mais les caractéristiques cliniques et le pronostic. Huit études venaient de Chine, 4 des États-Unis et 1 d'Italie. La conclusion était : maladie moins sévère et mortalité moindre. Une étude publiée en juillet 2020 sur les 4 398 cas en Allemagne a montré que la majorité étaient des infirmiers (64 %) mais que les médecins avaient 2 fois plus de cas sévères que les autres (8 contre 4 %). Une étude italienne a retrouvé une mortalité chez les médecins très variable selon les régions : dans certains cas nettement inférieure (Piémont, Émilie-Romagne, Vénétie) ou au contraire supérieure (Sud, Sicile, Sardaigne) à celle de la population générale, ce qui, dans un pays où la santé est décentralisée, semble indiquer des résultats contrastés.

À part ces études fragmentaires, on manque cependant de publications permettant de répondre aux questions suivantes : 1) Est-ce que les soignants contractent plus souvent la maladie que le reste de la population ? 2) Est-ce que les formes sont plus ou moins sévères ? 3) En quoi les mesures de protection – en particulier le port des masques FFP2 – ont une incidence sur ces deux questions ?

Un dernier élément : souvent les soignants se contaminent entre eux, en particulier en « baissant leur garde » en salle de repos.

Les enfants

Covid-19 et enfants

Dans l'ensemble, le Covid-19 est soit asymptomatique, soit peu inquiétant. De fait, une étude du Center for Disease Control and Prevention (CDC) américain, basée sur les données épidémiologiques de 99 comtés répartis dans 14 États américains, a retrouvé un taux d'hospitalisation de 8 pour 100 000 chez les enfants contre 164,5 chez les adultes. En moyenne, il y a donc 20 fois moins de cas suffisamment inquiétants pour nécessiter l'hospitalisation chez les enfants (ici la définition, différente de la France, est de moins de 18 ans). Il faut d'ailleurs remarquer que les moins de 2 ans étaient 3 fois plus souvent hospitalisés (24,8). Une très nette différence existait entre les Blancs (2,1), les Noirs (10,5) et les Hispaniques (16,4).

Dans la série de 576 malades, 208 (36 %) furent admis en soins intensifs, 12 furent ventilés et 1 mourut.

Parmi cette population d'âge moyen de 8 ans, seuls 14 % étaient blancs (72,4 % de la population) et 94 % avaient au moins une comorbidité : obésité (37,8 %), maladie respiratoire chronique (18 %) et chez ceux de moins de 2 ans prématurité (15,4 %).

Comme on peut le voir, il semble que les cas inquiétants de Covid-19 chez les enfants, en dehors de l'origine ethnique (on a formulé l'hypothèse que la surreprésentation des Hispaniques n'est pas liée à leurs origines mais à l'importance des métiers en contact avec le public qui, mal protégés, entraînerait une contamination plus forte des enfants), sont chez ceux qui ont des facteurs de risque, en premier lieu l'obésité.

NB : Il semble que, sans pour autant devenir prioritaires, enfants et jeunes soient plus souvent touchés par les variants.

Inquiétudes pour les enfants

La réputation du Covid-19 est simple : les enfants ne sont pas sa cible. Pourtant, on rapporte des cas de maladie de Kawasaki. Même s'ils sont peu nombreux, quels sont les parents qui souhaitent voir leurs enfants en soins intensifs, sous oxygène, voire ventilés, et qui, après guérison, devront être surveillés toute leur vie en raison du risque d'anévrisme des coronaires ?

Mais il y a plus. Une étude américaine de Levin et coll. publiée dans le *JAMA* du 11 janvier 2021 fait le bilan de 5 364 sujets âgés de 19 ans et moins dans 22 États américains entre le 15 mai et le 15 novembre 2020.

Au début de l'étude, le taux d'hospitalisation était de 2 pour 100 000 enfants ; à la fin de 17,6 pouvant atteindre 32,8 et 33,7 en Arizona et Dakota du Sud, alors qu'il était resté à 3,4 dans le New Hampshire. Bien que d'une façon différente des adultes, des variations importantes existaient entre les États. Notons que si la même proportion moyenne touchait les Français, il y aurait 16,54 millions (Insee) × 17,6/100 000 = 2 904 enfants hospitalisés.

Est-ce négligeable ? D'autant plus qu'il semble que les variants anglais et indien soient plus agressifs chez les enfants…

Bien que le virus touche moins les enfants, on se rend compte qu'il peut les infecter. En dehors de ces considérations, la question est cependant de savoir combien d'enfants risquent de contracter une forme grave. Cette connaissance est nécessaire car elle conditionne la politique à adopter vis-à-vis d'eux.

Et ces considérations sont d'autant plus importantes qu'une importante étude faite en Bavière montre que lors de la deuxième vague les enfants d'âge scolaire ou préscolaire étaient touchés 8 fois plus souvent que lors de la première.

Enfants et jeunes : la statistique du CDC américain du 1er mars au 12 décembre 2020

Âge	**Positifs**	**Hospitalisations**	**Réanimation**	**Décès**
0-4	212 879	4 294	288	52
5-10	313 913	1 983	168	30
11-13	227 238	1 598	131	27
14-17	467 993	4 007	279	69
18-26	1 649 805	18 347	1 107	476
TOTAL	2 871 828	30 229	1 973	654

Étude brésilienne[1]

Le Brésil dispose d'un vaste réseau de surveillance appelé SIVEP-Gripe. Entre le 16 février 2020 et le 9 janvier 2021, 11 613 patients âgés de moins de 20 ans furent identifiés comme positifs au Covid-19 et furent hospitalisés. 886 (7,6 %) sont morts. Les facteurs pronostiques défavoraux étaient : l'âge (moins de 2 ans et 12 à 19), les pathologies associées, l'origine régionale et ethnique.

1. E. A. Oliveira et coll., *Lancet Child and Adolescent Health*, 10 juin 2021.

Maladie type Kawasaki

Le Covid-19 touche les enfants et les jeunes en plus grand nombre que les sujets âgés. Par contre, en dehors de quelques sujets à risque (en particulier les obèses), la maladie se traduit par une symptomatologie généralement bénigne et une très faible mortalité. Au cours de la pandémie de Covid-19, il a été constaté un certain nombre de tableaux cliniques apparentés à la maladie de Kawasaki touchant les enfants. Plusieurs publications, en particulier provenant d'équipes françaises et d'une équipe italienne de Bergame, ont retrouvé une augmentation de cette maladie à l'occasion du Covid-19. Il s'agit d'une vasculite aiguë fébrile systémique affectant les petits et moyens vaisseaux, en particulier coronariens. Elle se complique d'affections cardiaques. Le diagnostic est clinique et associe fièvre prolongée, injection conjonctivale bilatérale, inflammation de la bouche et du pharynx, exanthème (éruption) polymorphe (variable), modification des extrémités des membres et du périnée et des ganglions cervicaux. Le risque principal est le développement d'anévrysmes coronariens (dilatation de l'artère). Le traitement par immunoglobulines intraveineuses et/ou les corticostéroïdes est efficace et la mortalité faible (nettement moins de 1 %) et généralement en relation avec un retard diagnostique et de prise en charge. Il va sans dire que cette situation nécessite un suivi cardiologique régulier, l'âge adulte inclus. Si l'on retient l'incidence de 9 cas pour 100 000 enfants de moins de 5 ans, on arriverait aux alentours de 300 cas par an. Avec en France 2 pics : après la grippe A (H1N1) et pendant le Covid-19. De ce point de vue, l'étude du groupe de l'hôpital Robert-Debré publiée dans *The Lancet Child & Adolescent Health* montre un premier pic (A [H1N1]) à 5 fois la normale et un second au début du Covid-19 (à plus de 8 fois). Il est évident qu'il est indispensable de connaître le nombre exact de malades. Si par exemple il était 8 fois supérieur à la moyenne annuelle, c'est-à-dire à plus de 2 000 cas en rapport avec le virus, il serait important d'en tenir compte dans la politique vaccinale.

Enfants : syndrome inflammatoire multisystémique

Les formes graves sont rares chez l'enfant. Il existe néanmoins des cas qui mettent en jeu sa vie. Le syndrome inflammatoire multisystémique est défini par 6 critères : maladie sérieuse nécessitant l'hospitalisation, fièvre de plus de vingt-quatre heures, âge inférieur à 21 ans, syndrome inflammatoire biologique, atteinte multiviscérale et sévère infection respiratoire aiguë avec présence du Covid-19. L'âge moyen est de 8 ans. Les trois quarts n'ont pas d'antécédents. Les organes touchés sont les systèmes digestif, respiratoire, cardio-vasculaire, hématologique et cutanéo-muqueux.

La plupart du temps, ils nécessitent une surveillance continue. La moitié requiert des drogues vasoactives pour contrôler leur pression artérielle et 20 % doivent être ventilés. La mortalité est de 2 %. Près de la moitié d'entre eux ont une maladie de Kawasaki.

Immunité donnée par l'infection par le SARS-CoV-2

Protection après le Covid-19

Une question évidente, après une infection par le Covid-19, est de savoir quelle protection elle donne face à une nouvelle contamination virale. Il existe en effet des cas plus ou moins isolés de récidive rapportés çà et là, souvent après une forme mineure. De plus, plusieurs équipes ont rapporté une baisse plus ou moins rapide des anticorps avec le temps. On sait que la défense de l'organisme ne dépend pas seulement de ces derniers mais que l'immunité cellulaire joue un rôle de premier plan. Une équipe de l'Université d'Oxford en Angleterre a pris une approche pragmatique : elle a suivi 12 541 soignants et mesuré les anticorps désignés contre la protéine S du spicule. 1 364 étaient négatifs et 1 265 positifs, et l'étude qui a comporté des sujets lors de la première et de la deuxième vague de l'épidémie a duré jusqu'à trente et une semaines, avec suivi clinique et tests répétés. Les résultats parlent d'eux-mêmes. Aucune infection symptomatique n'est intervenue dans le second groupe alors que plus de 200 cas furent observés dans le groupe négatif. Sans qu'on puisse déterminer la contribution relative de ces anticorps, leur présence indique un bon niveau de protection jusqu'à six mois.

Par contre, une étude américaine portant sur 3 248 soignants suivis entre avril et juin 2020 a montré chez 94 % une baisse des anticorps à tel point que 28 % purent être considérés comme rétro-négatifs. Savoir si ce phénomène s'accompagne ou non d'une baisse de la protection contre une éventuelle récidive reste inconnu.

Bien entendu l'arrivée des variants a modifié ces données.

Une étude publiée le 14 juin 2021 dans la revue *Nature* sur 63 convalescents montre une bonne conservation de l'immunité tant humorale que cellulaire un an après l'infection. Sur la vingtaine d'entre eux qui avaient été vaccinés, elle était encore plus importante y compris contre les variants inquiétants (sud-africain, brésilien, indien).

Les bénéfices du Covid-19

Il y a dix ans, l'arrivée de la pandémie grippale A (H1N1) avait coûté la vie directement à plusieurs centaines de personnes – beaucoup plus que d'ordinaire (rappelons que les morts de la grippe annuelle ne le sont pas directement : la maladie perturbe un équilibre précaire chez des patients présentant de multiples pathologies et qui meurent tardivement de diverses causes). Mais elle avait entraîné l'utilisation, beaucoup plus qu'avant, du lavage des mains avec des solutés alcooliques. Et il n'y avait quasiment pas eu de gastroentérites.

Avec le Covid-19 et l'existence de plusieurs millions de morts en relation directe avec le virus, les mesures barrières ont été adoptées par un très grand nombre. Résultat, disparition presque complète en France des pathologies traditionnelles automno-hivernales : rhinopharyngite, bronchiolite, gastroentérite, grippe. Comme quoi, l'arrivée d'un danger et la prise de conscience des risques pour soi et pour les autres qu'il fait courir encouragent des mesures simples qui ont des répercussions positives sur d'autres infections virales. D'un mal sort aussi un peu de bien.

Et après ?

Externe dans le service de neurologie du Pr Paul Castaigne en 1965, l'auteur eut à prendre en charge un malade atteint de l'encéphalite de von Economo. Cette affection avait comme séquelle dans un tiers des cas des signes proches de la maladie de Parkinson. Elle est survenue de manière importante après la grippe espagnole de 1917-1920. Bien que l'origine grippale ne soit qu'une hypothèse, il faut remarquer qu'elle a ensuite disparu, avec quelques patients occasionnels. Cette possible complication tardive de la grippe amène à une question importante pour ceux qui, jeunes, ont contracté le Covid-19. On sait que les manifestations neurologiques ne sont pas rares et les autopsies ont retrouvé dans certains cas le virus en grande quantité dans le cerveau de patients décédés.

Qu'adviendra-t-il dans les années futures ? Est-ce que ceux qui sont guéris le resteront ou est-ce qu'à moyen et long terme des complications apparaîtront ? Personne ne peut répondre à cette question. Mais imaginons que simplement 1 pour 1 000 développe ultérieurement une complication neurologique et que, avec la vaccination, cette évolution ne survienne pas. Ce seraient des centaines, voire des milliers, qui en seraient indemnes. Avant de se poser la question d'éventuelles complications tardives du vaccin, il faut se poser celle des conséquences éventuelles d'un virus qui touche le système nerveux.

Dans le dédale des tests

Dans le dédale des tests

Tester, ne pas tester, tester comment et avec quoi ? Même les spécialistes se perdent parfois dans les méandres de la liste des kits disponibles et dont, pour la plupart, ils ignorent les performances, quand ils ne sont pas induits en erreur par des fabricants malhonnêtes tel ce groupe chinois qui annonçait 92 % de fiabilité quand dans la réalité elle était inférieure à 30 %.

Avant toute chose, il faut avoir en tête deux notions indispensables et qui caractérisent tout système de mesure.

1. *La sensibilité*. C'est la capacité du test à identifier sa cible. Supposons que 1 000 personnes aient le Covid-19. Un test dont la sensibilité est de 80 % détecte 80 % des 1 000, c'est-à-dire 800. Autrement dit, il va déclarer négatifs 200 personnes qui en fait ont la maladie (faux négatifs).
2. *La spécificité*. C'est, quand un test est positif, son rapport avec la réalité. Supposons qu'un test détecte 1 000 cas positifs et qu'en fait il n'y en ait que 800 qui sont réellement malades. Les 200 autres sont des faux positifs et le test a une spécificité de 80 %.

On imagine facilement les conséquences de telles erreurs. Les uns se pensent sains alors qu'ils sont malades et peuvent diffuser la maladie. Quant aux faux positifs, ils peuvent se croire immunisés et, oubliant peu ou prou les mesures de précaution, contracter le virus et devenir (vraiment) malades.

Les tests répondent à deux ordres de questions

1. Est-ce qu'il y a des virus ou des fragments de virus au moment où on fait le prélèvement, ce qui indiquerait une infection actuelle ou récente ?
2. Y a-t-il des anticorps dans le sérum, ce qui indiquerait une réponse immunitaire à une infection passée (ou un vaccin) ?

Pour répondre à la première question, il y a deux types de tests : moléculaires (génomiques) et antigéniques. Pour la seconde, c'est la recherche d'anticorps.

Les tests servent aux cliniciens pour faire le diagnostic et assurer la prise en charge des patients. De ce point de vue, l'expérience chinoise est que chez les patients hospitalisés, le scanner est plus fiable que les tests qu'ils ont utilisés au début de 2020.

Pour les spécialistes de santé publique, ils servent à mesurer l'amplitude de l'épidémie globalement ou dans des zones plus restreintes. Ils font partie des indicateurs utilisés pour déterminer les mesures de contrôle des déplacements. De ce point de vue, ils sont également un des critères qui servent à évaluer leur efficacité. Et à prendre des décisions concernant l'ouverture ou la fermeture de telle ou telle activité.

Enfin, ils peuvent servir, par exemple en testant les sujets en contact avec des personnes infectées, à identifier ceux qui ne présentent pas de symptômes mais qui doivent être isolés.

Des centaines de tests (270 rien qu'aux États-Unis) ont été élaborés dans le monde et comme l'indique un rapport de l'Académie des sciences américaine : « Ils varient en sensibilité, spécificité, répétabilité, fiabilité, disponibilité, coût et temps nécessaires pour obtenir des résultats. » Sous la présidence de Donald Trump, dans l'urgence, la Food and Drug Administration (FDA) a accordé des autorisations de mise sur le marché dans des conditions accélérées et sans la validation d'études standardisées avec souvent moins de 60 sujets testés.

Les tests moléculaires (génomiques) ont pour objectif d'identifier la présence du virus dans les voies aériennes. Les prélèvements peuvent être collectés à divers niveaux des voies aériennes supérieures (la plupart du temps dans la partie postérieure des fosses nasales). Toutefois certains tests ont été validés avec de la salive ou des sécrétions nasales, ce qui peut se faire d'une manière plus simple et moins désagréable.

Les tests antigéniques peuvent être réalisés à partir des mêmes prélèvements. Ils détectent la protéine qui entoure le génome ARN du virus. Toutefois, ils sont plutôt considérés comme indicatifs et nécessitent une confirmation par test moléculaire.

Les tests moléculaires effectués par RT-PCR sont très spécifiques : en cas de positivité, il n'y a quasiment pas de doute. Toutefois, leur sensibilité est variable, en particulier pour des raisons de prélèvement. De plus, ils n'indiquent pas si la personne est contagieuse, des restes de virus pouvant persister à distance de l'infection (rappelons que les recommandations sont de maintenir l'isolement pendant dix jours après le début des symptômes).

Les tests antigéniques utilisent soit la reconnaissance de l'ARN du virus par une enzyme, soit la détection de l'antigène viral. Leur intérêt est de nécessiter une plateforme technique beaucoup plus légère, d'être peu coûteux et de donner très rapidement une réponse (quinze minutes pour l'un d'entre eux).

Toutefois, il faut noter que la performance des divers tests génomiques et antigéniques n'est que partiellement connue pour les centaines disponibles sur les divers marchés, même si plusieurs organismes d'évaluation ont publié des résultats concrets d'utilisation de certains d'entre eux.

Il va sans dire qu'il est urgent qu'un tel répertoire puisse comprendre les différents produits disponibles sur le marché. En effet, les fabricants avaient une capacité, rien qu'aux États-Unis, de 30 millions par semaine à partir de novembre 2020 pour atteindre plusieurs centaines de milliers, voire des millions, par semaine au printemps 2021. Connaître leurs performances réelles est donc d'une importance majeure dans le cadre d'une utilisation de masse.

À supposer que la performance de ces tests soit bonne, ils seraient l'outil idéal pour guider les mesures d'isolement, de confinement ou au contraire d'autorisations d'activités à un niveau local et non global, ce qui impacterait considérablement moins l'activité économique, éducative, culturelle et ludique. Ils permettraient en identifiant les premiers cas d'éviter la diffusion du virus dans une communauté donnée.

Il va sans dire que la connaissance tant des cas positifs que négatifs a une importance cruciale pour déterminer la place des tests dans une stratégie globale.

Comment utiliser les tests ?

Les tests moléculaires et antigéniques ont une première utilité : diagnostiquer les malades pour les traiter. Ils servent aussi à quantifier l'importance de l'épidémie et à décider de l'interruption éventuelle de diverses activités.

Un élément semble particulièrement important : la répétition des tests, à condition que leur spécificité soit bonne. Pour tester plusieurs fois une population, il est évidemment nécessaire de disposer de quantités et de débits élevés.

Une autre sorte de recherche peut être utilisée : la recherche du virus dans les eaux usées. On sait qu'il est excrété dans les selles. Les limites sont évidentes : s'il n'y a que peu de gens contaminés, la recherche dans les égouts sera faussement négative. Cette approche peut être utile dans le sens inverse : la découverte de virus indique une relativement grande circulation de ce dernier et impose des mesures de détection. Quoique actuellement embryonnaire, cette technique pourrait être un moyen simple et peu coûteux de montrer l'importance de l'épidémie.

Une autre stratégie consiste à utiliser les tests sur plusieurs centaines de personnes. En cas de positivité, on recommence en les divisant peu à peu jusqu'à identifier le ou les sujets infectés.

Honneur aux dames

La deuxième catégorie de tests consiste à rechercher des anticorps dans le sang. On peut trouver des immunoglobulines (Ig) M ou G. Les premières traduisent une réponse immunitaire à une infection récente, les secondes la « mémoire » de l'organisme qui lui permet de s'opposer au virus sur le moyen et long terme. Toutefois, l'existence des IgG ne veut pas dire en soi qu'il existe une protection sur le très long terme. On sait que certaines affections virales donnent une immunité de très longue durée alors que dans d'autres cas, elle diminue rapidement. De plus, l'existence d'anticorps ne signifie pas en soi qu'on ne puisse contracter à nouveau la maladie. On se rappelle la méprise de certains au début de l'épidémie de sida qui, voyant l'existence d'anticorps (à l'époque, c'était le seul test disponible), en ont conclu par analogie avec l'hépatite B que les patients étaient protégés, erreur qui a causé de nombreux morts. Un dernier élément est la persistance ou non de l'immunité humorale. Il semble qu'elle diminue assez rapidement (mais le recul est évidemment insuffisant). Et qu'elle se maintient beaucoup mieux chez les femmes.

Salive et nasopharynx

La recherche du SARS-CoV-2 est un élément majeur du diagnostic et de la prise en charge de la maladie. La détection par RT-PCR est la méthode de référence utilisée initialement. Elle a une spécificité presque parfaite et une sensibilité qui dépend de la manière dont on collecte les spécimens analysés.

Typiquement, ils sont prélevés dans le nasopharynx, ce qui, sans être très douloureux, est cependant désagréable. De plus, selon l'habitude et l'habileté du technicien, la sensibilité varie de 0,70 à nettement plus de 0,90. Ce qui signifie qu'un nombre assez important de malades peuvent être diagnostiqués comme indemnes et donc diffuser le virus. Une équipe de l'Université Yale aux États-Unis a comparé cette méthode avec l'analyse de la salive collectée par les sujets eux-mêmes. Les résultats sont nets : la salive donne des résultats plus fiables tant pour le diagnostic initial que pour le suivi de la charge virale. Appliquée à près de 500 soignants symptomatiques et non symptomatiques, dans la salive, 13 de ces derniers avaient du virus alors qu'une majorité d'entre eux ont été testés négatifs par prélèvement nasopharyngé.

Il est ainsi possible que le prélèvement salivaire soit préférable à la fois pour diagnostiquer et pour suivre l'évolution de l'infection virale.

Demain les chiens

Sous ce titre, Clifford D. Simak publia en 1952 une série de nouvelles de science-fiction. Ajoutons-en une : et si demain les chiens étaient plus aptes que certains tests à détecter le Covid-19 ? Ces animaux disposent d'un système de détection olfactive sans commune mesure avec celui des humains et cette particularité a été utilisée dans de nombreux domaines, en particulier pour la détection de substances illicites par la police (ils ont 300 millions de récepteurs nasaux contre 5 ou 6 millions chez l'homme, rappelle la revue *Nature*).

Partant de l'hypothèse que les sujets atteints par le Covid-19 ont une odeur spécifique, certains scientifiques – dont une équipe de Maisons-Alfort – ont éduqué des chiens à la reconnaître. Les résultats seraient spectaculaires avec des sensibilités et des spécificités la plupart du temps rapportées comme supérieures à 90 %. À tel point qu'à Helsinki par exemple, ils sont employés à l'aéroport pour identifier les sujets atteints.

Dans une autre étude, les chiens ne détectaient que 50 % des sujets atteints alors que leur réaction éliminait 98 % des sujets non atteints.

Alors, ce qu'il manque ? Une vaste étude multicentrique qui puisse réellement évaluer la place de demain les chiens. Ce qui implique une politique de « formations » de ces derniers.

Traitements curatifs

Traitements

Nouveau venu et apparu brutalement, le Covid-19 n'avait pas de toute évidence de traitement spécifiquement destiné à le combattre. Indépendamment de la recherche pharmacologique fondamentale entreprise par l'industrie pharmaceutique pour identifier des cibles et mettre au point des molécules susceptibles de le traiter, la première décision a été de lui apposer les traitements antiviraux déjà disponibles. Certains ont des cibles spécifiques, par exemple ceux utilisés contre les virus grippaux. D'autres, souvent d'apparition assez récente, avaient une certaine efficacité contre divers virus. D'autres enfin n'étaient pas à proprement parler des antiviraux mais présentaient une activité viricide dans certaines conditions expérimentales.

Il est évident que depuis plus d'un an et demi que le virus existe et qu'il a causé une pandémie, si une thérapeutique avait prouvé qu'elle était efficace et que ses effets secondaires étaient acceptables, elle serait la règle universelle. Il est tout aussi évident que ce n'est pas le cas. Ne pas disposer de traitement contre une maladie qui tue des millions d'êtres humains est cause d'anxiété et autorise tous les débordements. Avec, comme dans le film de Steven Soderbergh *Contagion* (film qui ressemble étrangement à ce que nous décrivions dans *Pandémie. La grande menace*...), des escrocs, des hurluberlus et des illuminés proposant, comme Jude Law avec son forsythia, des remèdes miraculeux dont l'évidente omnipotence est boycottée par la conspiration des savants, de l'industrie pharmaceutique et de tous les « on » et les « ils » de la planète.

Dans ce domaine, il convient donc de garder la tête froide et d'analyser sans arrière-pensée les résultats des diverses études.

Phases d'évaluation médicamenteuses

Tout médicament mis sur le marché doit suivre un cursus qui est bien codifié et dont il existe trois phases :

Phase 1. C'est une étude de toxicité. Avant qu'une molécule, testée sur des modèles animaux, soit diffusée, il convient tout d'abord de s'assurer qu'elle n'induit pas d'effets secondaires importants. Les candidats sont essayés sur des volontaires sains et, dans le cas de produits naturellement toxiques (médicaments anticancéreux par exemple), sur des patients volontaires pour qui généralement il n'existe plus de ressource thérapeutique.

Phase 2. C'est une première évaluation de l'efficacité. On administre le traitement à des groupes de sujets ou de patients volontaires. De deux choses l'une. Ou bien, comparés aux résultats obtenus avec un autre traitement, les effets du candidat médicament sont inférieurs et on s'arrête là, ou bien c'est au moins aussi bien et on passe à la phase suivante.

Phase 3. On tire au sort des malades dont la moitié reçoit le nouveau produit et l'autre moitié un traitement de référence ou, s'il n'y en a pas, un placebo. Ceux qui donnent le traitement aux patients (tous volontaires et informés) ignorent si ce qu'ils donnent fait partie de l'une ou l'autre possibilité. Afin de s'assurer de l'éthique du protocole, une équipe surveille les résultats pour interrompre l'étude soit en cas de toxicité (le nouveau est arrêté), soit au contraire en cas de succès éclatant (le nouveau devient le traitement de tous).

Il existe, après la mise sur le marché, des recherches de *phase 4* qui consistent à étudier plus finement l'indication des traitements par exemple dans des sous-groupes de patients.

La chloroquine (Nivaquine)

Ce médicament antipaludéen utilisé autrefois très largement (Nivaquine) a vu au fil du temps son efficacité diminuer par l'apparition de résistances qui l'ont fait abandonner dans un très grand nombre de pays. À cause de propriétés antivirales dans certaines conditions expérimentales, il a été essayé en Chine. Et il a été inscrit sur la liste des médicaments utilisables contre le nouveau virus pour une « bonne efficacité ». Remarquons au passage que dans les articles en provenance de Chine, lorsque l'épidémie faisait rage au Hubei, les médications traditionnelles de toutes sortes étaient également qualifiées avec faveur.

Et puis, il y a eu deux publications en chinois, l'une favorable et l'autre négative. Et après cela plus rien.

En particulier quand les médecins et les savants chinois inondaient la presse médicale de référence de centaines d'articles, aucun n'a été publié à propos de la chloroquine. Peut-on imaginer que des auteurs qui auraient découvert un traitement contre un fléau mondial s'abstiendraient de le publier et d'en tirer la gloire ?

Allons plus loin. Si la chloroquine était efficace, est-ce qu'on peut imaginer que le gouvernement chinois aurait bloqué le fonctionnement d'une province qui représente plus de 4 % de son produit intérieur brut pendant trois mois avec les conséquences économiques, sociales et politiques que l'on peut imaginer ? Et là encore, si c'était un traitement efficace, est-ce qu'il n'est pas évident que le président Xi Jinping se serait posé comme le sauveur de l'humanité ? On le voit, absence de publications, confinement dur, silence présidentiel : il était évident que la chloroquine soit ne faisait rien, ou pas grand-chose, soit même était délétère.

L'hydroxychloroquine (Plaquénil) est un dérivé de la chloroquine qui, à doses faibles, est utilisée dans le traitement de certaines maladies inflammatoires sévères comme le lupus érythémateux disséminé dont il est devenu le traitement de référence.

Comme sa grande sœur la chloroquine, elle a montré des propriétés antivirales dans certaines préparations expérimentales. Ce traitement a été vivement promu par l'ex-président américain Donald Trump à la recherche désespérée d'un traitement miracle qui effacerait sa catastrophique gestion de la pandémie et par ses partisans de par le monde.

L'hydroxychloroquine a donc été essayée sur des patients.

Mais elle a aussi été proposée comme thérapeutique tuant le virus (éventuellement associée à un antibiotique, l'Azithromycine ou Zithromax) au début de la maladie. Et donc empêchant le développement de formes graves. Cette approche était séduisante. Mais, il faut dans ce cas séparer deux situations distinctes.

Si on l'administre à des patients graves, il suffit de quelques centaines de sujets pour déterminer si le traitement améliore les choses.

Si on l'administre à toutes les formes débutantes, c'est très différent. En effet, la mortalité est considérée généralement de l'ordre de 1 %. Autrement dit, 99 % guérissent spontanément. Pour faire mieux que 99 %, c'est-à-dire avoir moins de 10 morts par millier de sujets, on conçoit aisément qu'il faut des études portant sur des dizaines de milliers de sujets. Bien évidemment, aucun protocole n'a concerné un tel nombre et on en est bien loin puisque certains ont publié des séries de quelques dizaines de cas seulement. Dès lors, comment sortir d'une polémique d'autant plus néfaste qu'elle a détourné beaucoup de gens de la précaution élémentaire : se protéger et protéger les autres ?

La première est de rechercher les effets de ce traitement sur un modèle expérimental proche de l'homme, le macaque rhésus. Qui a été utilisé dès le début par les Chinois (qui avaient constaté que les vieux singes développaient une maladie plus sévère). Dans une étude publiée en octobre 2020 par la revue *JCI Insight*, Rosenke et coll. ont montré que la drogue ne faisait strictement rien sur la réplication du virus dans les voies aériennes supérieures.

Ces constatations semblent confirmées par une étude de l'Institut Pasteur qui retrouverait la même absence d'effet de l'association hydroxychloroquine et azithromycine. Quant à l'efficacité chez l'homme, elle s'est malheureusement révélée être inexistante ou marginale dans toute une série de publications. Que ce soit pour les sujets en contact avec des malades (Mitjà et coll., Boulware et coll.), pour 1 438 malades hospitalisés à New York, ou pour une série de malades avec des formes légères ou modérées au Brésil.

Qui plus est une méta-analyse portant sur 839 articles dont seuls une minorité (25) a été retenue en fonction des critères généralement utilisés a porté sur 15 190 patients traités par l'hydroxychloroquine, 8 081 avec en plus l'azithromycine et 14 060 traités sans ces drogues. L'hydroxychloroquine seule n'a eu aucun effet sur la mortalité et l'association avec l'azithromycine l'augmentait significativement. Quand une autre méta-analyse publiée dans un journal canadien concluait que la drogue était inefficace et dangereuse.

Quant à l'Azithromycine administrée sans hydroxychloroquine, une étude récente a montré son inefficacité contre le virus.

Ainsi donc peut-on malheureusement conclure que l'hydroxychloroquine n'est pas le traitement du Covid-19 et que son association avec l'azithromycine peut même se révéler dangereuse.

Un antibiotique, la doxycycline, a été employé : aucune efficacité.

Menaces de mort

Errare humanum est, perseverare diabolicum[1].

Les études cliniques de l'hydroxychloroquine se sont toutes révélées négatives. Malgré les prestations théâtrales de certains, ce n'est ni seule ni avec l'azithromycine un traitement du Covid-19. Mais un certain nombre d'individus, débordant leur statut de scientifiques pour se transformer en propagandistes, ont attisé des feux que probablement ils n'anticipaient pas. Ils ont mobilisé quelques politiciens abusés et quelques médecins. Mais, et c'est beaucoup plus grave, ils ont induit chez certaines personnes des comportements de haine, menaçant de mort ceux qui avaient simplement fait leur travail. Avec, en plus, dans certains cas, des propos misogynes. Et le Brésilien Marcus Lacerda fut l'objet d'une campagne particulièrement haineuse animée par l'activiste américain Michael Coudrey, reprise par le président Jair Bolsonaro. Et pour avoir simplement fait son travail, il est l'objet de poursuites par trois procureurs spéciaux.

Jusqu'où peut mener l'obstination orgueilleuse, narcissique et hédoniste à ne pas reconnaître ses erreurs.

1. « Se tromper est le propre de l'homme ; persévérer dans l'erreur celui du Diable. »

Remdesivir

C'est un médicament antiviral avec une activité contre le SRAS, le MERS et le Covid-19 *in vitro*. De plus, une étude a montré chez le macaque rhésus une diminution de la charge virale du MERS.

Considéré dès son début comme un traitement éventuel du Covid-19, il a donné des résultats contrastés.

L'étude par l'OMS de 11 330 adultes dans 405 hôpitaux de 30 pays (Solidarity) a concerné 4 traitements : hydroxychloroquine, remdesivir, lopinavir et interféron. 2 750 ont reçu du remdesivir. La conclusion est négative : aucun effet sur la mortalité et la durée d'hospitalisation.

En contraste, l'étude de Beigel et coll. (541 patients traités contre 521 placebos) retrouve une mortalité légèrement inférieure, et surtout une diminution (dix jours contre quinze) de la période aiguë, c'est-à-dire entre l'admission et le retour à domicile ou, chez un sujet encore hospitalisé, l'arrêt de l'oxygénothérapie. L'ajout d'un anti-inflammatoire (baricitinib) semble améliorer l'effet du remdesivir.

On le voit, il y a doute. Mais, dans tous les cas, si le remdesivir est actif, ce n'est que partiellement. À tel point que le groupe d'experts internationaux dirigés par le Québécois Lamontagne, dans le *British Medical Journal*, recommande de ne pas le prescrire. Ce qui n'a pas empêché l'Union européenne de l'acheter à prix d'or (seule la France ne l'a pas fait).

Gilead

Il y a le laboratoire AstraZeneca qui décide de vendre son vaccin au prix coûtant : 2,50 € la dose. Il y a l'association Pfizer. BioNTech pour qui c'est 15,50 €. Sans compter Moderna vendu plus du double. Il s'agit de produits efficaces, dont les résultats (bénéfices et effets secondaires) ont été publiés dans les grandes revues de médecine. Et puis il y a Gilead. Ce laboratoire américain a un médicament le remdesivir inventé contre la fièvre d'Ebola et dont les résultats sont décevants. Dès l'apparition du Covid-19, il fait partie, sur la foi de quelques observations isolées, des maigres espoirs de traitements efficaces.

Du coup, comme pour la chloroquine, les Chinois l'essaient. Résultat, néant. Ah oui, mais c'est une petite cohorte et puis avec les Chinois hein ? Que cachent-ils ? Ne s'agit-il pas non plus d'un essai scientifique sérieux mais plutôt d'un acte de guérilla dans le conflit sino-américain allumé par l'ex-président Trump ? Alors, Gilead lance un essai portant non sur la mortalité mais sur la durée d'hospitalisation. Et là miracle, les sujets traités guérissent plus vite. Résultat, l'Union européenne, conseillée par des médecins dont l'indépendance vis-à-vis de Gilead n'est pas clairement établie, décide d'acheter la drogue à 2 340 $ le traitement. Pour un coût de fabrication qui serait selon le journal *Le Monde* de 5,58 $, c'est 450 fois plus. Arrive la grande étude Discovery : rien, aucune efficacité, comme l'hydroxychloroquine. Et l'Union européenne doit payer les achats qu'elle a faits alors qu'il est fort possible que Gilead en connaissait les résultats. Alors bravo l'Europe. Ah non, pas toute l'Europe. La France est la seule à ne pas en avoir voulu.

Ah oui, une dernière question : est-ce qu'il y a dans notre pays des médecins grassement payés par Gilead pour faire du lobbying en sa faveur ?

Lopinavir et interféron ß-1a

C'est un inhibiteur de protéase utilisé contre le sida qui est utilisé en association avec le ritonavir, un autre inhibiteur de protéase.

Le lopinavir a été utilisé contre le Covid-19. Dans l'essai Solidarity patronné par l'OMS, 1 411 patients reçurent la drogue seule et 651 en association avec l'interféron. Les patients ont reçu 2 comprimés par jour de lopinavir (200 mg) et de ritonavir (50 mg) pendant quatorze jours. L'interféron ß-1a fut donné à la dose de 44 µg en sous-cutané 6 fois en cinq jours (les malades intubés et ventilés 10 µg en intraveineux).

Les résultats, comme pour l'hydroxychloroquine et le remdesivir, étaient négatifs, aucun des trois groupes de patients ne montre d'amélioration de la mortalité et de la durée de ventilation artificielle.

Tofacitinib

Cet inhibiteur de la Janus Kinase a été essayé au Brésil (étude StopCovid, Patrícia Guimarães et coll.) sur 289 patients randomisés au Brésil, atteints de pneumonie. Il y a eu 4 morts dans le groupe traité contre 8 dans le groupe placebo.

Tocilizumab

Dans les formes sévères, le taux d'interleukine 6 (IL6) semble corrélé à la gravité de la situation. Le tocilizumab est un inhibiteur de l'IL6. Plusieurs études randomisées ont rapporté des résultats différents mais généralement décevants. Certains n'ont rien trouvé et conclurent à son inutilité. D'autres une certaine amélioration. Il est donc possible que chez les sujets les plus graves, cette drogue soit indiquée mais, même en ce cas, ses effets semblent limités. Une étude française a trouvé une nette efficacité dans un sous-groupe de malades graves avec CRP > 15. Et d'autres études ont retrouvé une amélioration du pronostic des formes graves.

Itolizumab

Cet autre antagoniste de l'IL6 a été proposé dans le cadre du traitement de l'orage cytokinique.

Anticorps monoclonaux

Il est vraisemblable que plusieurs anticorps monoclonaux seront essayés.

Le premier (LY-CoV555), après des résultats préliminaires encourageants, a fait l'objet d'un essai en double aveugle prévu pour 314 patients traités par le remdesivir. Au 5e jour, il n'y avait aucune différence entre malades traités et non traités et l'essai a été interrompu précocement pour « futilité ».

Récemment, l'association d'etesevimab et de bamlanivimab a montré chez des sujets non hospitalisés une diminution de la charge virale. Sur 1 035 sujets (518 traités, 517 placebos) à risque de complications, l'étude Blaze (Michael Dougan et coll.) a retrouvé 11 hospitalisations et 0 mort dans le groupe traité contre 36 et 9 dans le groupe placebo.

Élément majeur : il semble que les mutations de divers variants puissent compromettre l'éventuelle efficacité de nombre d'anticorps monoclonaux.

Vitamine D

La vitamine D est une hormone liposoluble (soluble dans les graisses) qui est synthétisée chez l'homme à partir du cholestérol sous l'effet des rayons ultraviolets du soleil (D3). Elle a aussi une source alimentaire sous deux formes : l'ergocalciférol (D2) d'origine végétale et le cholécalciférol (D3) animal. Sa fonction principale est d'absorber le calcium et le phosphore et elle joue un rôle éminent dans la minéralisation osseuse. Elle a par ailleurs diverses autres fonctions, en particulier au niveau de l'ADN.

Sa place dans le traitement du Covid-19 reste controversée en l'absence d'études précises, mais une recommandation a été publiée en commun par les autorités anglaise et américaine conseillant la prise d'une supplémentation en vitamine D en automne et en hiver. En particulier dans les populations présentant fréquemment une insuffisance : sujets âgés, ainsi que certaines minorités ethniques, noires en particulier (déficit de fabrication de D3 par le soleil en hiver).

La dose est généralement comprise entre 1 000 et 1 500 UI, ce qui entraîne peu de complications.

Immunité hétérologue

L'immunité acquise soit naturellement, soit après vaccination contre un virus, peut s'accompagner d'une meilleure résistance vis-à-vis d'autres virus. C'est ce qu'on appelle l'immunité hétérologue.

Pour le Covid-19, une étude menée chez 53 752 patients hospitalisés au Brésil a montré chez ceux qui avaient été vaccinés récemment contre la grippe une diminution de 7 % du risque de devoir être hospitalisés en réanimation, de 17 % de devoir être ventilés et de 16 % de mourir.

Plasma de convalescent

Des résultats préliminaires encourageants avaient amené le directeur de la Food and Drug Administration Stephen Watson à vanter les mérites de l'utilisation thérapeutique de plasma de convalescent dans les cas graves. Avec l'hydroxychloroquine, c'était une méthode miracle pour le président Donald Trump. Malheureusement pour lui, les résultats ont été de moins en moins favorables et plusieurs études multicentriques n'ont pas retrouvé d'effet mesurable sur la survie et la durée d'hospitalisation. Qui plus est, dans aucun non seulement du groupe de patients traités, mais encore des sous-groupes classés en fonction de leur gravité, on n'a observé d'effet (ni positif ni négatif).

Il faut cependant noter que sur une étude rétrospective de 3 082 patients ventilés inclus dans le registre national des États-Unis à partir du 4 juillet 2020, il a été trouvé que la transfusion de plasma à forte concentration d'IgG s'accompagnait d'une réduction de la mortalité à trente jours : et que cet effet ne se produisait que lorsque la perfusion du produit se faisait avant la ventilation assistée.

Dexaméthasone

La dexaméthasone est un glucocorticoïde. L'indication de ces derniers est restée longtemps imprécise : certains l'interdisaient alors que d'autres en faisaient usage de manière pragmatique.

Tout d'abord, il faut bien avoir en tête qu'il ne s'agit en aucune manière d'un traitement antiviral – les glucocorticoïdes ont d'ailleurs la réputation d'aggraver les viroses respiratoires.

Les formes cliniques du Covid-19 sont, on le sait, extrêmement contrastées. Il ne viendrait à l'idée de personne de présenter des glucocorticoïdes à des formes asymptomatiques, mineures ou modérées. Par contre, les mécanismes qui sont à l'origine des formes graves et sévères impliquent l'intervention de réactions inflammatoires de l'organisme qui, dépassant leur rôle antiviral, deviennent dangereuses, voire délétères, pour l'organisme (orage cytokinique). Dans ce cadre, plusieurs études randomisées ont permis de préciser l'efficacité d'une de ces drogues, la dexaméthasone administrée généralement à la dose de 6 mg/jour pendant dix jours. Les résultats de l'étude Recovery patronnée par l'OMS et qui a concerné 2 104 patients recevant la drogue contre 4 321 ne la recevant pas, les protocoles thérapeutiques étant par ailleurs similaires, ont montré une diminution faible de la mortalité (22,9 % contre 25,7 %) pour l'ensemble. Mais la différence était importante chez les sujets nécessitant une ventilation assistée (29,3 % contre 41,4 %), marginale chez ceux bénéficiant d'une simple oxygénation (22,3 % contre 26,2 %) et nulle chez les patients les moins graves (17,8 % contre 14 %).

Ainsi, la dexaméthasone – et d'autres études vont en ce sens – est indiquée dans les formes graves avec ventilation assistée, dont elle réduit significativement la mortalité.

Oxygénothérapie et assistance ventilatoire

Bien qu'il touche de nombreux organes, le Covid-19 est avant tout un virus respiratoire qui affecte principalement le poumon, c'est-à-dire l'organe qui assure l'entrée de l'oxygène et l'élimination du gaz carbonique. C'est donc avant tout un échangeur gazeux. Mais il n'est pas capable par lui-même de faire entrer et sortir l'air. C'est le rôle du système respiratoire actif constitué par les muscles et les nerfs respiratoires, les plus importants étant respectivement le diaphragme et les nerfs phréniques. Le virus attaque le poumon (échangeur). Mais la maladie ne perturbe pas seulement les propriétés de transfert gazeux. Elle rend le poumon plus rigide et plus difficile à gonfler soit parce que les lésions nécessitent plus de pression pour faire entrer l'air, soit parce que ces dernières excluant toute une partie de l'organe, le volume utilisable est diminué.

Les lésions qui empêchent le bon transfert du gaz entraînent une baisse de la pression d'oxygène et, à partir d'un certain seuil, du contenu en oxygène du sang.

Le rôle du poumon et du système respiratoire actif est en effet d'assurer le maintien d'une consommation d'oxygène satisfaisante. C'est particulièrement crucial pour les organes qui en dépendent d'une façon critique, le cerveau en premier lieu – des lésions irréversibles peuvent apparaître en moins de cinq minutes en cas d'interruption de l'arrivée d'oxygène.

Il est donc évident que le premier geste à faire lorsque le contenu en oxygène baisse est d'en administrer. L'indication est simple et facile à porter : la saturation, mesurée au doigt en continu de manière non invasive, doit être supérieure à 90 %. En dessous, danger.

Mais l'oxygénation peut être insuffisante pour deux raisons. La première est si le cerveau « s'endort » et oublie de donner l'ordre aux muscles respiratoires de se contracter. Un fait clinique inhabituel a été constaté chez certains patients : ils peuvent se décompenser brutalement. Alors qu'ils n'étaient pas inquiétants quelques minutes plus tôt, ils se trouvent tout à coup en situation de détresse. Ce constat implique une surveillance extrêmement attentive. Il est cependant possible que ce ne soit pas à cause de lésions du système nerveux que ce phénomène se produise mais d'une brutale libération de l'orage cytokinique.

La seconde est lorsque les lésions sont telles que le système respiratoire soit en difficulté pour faire entrer et sortir l'air, avec le risque de défaillance mécanique. Une telle situation impose l'intubation (introduction d'un tuyau dans la trachée) et la ventilation artificielle.

Dans les cas intermédiaires, certains malades peuvent bénéficier d'une aide mécanique sans avoir besoin d'être intubés : une machine délivre de l'air en pression positive qui assiste le diaphragme et le décharge d'une partie de sa tâche.

Il va sans dire que chez le sujet intubé et ventilé, on doit prendre en compte que seule une partie du poumon est fonctionnelle et qu'on doit adapter les pressions d'insufflation à cette situation. On sait en effet que chez beaucoup de malades, les lésions de fibrose pulmonaire résiduelle se trouvent dans les zones saines, témoin du traumatisme qu'elles ont subi lorsqu'on a utilisé des pressions trop fortes, les zones malades guérissant quasiment sans séquelles car protégées de ce traumatisme puisque exclues de la ventilation.

Dans les cas extrêmes, on peut faire appel, quand l'indication est raisonnable et quand cette thérapeutique est disponible, à l'ECMO (*Extracorporeal Membrane Oxygenation*), c'est-à-dire à un appareillage qui prend en charge les fonctions du cœur et du poumon pour assurer l'oxygénation de l'organisme. C'est un dispositif lourd et coûteux qui a son indication dans quelques cas particulièrement graves, mais où le pronostic n'est lié qu'aux lésions pulmonaires.

Anticoagulants

La fréquence des thromboses, en particulier au niveau des veines et de la circulation pulmonaire avec les redoutables conséquences qu'elles créent, nécessite l'utilisation des anticoagulants. Une étude de plus de 1 000 patients hospitalisés a montré une amélioration du pronostic en administrant une anticoagulation prophylactique (Vaughn et coll., *JAMA Network Open*, 11 juin 2021).

Ne pas baisser les bras

Après tout, il n'est pas vraiment surprenant qu'on ne dispose pas de traitement curatif. C'est un nouveau virus et il aurait fallu beaucoup de chance pour qu'un médicament existant déjà soit efficace.

Cela ne dispense évidemment pas de chercher de nouvelles molécules. Toutefois, il faut prendre en compte les contraintes nécessaires et obligées pour mettre sur le marché un produit utilisable. Tout d'abord, il faut élaborer un concept, synthétiser la molécule, l'essayer sur un modèle animal, la souris généralement. En cas de succès, on peut l'essayer sur un mammifère proche de l'homme (singe vert ou macaque rhésus), et en l'absence de toxicité trop importante, l'essayer chez l'homme (phases 1, 2 et 3). Le tout prend évidemment du temps.

Actuellement, il y a plusieurs candidats qui en sont aux résultats des essais chez la souris, et pour certains en phase 1-2 chez l'homme.

Il va sans dire en effet que la stratégie contre le virus serait fortement modifiée si on disposait d'un traitement efficace, bon marché et peu ou pas toxique. Car on ne pourra vraiment l'éradiquer que lorsqu'en plus des vaccins, il y aura un traitement capable de le tuer.

Les vaccins

Les vaccins

« Le vaccin, le vaccin, le vaccin ! » semblaient répéter ceux qui, à défaut de définir et de mettre en œuvre une politique efficace face à la pandémie, se raccrochaient à cet ultime espoir, Donald Trump en tête de la troupe. Le vaccin ? Mais d'abord, est-ce qu'on pouvait en faire un ? On sait que les vaccins marchent beaucoup mieux contre les virus que contre les bactéries. Mais que les différents agents pathogènes permettent ou non la réalisation de vaccin. Si par exemple pour la rougeole ou la fièvre jaune on dispose de produits efficaces, ce n'est toujours pas le cas, quarante ans après son apparition en masse, du sida. De plus, l'immunité qu'ils procurent est de nature diverse, en sorte que celui de la grippe, qui est variable à cause des mutations et recombinaisons du virus, doit être recommencé chaque année. Alors, qu'en était-il du Covid-19 ? En fait, on ne le savait pas car, en dehors de projets contre le SARS abandonnés lorsque ce dernier avait disparu, on n'avait jamais essayé d'en fabriquer contre un coronavirus.

D'ordinaire, il faut dix-huit mois pour qu'un vaccin soit disponible. En ce milieu d'année 2021, deux bonnes nouvelles : 1) on peut faire un et même plusieurs vaccins, chacun visant une cible particulière ; et 2) plusieurs d'entre eux sont disponibles. Bien que des progrès aient été faits, on manque bien évidemment de recul pour apprécier combien de temps l'immunité peut durer ainsi que d'éventuels effets secondaires à moyen et long terme. Mais dès la mi-juillet 2021 trois milliards et demi de doses avaient été administrées. Ce qui est bien supérieur à ce qu'on aurait pu croire et même imaginer il y a un an et demi.

Les différents vaccins[1]

Dans la course de vitesse engagée par plusieurs centaines d'institutions, de compagnies et de laboratoires pour mettre au point et produire un vaccin contre le Covid-19, ce sont l'institut de recherche russe Gamaleïa pour le Spoutnik V, le laboratoire AstraZeneca, l'association de l'entreprise allemande BioNTech et du géant américain Pfizer et la société américaine de biotechnologie Moderna qui ont annoncé les premiers qu'ils disposaient de produits efficaces et sûrs. Si le premier a fait naître des soupçons quant aux règles de sécurité adoptées, les trois autres ont été dans une phase d'autorisation de mise sur le marché en novembre et décembre 2020. Le premier à obtenir ce certificat indispensable à l'utilisation et à la commercialisation a été le couple germano-américain le 2 décembre 2020 en Grande-Bretagne.

En fait, les approches vaccinales sont de nature très différente. Le principe d'un vaccin est simple : présenter aux systèmes de défense des leurres – donc dépourvus de capacité de créer une maladie – qui lui apprennent à reconnaître et à éliminer le virus si d'aventure il se présente. Cet antigène, pour être efficace, doit être amené à l'intérieur de l'organisme.

Le plus simple consiste à administrer le virus lui-même, atténué (c'est-à-dire sans capacité de nuisance) ou tué.

- Les vaccins *à virus atténués* donnent une immunité durable mais : 1) ils peuvent être dangereux chez les immunodéprimés ; et 2) chez des sujets déjà infectés, ils peuvent aggraver l'infection.
- Les vaccins *à virus tués* donnent une immunité moins importante et peuvent nécessiter plusieurs administrations, voire l'utilisation d'adjuvants, car la structure du virus peut avoir été endommagée dans le processus d'inactivation.
- Les vaccins *à vecteur viral* utilisent d'autres virus pour présenter le leurre. Les virus peuvent être *répliquants* : on leur ôte leur pouvoir pathogène, ils se multiplient dans l'organisme, pénètrent dans les cellules,

1. Chapitre inspiré de l'article de Gary Dagorn dans *Le Monde* du 5 décembre 2020.

les font fabriquer la protéine du spicule. On obtient une immunité forte et durable. Les virus *non répliquants* se contentent de répliquer l'antigène. Ce sont souvent des adénovirus.

• Les vaccins *à protéines* consistent à injecter des protéines du virus. La réaction immunitaire est assez faible et on leur ajoute un adjuvant.

• Les vaccins *à particules pseudo-virales* contiennent des protéines qui constituent une enveloppe proche de celle du virus, mais sans ARN. Celui-ci ne peut donc créer de maladie. Ces vaccins provoquent une forte réponse immunitaire mais sont coûteux.

• Les vaccins *à ADN* : on injecte des brins d'ADN contenant les gènes du virus. Ils migrent dans les cellules et font fabriquer la protéine cible.

• Les vaccins *à ARN* messager : le principe est le même mais on utilise l'ARN messager dans une enveloppe lipidique qui fusionne avec la membrane cellulaire libérant l'ARN messager qui fait fabriquer la protéine par les ribosomes.

À la date du 8 décembre 2020, l'OMS recensait 52 candidats vaccins en étude clinique dont 12 en phase 3. Il y en avait par ailleurs 162 en évaluation préclinique.

Ainsi était-il raisonnable de penser que plus d'une dizaine seraient disponibles à la date de parution de cet ouvrage.

Allergies aux vaccins

Le vaccin Pfizer a entraîné des réactions allergiques graves (choc anaphylactique) chez 1 sujet sur 100 000, c'est-à-dire 10 fois plus que chez les vaccins usuels. Cette situation aiguë survient très rapidement après l'injection et nécessite un traitement d'urgence par l'adrénaline. La raison de cette allergie n'est pas clairement établie mais pourrait être en relation avec l'éthylène glycol présent dans le vaccin. Ce constat fait exclure de la vaccination les sujets aux antécédents de choc anaphylactique et à ceux ayant une allergie connue aux composants lipidiques du vaccin. Cette situation clinique rare, potentiellement, mortelle, est totalement réversible si la thérapeutique est administrée précocement. Notons que, lors de la deuxième dose, seuls 20 % présentent une allergie, d'ailleurs mineure.

Brevets, génériques et contrefaçon

L'arrivée sur le marché de nombreux vaccins pose des problèmes complexes. Le premier est évidemment de connaître les propriétés de chacun, efficacité, durée de l'immunité, effets secondaires à court, moyen et long terme. Mais d'autres conséquences apparaissent aussitôt : quelles sont les disponibilités et quand les vaccins seront produits en nombre. Dans ce dernier cas, outre les discussions concernant, à l'intérieur de chaque pays, l'identification des populations prioritaires et l'échelonnement du programme de vaccination se pose la question de la répartition entre les nations. Il va sans dire que c'est dans celles qui disposent de moyens scientifiques et industriels suffisants que les divers produits et molécules peuvent être inventés et fabriqués. Et que, s'ils sont efficaces et sûrs, ce sont leurs populations qui en bénéficieront prioritairement.

On le voit, l'arrivée des vaccins pose immédiatement la question des pays les plus pauvres et surtout de ceux qui ne disposent pas des ressources nécessaires pour en inventer, en produire et même en acheter.

D'où la proposition faite par l'Inde et l'Afrique du Sud de suspendre temporairement les droits liés à la propriété intellectuelle afin de dispenser des vaccins dans les pays pauvres. Remarquons tout d'abord que l'Inde est un des deux grands pays avec la Chine qui fabriquent des génériques et plusieurs milliers de laboratoires en produisent dans des conditions qui vont de l'excellent à l'incontrôlable. Comme ces entreprises prospèrent dans cette activité, ainsi l'Inde fabrique-t-elle la moitié des vaccins utilisés dans le monde et fournit-elle 40 % des génériques consommés aux États-Unis. En 2018, l'Inde a ainsi engrangé pour 19 milliards de dollars de produits pharmaceutiques les 3 plus gros dépassant les 2 milliards.

On voit quel est l'objectif de cette demande : profiter de cette proposition « humanitaire » pour engranger de nouveaux bénéfices car fabriquer des génériques est une activité particulièrement lucrative puisque, à la différence des produits « normaux », il n'y a pas besoin de faire (vraiment) de la recherche malgré certaines publicités tapageuses. Il faut ajouter que, au début de la pandémie, certains laboratoires indiens étaient très inquiets car ils avaient trouvé des sous-traitants moins chers en Chine et le confinement du Hubei semblait menacer une partie de cet approvisionnement.

Est-il moral de priver les compagnies qui ont investi temps, matériel, argent, réputation, de la juste rétribution de leurs efforts pour enrichir une catégorie de fabricants qui, pour l'essentiel, se contentent de trouver les moyens de mettre sur le marché des produits qu'ils n'ont pas inventés au prix le plus bas ?

Supposons que la propriété individuelle soit suspendue. Par définition, n'importe qui pourra fabriquer les vaccins. Est-il raisonnable de penser que partout dans le monde ce sera fait par des personnes respectueuses des règles de production et de sécurité ? Ou bien qu'au contraire, ce seront les margoulins assoiffés de lucre qui vendront sous le nom de vaccin X ou Y des produits qui n'en auront que le nom ? Internet permet déjà d'acheter tel ou tel produit de contrefaçon. En Chine, en 2018, un demi-million d'enfants ont été vaccinés contre la diphtérie, le tétanos et la poliomyélite (3 vaccins majeurs) avec un produit totalement inefficace. On imagine la réaction des parents à l'annonce d'une telle nouvelle. En fait, la Chine est le leader mondial de la contrefaçon médicamenteuse et de son exportation, la compagnie responsable du faux vaccin semblant être coutumière des scandales sanitaires. Le trafic de faux médicaments est estimé à 200 milliards de dollars par an et représente 20 % de l'argent dépensé pour des produits pharmaceutiques. Cette fraude extrêmement lucrative a plusieurs conséquences : tout d'abord ils spolient les États des prélèvements fiscaux. Mais surtout ils sont responsables de centaines de milliers de morts. Particulièrement dans leurs cibles favorites : les pays pauvres.

En ce qui concerne l'Inde, les scandales succèdent aux scandales et l'OMS en 2018 considérait que plus du tiers des médicaments qui y sont fabriqués – sans compter les contrefaçons – n'étaient pas conformes aux règles en vigueur. On le voit à une question majeure : comment permettre l'accès aux vaccins pour les populations les plus pauvres ? La demande de l'Inde a un curieux relent de prédation, d'autant que c'est avec la Chine une des grandes terres d'accueil de la criminalité pharmaceutique.

Obligatoire ?

Il y a un siècle, alors que les vaccins cassaient l'inéluctable condamnation à mort de tant d'hommes, de femmes et d'enfants, personne ne contestait leur légitimité. Car, débuté avec le pari de Louis Pasteur face à un enfant que la rage condamnait à une mort certaine et cruelle, pari qui avait réussi (l'enfant était sauvé), tout était remis en question. Le décès lent et horrible par étouffement des enfants par cette angine dont les couennes, peu à peu, fermaient ses voies aériennes supérieures afin que ce ne soit pas en quelques minutes comme pour un noyé mais au terme de jours et d'heures que la diphtérie fasse son œuvre. Les contractures douloureuses, lentement extensives du tétanos, avec à la limite ses arrachements tendineux, là encore son issue fatale en toute lucidité. Tout cela, tout à coup, devenait évitable. La damnation des humains, les punitions inexorables envoyées par des divinités excédées. Terminées. Enfin, l'homme pouvait échapper à un destin funeste qui lui était promis pour payer le prix de ses fautes et de ses péchés.

Certes, certains vaccins marchaient mieux que d'autres et souvent, c'étaient les moins réussis qui causaient les effets secondaires les plus désagréables. À l'époque où le TAB (typhoïde, paratyphoïdes A et B) était obligatoire, alors que son efficacité était assez moyenne, combien se sont trouvés mal et ont passé des heures et des jours de peine et de souffrance. Et même la variole, fléau terrible des temps anciens avec sa mortalité terrifiante, n'était mise à distance que par l'injection ou la scarification de vaccin (tirée de la vache, *vacca* en italien) dont l'effet allait de sensations désagréables au point d'injection à des manifestations fébriles qui dans quelques cas prenaient un tour dramatique. Mais c'était le prix à payer et personne ne le contestait, en dehors de quelques sorcières et rebouteux dont le savoir relevait de la magie, de l'intervention des forces surnaturelles et surtout de l'irrationnel.

C'est ainsi que les vaccinations ont été dans l'histoire de l'humanité un moment exceptionnel qui a sauvé le plus grand nombre d'individus qu'on ait jamais connu. *Exit* la variole. *Exit* la poliomyélite. *Exit* la diphtérie. *Exit* le tétanos. *Exit, exit, exit.*

Et quand, ayant utilisé le vaccin Sabin contre la poliomyélite, les autorités de ce qui était alors l'Union soviétique rapportèrent 4 cas de méningo-encéphalite mortelle survenus sur plus de 100 millions de vaccinés, personne ne pensa que c'était inacceptable puisque, grâce à ce traitement, des milliers de morts et des dizaines de milliers de handicapés (les séquelles les plus fréquentes étaient des paralysies) étaient évités chaque année.

Quel changement avec la situation actuelle ! Il y a quarante ans, le mode de préparation du vaccin antitétanique laissait ouverte la possibilité de chocs dus à une allergie. Aujourd'hui, c'est fini. Mais quand le vaccin contre l'hépatite B sauve des milliers de morts tous les ans, on ne parle que des quelques dizaines de sclérose en plaques possiblement (mais sans certitude) en rapport avec ce traitement. Et avec l'arrivée des adjuvants, en particulier ceux contenant de l'aluminium, que n'a-t-on pas vu ? L'idée d'introduire dans l'organisme un produit qui, sans créer de maladie, protège au contraire devient l'équivalent d'un viol biologique. Et certains, qui rejoignent les positions les plus rétrogrades, tout en se prétendant ouverts, progressistes et soucieux de la planète constatant que le Covid-19 tue surtout des gens âgés, pleins de la certitude de leur invulnérabilité, se sentent les plus hostiles à la vaccination. Et comme ce n'est pas un ou deux, mais plus de 200 groupes venus de toute la planète qui essaient avec plus ou moins d'efficacité de fabriquer un vaccin, le tintamarre de leurs succès, réels ou amplifiés, vient conforter tous ceux qui, ne voyant que le côté négatif des choses, estampillent d'un méprisant jugement négatif ce qui est, en fait, un grand progrès dans l'histoire de l'humanité puisque c'est la première fois que partout dans le monde, et même dans des endroits dont on ne se penserait jamais qu'il puisse en sortir un remède qui débarrasse d'un fléau (Kazakhstan, Cuba, Slovénie, Égypte, Vietnam, Bangladesh, etc.), de si nombreuses équipes tentent de trouver une solution à ce qui frappe l'ensemble des peuples de la terre.

Alors, faut-il vacciner et si oui, faut-il que la vaccination soit obligatoire ? Question qui, à la différence d'autrefois, entraîne des réactions fort diverses.

En fait, ce n'est pas ainsi que le problème doit être posé. La première question, qui ne sera pas facile à préciser, est de savoir ce qui, dans le rapport bénéfice-risque que présente toute thérapeutique, permet de considérer que tel produit est préférable. Et encore pour qui, dans quel contexte et pour quel objectif.

La seconde est de savoir de quoi on parle. S'agit-il de protéger les plus vulnérables ou d'empêcher ceux que la maladie ne touche que marginalement mais qui, transmettant la maladie, sont les fourriers de la mort ? Encore faut-il qu'ils en aient conscience et si c'est le cas qu'ils se sentent responsables de ce que, volontairement ou non, ils font.

La vaccination est, si tant est que les produits disponibles soient efficaces et sûrs, un moyen de protéger les êtres humains et en premier lieu les plus fragiles. Elle ne saurait être obligatoire que si la grande majorité en est convaincue. Sinon, non seulement elle sera vécue comme une agression contre les libertés individuelles, mais l'obligation ne marchera pas. Mettrait-on en prison ceux qui la refusent ?

Obligation ou non-obligation représentent l'état de la société. Lorsque personne ne croit plus à rien et que l'égoïsme et l'individualisme dominent, comme c'est le cas dans une grande partie des États-Unis, le caractère obligatoire est inefficace, inutile, contre-productif et absurde. Mais cela reflète aussi le niveau de crise de la société. Gageons qu'en Chine ce ne sera pas le cas. Si tant est que les vaccins qui y sont mis au point soient efficaces, et vu le niveau scientifique de ce pays, le contraire serait surprenant, on peut raisonnablement penser que le peuple adhérera à ce traitement, comme ceux du Hubei ont accepté un confinement plus exigeant qu'ailleurs, avec le succès que l'on sait. Parce que les Chinois, dans leur ensemble, savent où ils vont et profitent des crises pour non seulement sortir du statut marginal qui était le leur il y a quelques décennies, mais viser au premier rang des nations.

On le voit, obligatoire ou non obligatoire, le choix est biaisé.

Parce qu'en Occident, il n'y a plus de consensus sur les questions les plus simples et les plus évidentes. Car il est évident que la vaccination doit être obligatoire pour tous.

P-S. Ajoutons que l'Académie de médecine a recommandé de rendre obligatoire la vaccination d'un certain nombre de professions.

La chronique des vaccins

En décembre 2020, l'OMS recensait plus de 200 vaccins en phase clinique ou préclinique. De quoi y perdre son latin. Et on se doute que certains groupes sans scrupules ainsi que beaucoup de politiciens voulant faire oublier le fiasco de leurs politiques poussent des équipes scientifiques à mettre les bouchées doubles et à sortir des produits qui les glorifient ou simplement les enrichissent. L'ex-président Trump, qui, par ailleurs, a poussé et aidé les laboratoires américains à trouver un système efficace, a fait des vaccins une arme politique sur laquelle il comptait pour se faire réélire. Prudents, aussi bien Pfizer que Moderna se sont abstenus de publier ce qu'ils savaient pour éviter que leurs produits soient assimilés à un vaccin politicien donc non crédible. Mais combien de pays, Cuba, l'Iran, etc., proclament des résultats non publiés et entreprennent des vaccinations avec des produits dont personne ne peut garantir ni l'efficacité ni l'innocuité ? Tant pis pour leurs peuples.

Passer par les fourches caudines de la « lecture anonyme » par des experts reconnus ralentit certes le processus de diffusion d'un médicament quel qu'il soit (en plus des procédures administratives propres à chaque pays) mais donne aux personnels de santé et aux malades des garanties en vérifiant les données, leur présentation et leur interprétation. Et cette lecture anonyme est la condition pour être publié dans une revue prestigieuse.

Cette année 2021 est et va être le témoin d'une cacophonie à propos des vaccins. Entre la désinformation systématique organisée méthodiquement par les alliés du virus vont se télescoper les propagandes parfois nationalistes et chauvines souvent orchestrées par des pouvoirs politiques désireux de profiter de ce qui est une façon de lutter contre le mal et contre la mort pour renforcer leur pouvoir (en ce cas souvent dictatorial).

Fake news et *Trump news* vont déferler pour que, dans une situation où les choix sont simples, tout devienne incompréhensible. On sait aujourd'hui, pour notre pays, où environ 15 % de la population a été atteinte, que le virus tue à peu près 1 % de ceux qu'il attaque et il y en a déjà plus de 110 000. Il s'agit de sauver les 450 000 qu'il va exterminer s'il arrive à toucher la totalité de la population. C'est trop. Bon. Eh bien, supposons qu'il touche la moitié de la population, près de 34 millions, il s'agit en ce cas de sauver 340 000 moins 110 000, c'est-à-dire 230 000 de nos concitoyens, qui sont, comme par hasard, les plus faibles et les plus vulnérables. Et pour cela, il n'y a à ce jour qu'un moyen : les vaccins. Plusieurs ont reçu non seulement les autorisations administratives mais ont vu leurs résultats validés par les plus grandes revues internationales. Ils diffèrent en termes de concepts, de prix, de conditions de conservation et, sinon de sécurité, d'efficacité. Des choix peuvent donc être faits. Mais ils constituent le socle sur lequel on peut fonder une politique de protection des Français.

La liste qui suit, énumère ceux qui, à ce jour, ont satisfait à cette double expertise, celle des agences gouvernementales et des revues médicales de premier plan.

Le vaccin BNT 162b2 mRNA *(*BioNTech et Pfizer*)*

C'est un fragment d'ARN messager dans une enveloppe lipidique qui lui permet de s'associer aux membranes cellulaires et donne l'ordre aux ribosomes de fabriquer la protéine de spicule (S).

Ne passant pas par le noyau et l'ADN, ce vaccin *a priori* (et sauf complications inconnues) reste donc à distance du génome – 43 548 sujets ont participé à l'étude et ont reçu, sans le savoir, à vingt et un jours d'intervalle, soit un placebo, soit 30 µg de produit à chaque fois.

Résultat, 162 cas de Covid-19 dont 9 graves dans le groupe placebo, 8 dont 1 grave dans le groupe traité. Les effets secondaires ont été faibles et similaires entre les deux groupes (qui comportaient une majorité de Blancs, avec des minorités noires et asiatiques, un nombre identique d'hommes et de femmes, 58 % ayant entre 16 et 55 ans, 42 % plus de 55). L'efficacité a été la même dans les différents sous-groupes (origine ethnique, âge, sexe).

Depuis, des études ont montré une efficacité de 100 % chez les 12 à 18 ans. Avec un risque de myocardite de 1/25 000, sans aucun cas mortel.

Largement produit dans le monde, il semble efficace contre les différents variants existant à la mi-juillet 2021.

*Le vaccin mRNA-1273 (*Moderna*)*

Il est basé sur un concept proche du précédent : un ARN messager dans une capsule lipidique qui fait fabriquer la protéine S par les ribosomes – 30 351 sujets ont été testés, la moitié dans le groupe placebo, l'autre traitée. Environ 25 % avaient plus de 55 ans, un peu plus de 16 % étaient plus jeunes, avec des facteurs de risque. Près de 60 % étaient plus jeunes et sans pathologie. Il y avait un peu plus d'hommes (52 %) et l'origine ethnique était diversifiée. Entre le 27 juillet et le 1er novembre, 195 sujets du groupe placebo ont contracté le Covid-19 contre 11 dans le groupe ayant reçu le vaccin. 30 cas sévères furent identifiés (tous dans le groupe placebo).

La tolérance a été considérée comme bonne, environ 30 % des sujets vaccinés présentant une douleur rapidement disparue au point d'injection et une montée modérée de température résolutive en moins de quarante-huit heures. Il est nettement plus cher que le Pfizer-BioNTech.

*Le vaccin NVX-CoV2373 (*Novavax*)*

Basé sur des nanoparticules de protéines recombinantes, ce vaccin a été testé au cours de plusieurs études. Celle de Paul T. Meath et coll. réalisée au Royaume-Uni a concerné 14 039 sujets. Il y a eu 10 cas dans le groupe traité contre 96 pour le placebo. L'efficacité a été évaluée à 89,7 % (86,3 % contre le variant anglais Alpha B1.1.7).

Dans une autre étude, Shinda et coll. ont retrouvé une efficacité de 49,4 % contre le variant sud-africain B1.351 (Bêta).

*Le vaccin ChAdOx1 (AZD1222) (*AstraZeneca*)*

Ce vaccin, pensé par une équipe de l'Université d'Oxford en Grande-Bretagne, a été publié le 8 décembre 2020 dans le *Lancet*. Il est basé sur un adénovirus contenant le gène de la protéine S. Après les phases 1 et 2 usuelles, une phase 3 a été conduite dans le Royaume-Uni et au Brésil (l'Afrique du Sud ayant participé aux stades précédents). Entre le 23 avril et le 4 novembre, 23 848 rentrèrent dans l'étude. L'efficacité fut évaluée à 62,1 %, les effets secondaires considérés comme « acceptables ». Approuvé précocement dans le Royaume-Uni, le vaccin, beaucoup moins cher que les américains et plus facile à utiliser, a suscité des réserves de la part de l'Union européenne. Son efficacité face à un variant sud-africain semble très faible et il a été accusé d'entraîner des thromboses veineuses.

Néanmoins, son efficacité pour prévenir les formes graves et la mort semble démontrée par l'évolution du variant indien (Delta) dans le Royaume-Uni. Ce qui confirme des études antérieures montrant des performances proches de celles des vaccins à ARN messager.

*Le Spoutnik V (*vaccin russe*)*

Basé sur le même principe que le vaccin d'AstraZeneca, les chercheurs de l'institut Gamaleïa de Moscou ont introduit une modification : ce ne sont pas les mêmes adénovirus qui sont présents au cours des deux injections : Ad26 pour la première, Ad5 pour la seconde. Un des reproches adressés à ce type de vaccin est qu'une partie de l'immunisation se fait contre l'adénovirus et non contre le virus cible. En changeant d'adénovirus, il y a une chance de réduire cet inconvénient. Dans leur étude de phase 3 publiée par le *Lancet*, les auteurs annoncent une efficacité à 91 %, donc proche des vaccins à ARN messager. Si les résultats sont fiables (ce que certains auteurs mettent en doute), ce serait un vaccin bon marché et efficace.

Le vaccin Janssen Ad26.CoV2
*(*Johnson et Johnson*)*

Mis au point par le laboratoire Janssen, c'est un vaccin à adénovirus dont l'efficacité rapportée est bonne. Il se conserve dans un congélateur normal et ne nécessite qu'une seule dose.

L'étude Ensemble rapportée par Jerald Sadoff et coll. a concerné 19 630 sujets soumis au vaccin et 19 691 au placebo. À vingt-huit jours, l'efficacité a été quantifiée à 66,1 %, 85,4 % contre les formes graves et 64 % contre le variant sud-africain B1.351 (Bêta).

Le vaccin CoronaVac

Fabriqué par le groupe chinois Sinovac, c'est un vaccin basé sur un virus inactivé. Trois études intermédiaires ont été publiées. La grande étude chilienne d'Alejandro Jara a retrouvé à J42 (14 jours après la 2e injection) une efficacité de 65,9 %, 85,7 % contre les formes graves et 86,3 % contre la mort.

ARN messager

Une des leçons que l'on peut déjà tirer de la course pour la mise au point d'un vaccin efficace est que les technologies de pointe ont permis de fabriquer plus vite des produits qui, lors des essais de phase 3, ont donné des résultats aux alentours de 95 % d'efficacité.

L'idée de faire fabriquer des protéines par un ARN messager est ancienne. Mais l'injection de ce dernier entraînait une réaction inflammatoire majeure chez les souris. Persuadés qu'en modifiant quelques-uns de ces composés, deux chercheurs, Drew Weissman et Katalin Karikó, ont pensé supprimer ce défaut majeur et se sont attelés à la tâche fastidieuse de tester 20 des 140 modifications connues. Ils en ont identifié deux qu'ils ont purifiées peu à peu pour éliminer toute réaction hostile de la part de l'organisme. Et logé le produit dans des nanoparticules lipidiques qui permettent de passer aisément dans les cellules.

Cette technique a été utilisée pour mettre au point des produits actifs contre le cancer. Et, à l'arrivée du Covid-19, a permis à deux start-up, Moderna aux États-Unis et BioNTech en Allemagne, de fabriquer en un temps record chacune un vaccin. Laissant loin derrière elles les spécialistes, MSD, Pasteur, Sanofi, GSK. Elle a de plus l'avantage de pouvoir permettre de fabriquer très rapidement un nouveau vaccin adapté aux variants. Là encore le Covid-19 a servi de révélateur : une révolution dans le domaine des vaccins s'annonce, avec peut-être aussi la fabrication de protéines cibles par la méthode des protéines trimères (complexes macromoléculaires formés par trois protéines ou acides nucléiques) car la protéine S est un trimère.

François Jacob et Jacques Monod

C'est grâce aux travaux de ces deux savants français que s'est développée une théorie du transfert de l'information au sein de la cellule entre son « cerveau », l'acide désoxyribonucléique (ADN) des cellules et toute une série d'effecteurs, en particulier les ribosomes. Parmi eux, l'acide ribonucléique messager (ARN messager) est une sorte de donneur d'ordres qui fait fabriquer les protéines qui sont inscrites dans son codage. L'importance de ce concept leur a fait attribuer le prix Nobel de médecine en 1965. François Jacob, par ailleurs Compagnon de la Libération, est une des personnalités scientifiques majeures de notre pays.

Responsabilité et vaccination

Le cas des Ehpad

En dehors d'une loi, qui obligerait tout un chacun à se faire vacciner, cela se fait sur la base du volontariat. Notons au passage que les sujets vaccinés assureront à ceux qui le refuseront une forme de protection en réduisant les risques de contagion alors que les seconds, campant sur leurs certitudes, mettront les autres en danger du fait de leur contagiosité si d'aventure ils tombent malades. Indépendamment du bénéfice individuel s'opposent ici solidarité et bienveillance d'un côté, indifférence et égoïsme de l'autre.

Une population présente du point de vue de la décision à prendre des problèmes éthiques évidents : les populations âgées et surtout très âgées, ce qui est le cas de ceux qui vivent dans les Ehpad. Il est évident que c'est la cible numéro 1 du Covid-19 en termes de mortalité et d'un point de vue de l'intérêt de cette population dont l'espérance de vie est par nature courte ou faible, la vaccination ne se discute pas.

Qui va prendre la décision pour ces patients ? Il y a deux sortes de situation. Soit le sujet jouit de tous ses droits civiques et c'est à lui. Soit il est sous tutelle ou curatelle et c'est à la personne détentrice de l'autorité de décider. Si cette dernière fait un choix conforme à l'intérêt évident des sujets âgés et vulnérables, cela ne pose aucun problème. Par contre, dans le cas contraire, on ne saurait s'en contenter. En effet, il convient de s'assurer que, si elle était en pleine possession de ses moyens, la personne pour laquelle une décision est prise aurait décidé la même chose. Ce peut être parfois difficile à démontrer mais dans nombre de cas on sait, par les témoins, ce qu'elle pensait des différents choix à faire dans des cas analogues ou en tout cas voisins. Une deuxième enquête doit investiguer les liens éventuels d'intérêts qui pourraient influer sur le cas, héritage par exemple.

Dans un dernier cas où la situation juridique serait imprécise ou floue, on pourrait penser que c'est au praticien en charge de la santé de l'établissement de prendre, par défaut, la décision.

Les jeunes enfants

À la différence de la grippe, les jeunes enfants ne semblent pas jouer un rôle majeur dans la diffusion de la maladie. De plus, la mortalité (*cf.* p. 133) est faible, voire très faible. Il ne semble donc pas opportun de les vacciner, au moins de façon massive. Il y a évidemment des exceptions : ceux atteints d'une maladie les exposant à une forme grave du Covid-19.

Il faut toutefois prendre en compte le risque de maladie de Kawasaki. En effet, cette maladie (*cf.* p. 137), qui a une mortalité faible lorsqu'elle est traitée à temps, nécessite fréquemment un séjour en soins intensifs pédiatriques (on imagine l'angoisse des parents) et laisse le futur grevé du risque de complications vasculaires, en particulier coronariennes. Dans certains pays comme le Japon, l'incidence est très élevée : 122 pour 100 000 enfants. Alors qu'en France on l'évalue à 9. En prenant en compte les populations concernées (les enfants de moins de 5 ans), cela donne pour 3 millions d'individus environ 270 malades par an. Toutefois une étude en provenance de l'hôpital Robert-Debré à Paris a mis en évidence deux pics, le premier lors de la grippe A (H1N1) et le second avec le Covid. Il va sans dire que si le nombre de cas était multiplié par 3 ou 4, voire plus, la vaccination se discuterait autrement. D'autant plus que dans une autre étude, les malades étaient plus âgés (moyenne 8 ans). Il est impératif de connaître le nombre exact de cas de maladie de Kawasaki survenus depuis l'épidémie du Covid-19 pour définir une politique vaccinale soit pour tous les enfants, soit pour certaines populations qui semblent plus exposées (familles originaires d'Afrique subsaharienne entre autres).

Par ailleurs, l'évolution du virus et le fait que les variants semblent toucher plus souvent les enfants doivent amener à adapter la politique vaccinale aux constatations cliniques et épidémiologiques. Notons à ce sujet les avis discordants de plusieurs spécialistes britanniques. Affaire à suivre donc.

Les campagnes de vaccination

De nombreux pays ont commencé tôt une campagne de vaccination avec des produits que leurs autorités ont acceptés. Ils n'ont pas été publiés dans les grandes revues internationales. Peut-être sont-ils efficaces et sûrs. Rien ne le garantit cependant et il n'en sera pas tenu compte ici.

L'administration du produit de l'allemand BioNTech et l'américain Pfizer donné le 21 décembre 2020 s'est accompagnée de l'achat par l'Union européenne de 300 millions de doses de vaccin. Et dès la réception de leur quantum, la Slovaquie et l'Allemagne ont commencé immédiatement à vacciner. Pour améliorer le débit de production, BioNTech a racheté au groupe pharmaceutique suisse Novartis une usine située à Marburg en Allemagne en plus de l'usine Pfizer de Puurs en Belgique.

Ce vaccin doit être stocké à –70 °C au maximum pendant six mois et Pfizer « dispose d'une infrastructure bien établie pour approvisionner le vaccin dans le monde entier ». Une fois décongelé, le flacon peut être conservé en toute sécurité entre 2 et 8 °C pendant quelques jours.

Le plan présenté à la fin de l'année 2020 pour la France donne comme priorités les sujets en Ehpad ou en centre de long séjour et les soignants de plus de 50 ans. Puis les personnes âgées de plus de 75 ans, ensuite celles de 65 à 74 ans ainsi que les sujets à risque. Une troisième étape a concerné le reste de la population. Les adolescents 12-18 ans ont commencé le 15 juin 2021.

Lors de la 4e poussée liée au variant indien (delta), entre le 31 mai et le 11 juillet 2021, 85 % des hospitalisés étaient non vaccinés et 7 % n'avaient reçu qu'une seule dose.

Immunité cellulaire de trois vaccins

On sait qu'en général, le but d'un vaccin est de stimuler l'immunité (système de défense) humorale dont témoignent les anticorps. Comme dans tout réseau militaire, il n'y a pas une seule unité mobilisable mais tout un ensemble, comprenant entre autres l'intervention de diverses cellules dont les polynucléaires neutrophiles et éosinophiles et les lymphocytes B et T.

Chez les malades atteints du Covid-19, les anticorps diminuent progressivement après l'infection. Mais le rôle des lymphocytes T dans la défense contre les virus est devenu un enjeu majeur. Il est maintenant connu que, six mois après une infection, il existe une activation des lymphocytes B et des T chargés de garder la mémoire des diverses attaques subies par l'organisme. Les trois premiers vaccins (deux avec un ARN messager et un avec un ADN) ont annoncé une protection de 90 % et plus pour les deux premiers, 70 % pour le troisième. En quoi, en plus de la production d'anticorps, ils mobilisent l'immunité cellulaire est un enjeu particulièrement important qui sera étudié dans les populations vaccinées. Récemment, une étude a montré que le vaccin BioNTech-Pfizer améliorait en outre l'immunité innée.

Le vaccin Moderna a été étudié pendant cent dix-neuf jours sur 35 sujets volontaires. En plus des anticorps, une réponse des lymphocytes Th1 a été identifiée.

Immunité hétérologue

Une intéressante étude a concerné des sujets vaccinés par AstraZeneca – neuf à douze semaines après la première injection, une deuxième a été effectuée avec le même produit ou par celui de Pfizer-BioNTech. Dans le premier cas, les IgH ont été multipliées par 5 ; dans le second par 115 à 125.

Vaccins : les achats de l'Union européenne

L'Union européenne a investi 2 milliards d'euros et précommandé :

- le 27 août 2020 300 millions de doses à AstraZeneca (+100 si besoin) ;
- le 18 septembre 2020 300 millions à Sanofi ;
- le 8 octobre 2020 200 millions à Janssen (+200 si besoin) ;
- le 11 novembre 2020 200 millions à Pfizer-BioNTech (+100 en option) ;
- le 17 novembre 2020 235 millions à CureVac (+180 en option) ;
- le 25 novembre 2020 80 millions à Moderna.

Chaque État a droit à une quantité proportionnelle à sa population. Pour la France, cela fait à peu près 200 millions de doses (donc de quoi vacciner 100 millions de personnes).

Le vaccin Pfizer-BioNTech a été autorisé le 21 décembre 2020, celui de Moderna le 6 janvier 2021.

Le prix d'achat est très différent : 15,50 € (Pfizer), 37,50 € (Moderna), 2,50 € (AstraZeneca).

La livraison a été limitée à 520 000 par semaine.

Le coût des vaccins, selon le journal *Le Monde*, est quelque peu différent :

- AstraZeneca 1,78 € ;
- Janssen (Johnson et Johnson) 6,98 € ;
- Sanofi-GSK 7,56 € ;
- CureVac 10 € ;
- Pfizer-BioNTech 12 € ;
- Moderna 14,83 €.

Récemment, l'annonce d'une augmentation de 60 % du prix du vaccin Pfizer-BioNTech doit faire l'objet d'une analyse critique afin de déterminer si elle est raisonnable (frais de recherche) ou excessive et prédatrice.

II

Le tour de la terre

D'où proviennent les données ?

Depuis le mois de janvier 2020 pour la Chine, puis février pour les cas observés dans les divers pays du monde, nous avons jour après jour[1] recopié les données auprès d'autorités (European Center for Disease Control [ECDC], Johns Hopkins University, Worldometer). À partir du début du mois de mars 2020, nous avons ajouté les morts quotidiens. En outre, nous avons utilisé des sources officielles pour divers pays (France, Italie, Espagne, Brésil, Inde, États-Unis d'Amérique) afin d'étudier l'évolution de la pandémie dans divers États ou régions.

Cela nous a donné une banque de données importantes. De plus, nous avons tracé de très nombreux graphiques et tableaux au cours de l'évolution. Cela nous a permis de regrouper certains pays en raison de leur proximité géographique et de leur comportement assez similaire. Cette expérience a guidé nos choix pour ce livre.

1. Puis toutes les semaines avec le changement de politique de l'ECDC.

Les cas

Les cas, c'est-à-dire les plus de 200 millions de personnes chez lesquels on a fait le diagnostic de Covid-19, représentent un ensemble d'une considérable hétérogénéité. En effet, pour en faire le recensement réel, il faudrait disposer de tests en quantité telle qu'on puisse idéalement les utiliser pour l'ensemble de la population, ou pour une portion tirée au sort, représentative de l'ensemble. À ce jour, cela a été plus ou moins fait dans de petites communautés : Islande, Émirats arabes unis, Gibraltar, Luxembourg où le nombre de tests est nettement supérieur à celui de la population. Toutefois, il s'agit d'un cumul historique et non d'une recherche systématique. Recherche qui aurait dû être répétée plusieurs fois puisque dans ces pays le nombre de cas recensé entre le début mars et septembre 2020 et celui de décembre a été multiplié par un facteur allant de 2,5 à 5 environ.

On peut donc affirmer sans crainte que dans les pays où, jusqu'à la fin de l'année 2020, les tests ont été utilisés de façon massive, il existe une incertitude quant à la réalité. Que dire alors de ceux qui ne rapportent pas de tests et de ceux, fort nombreux, où le nombre total en plus de dix-huit mois est inférieur à 10 % de la population ? C'est le cas du Mexique, de l'Indonésie, du Bangladesh, du Pakistan pour ne citer que ceux qui déclarent plus de 500 000 cas. C'est le fait, à l'exception de l'Afrique du Sud, de grands pays d'Afrique (Éthiopie, Nigeria, Kenya, Égypte) et de la grande majorité des pays d'Afrique noire.

Dans certains pays, le nombre de cas est à la fois faible et peu différent de celui des morts. Au Yémen par exemple, les morts représentent 20 % des cas, ce qui montre que ce dernier n'a guère de signification épidémiologique.

Il va sans dire que dans les pays où règne l'insécurité, voire la guerre civile (Libye, Afghanistan, Syrie…), les nombres rapportés ne représentent qu'une partie de la réalité.

Et qu'il en est de même dans ceux où l'infrastructure sanitaire est insuffisante. Au Congo-Kinshasa, par exemple, pays de plusieurs dizaines de millions d'habitants, il n'y avait au début de l'épidémie qu'un seul laboratoire capable de tester. On devine que les 10 ou 20 cas par jour observés dans ce pays représentent les capacités diagnostiques de cet établissement et non la réalité de la maladie.

Il y a enfin ceux qui veulent à tout prix faire de leur nation un modèle en truquant délibérément les données statistiques. Les régimes autoritaires et, au sein des pays démocratiques, les pouvoirs qui agissent de la même manière sont régulièrement accusés, à tort ou à raison, de donner une version « soft » de l'épidémie. Le Brésil, le Nicaragua, l'Algérie[1] et de très nombreux pays apparaissent ainsi transmettre des données dont l'exhaustivité n'est pas garantie.

Existe-t-il malgré tout, et à supposer que les cas rapportés représentent la réalité de ce qui a été testé, une manière de connaître la vérité ? À ce jour ce n'est pas le cas.

On pourrait partir d'une simple arithmétique : supposons que dans un pays, il y ait 100 000 cas et 5 000 morts. Et qu'on ait testé 20 % de la population. On pourrait en déduire qu'en fait il y en a 100 000 divisés par 20 %, c'est-à-dire 500 000. Cette approche souffre de nombreuses limitations : il faut qu'il y ait suffisamment de tests : s'il n'y en a que 1 %, l'imprécision du résultat est trop importante. Inversement, dans un pays qui a 200 % de tests, on pourrait en déduire, de façon absurde, que le nombre de cas doit être divisé par 2. On le voit, cette méthode ne peut être utilisée que lorsqu'il y a eu suffisamment de tests et que personne n'a été testé 2 fois ou plus. On ne peut donc l'utiliser de façon régulière, bien que dans certains cas elle donne une indication raisonnable de l'amplitude de l'épidémie.

En l'absence de tirage au sort aléatoire ou de tests imposés à l'ensemble de la population, il n'existe pas de *gold standard*, d'étalon-or. Une méthode proposée par une association entre l'Université de Cambridge (Angleterre), l'Institut Pasteur et le Centre national de la recherche scientifique (CNRS) et publiée dans l'une des deux revues scientifiques les plus prestigieuses, *Nature*, s'appuie sur le nombre de morts chez les moins de 65 ans car, au moins dans les pays européens, il existe une surmortalité chez les plus âgés en raison des conditions favorables à la diffusion du virus que représentent les diverses formes de maisons de retraite. Il va

1. L'Algérie rapportait en juin 2021 environ 130 000 cas, avec 260 000 tests effectués : pas de tests, pas de malades…

sans dire que c'est totalement différent dans les pays où les gens âgés vivent dans les familles, ce qui est le cas majoritairement en Asie, en Afrique ou en Amérique latine. Ce modèle chiffre aux alentours de 5 % la réalité de l'épidémie, avec, bien entendu, des différences régionales, en septembre 2020, alors que le nombre de cas répertoriés était de l'ordre de 30 millions. En suivant l'hypothèse de ces auteurs, la réalité aurait été de plus de 350 millions, c'est-à-dire 12 fois plus.

NB : Pour faire un diagnostic, il faut utiliser un test. Pour ne pas avoir de cas, le plus simple est de ne pas en utiliser. C'est le choix fait par plusieurs pays : le Mexique et surtout l'Algérie. Avec, en un an et demi, 0,5 test pour 100 habitants, on se doute qu'on ne pouvait y trouver des cas par millions…

Les limites des cas

Le Karnataka, capitale Bangalore, est un État du sud-ouest de l'Inde abritant 61 millions d'habitants sur plus de 192 000 km². C'est le centre de la nouvelle économie indienne basée sur les nouvelles technologies. À la date du 29 août 2020, on recensait 327 074 cas. Monahan et coll. ont *sélectionné des zones rurales et urbaines* représentatives dans 5 régions. *Sur 2 907 foyers*, ils ont recueilli 1 197 prélèvements sanguins et 1 347 rhinopharyngés. Et aboutirent à la conclusion que 46,7 % des prélèvements étaient positifs. Si tant est qu'il n'y ait pas de biais statistique, cela indiquerait que plus de 28 millions avaient contracté le virus. Si ces conclusions sont justes, cela signifierait que la grande majorité des infestations ont été asymptomatiques et d'autre part que l'essentiel des sujets symptomatiques n'a pas été diagnostiqué faute de tests (0,4 pour 100 habitants).

Deux études, utilisant des échantillons censés être représentatifs de la population, ont concerné deux pays d'Afrique noire, la Zambie et la ville de Juba, capitale du Sud-Soudan. On a ainsi estimé qu'il y avait respectivement 92 et 103 fois plus de cas que ce qui était officiellement recensé. Même si les hypothèses derrière ces travaux sont partiellement inexactes, il est fort probable que le nombre réel des contaminations est considérablement plus élevé que les données officielles.

Inversement en France on est passé de 5 917 397 cas le 21 mai 2021 à 5 593 962 le lendemain. La raison de cette baisse ? L'identification et la suppression des doublons.

Cas graves – réanimation

Le Covid-19 implique des réponses différentes selon la nature des situations cliniques. Les cas bénins et asymptomatiques devraient relever d'une stratégie de maîtrise de l'épidémie : isolement, identification des cas contacts et des contaminateurs. Ils relèvent plus d'une prise en charge sanitaire que médicale. Les traitements sont des antalgiques courants, avec quelques bronchodilatateurs et les thérapeutiques utilisés pour les éventuels symptômes associés, digestifs en particulier. Les formes très fébriles, avec toux et dyspnée, nécessitent une évaluation médicale et parfois une hospitalisation. Là encore, la surveillance est essentielle et les traitements symptomatiques. La troisième catégorie est évidemment celle qui nécessite l'administration d'oxygène, éventuellement une aide mécanique pour faire entrer l'air dans la bouche avec un ventilateur léger. Ce qui soulage le diaphragme et les muscles respiratoires si les lésions pulmonaires sont telles que la charge mécanique qu'elles imposent est trop forte pour eux. Et qui aboutit en cas de besoin à une intubation – c'est-à-dire à l'introduction d'un tube dans la trachée – et la ventilation artificielle. Dans ce dernier cas, on administre au malade des drogues pour le « déconnecter », pour qu'il reste immobile et ne souffre pas. Un malade de ce type relève de la réanimation, discipline qui est confrontée à l'éventualité de la défaillance d'autres organes. Comme on le sait, les patients atteints des formes les plus graves ont généralement, outre un âge avancé, diverses pathologies associées. Et à l'occasion de l'infection du poumon causée par le Covid-19 décompensent une ou plusieurs de ces affections.

La réanimation de ces patients nécessite donc, en plus des drogues utilisées pour les déconnecter, des solutions nécessaires pour leur assurer un apport suffisant d'eau, de calories et de nutriments, toute une batterie de médicaments nécessaires pour faire face aux diverses situations cliniques. Avec en plus toute une série d'antibiotiques pour traiter les surinfections microbiennes qui émaillent le cours du séjour hospitalier.

On le voit, la définition des cas graves n'est pas claire. Pour certains, ce sont les patients de réanimation – c'est le cas en France. Pour d'autres, cela comprend en outre tous les patients nécessitant l'administration d'oxygène. Pour d'autres enfin, on y ajoute ceux qui sont simplement fébriles et essoufflés.

Comme il n'y a pas de définition commune, les résultats communiqués doivent être pris avec prudence.

Tout d'abord certains ne rapportent aucun cas de ce type. Il s'agit généralement de pays pauvres qui ne disposent pas de structure hospitalière moderne et efficace et qui généralement n'ont pas de réanimation structurée.

D'autres rapportent un nombre de patients immuables quelle que soit la situation (Russie, Inde, Mexique...).

Pour d'autres, le nombre est tel, rapporté à la mortalité, que leur gravité est modérée. On le voit, il n'y a guère de commun entre ceux qui ont une mortalité quotidienne de 10 à 20 % et ceux chez lesquels il n'y a que 2 ou 3 % qui décèdent.

Dans les pays modernes, les malades de réanimation sont ceux qui présentent la charge la plus importante sur le système hospitalier. En France, le 31 mars 2020, on a été au bord de la catastrophe. C'est-à-dire que sans les solutions trouvées, essentiellement de transfert de malades de régions très touchées vers d'autres en France ou à l'étranger où le nombre de cas était moindre, certains seraient morts par manque de place pour les soigner. Pour être admis en réanimation, il y a un certain nombre de critères. Il faut une certaine gravité – on n'y prend pas de situations bénignes. Mais on n'y hospitalise pas non plus des patients dont la sévérité est telle que cela relèverait de l'acharnement thérapeutique. Il y a de très nombreuses études qui montrent le lien entre la gravité des pathologies et le pronostic. En sorte que *grosso modo* 80 % des patients sortent vivants. Pour choisir, on utilise des index. En France l'IGS2 (indice de gravité simplifié).

On peut donc résumer l'activité de réanimation d'une manière simple : elle sert à sauver des vies et la grande majorité de ceux qui la quittent vivants seraient morts sans elle.

On conçoit qu'il n'en est pas de même pour ceux qui n'ont besoin que d'une surveillance avec éventuellement un peu d'oxygène.

Un dernier élément doit être pris en compte. En France, il y a à peu près 5 000 lits de réanimation médicale. Fin mars 2020, on a atteint

7 000 malades, ce qui veut dire que plus de 10 000 lits ont été utilisés. Ce n'est certainement pas le cas dans tous les pays.

Et, alors que pour certains, le nombre de cas graves dépasse celui de ceux relevant de la réanimation, inversement des malades en relevant mais ne pouvant y être admis faute de place ne sont pas comptabilisés. Par exemple l'Allemagne avait lors de la première vague une mortalité de cas graves particulièrement faible. Dans une étude publiée en mars 2021, on a appris qu'en fait la moitié des malades ne relevaient pas de la réanimation.

Le décompte fait par plusieurs sites (Worldometer par exemple) doit donc être pris avec réserve. Puisqu'il comprend en fait des malades de sévérité différente. Avec ses défauts, c'est cependant un indicateur intéressant, qui donne des informations sur l'évolution de la pandémie et de la manière dont il frappe les différents pays. Qu'il faut interpréter avec prudence.

Les morts

S'il y a un domaine où la réalité ne saurait être inférieure aux données rapportées par les divers pays, ce devrait être celui de la mortalité. Si dans l'ensemble, c'est vraisemblable, il existe plusieurs pays qui, tout à coup, ont diminué brutalement le nombre de morts cumulés. Erreur de classement ? Doublons ? Fantaisie de l'informatique ? Insuffisance de l'enseignement de la table d'addition ? Les informations manquent.

Ainsi donc on peut considérer que les quelque 4 millions de morts à ce jour l'ont bien été à cause du Covid-19.

Mais peut-on réellement penser que tous les décès dus au virus ont été comptabilisés ? On sait dès le début que beaucoup ont accusé les Chinois de les minimiser. Et on peut voir les témoignages d'observateurs relatant le nombre « élevé » de convois funéraires qui dépasserait de beaucoup les chiffres officiels. Pourquoi pas ? Le seul problème est que lesdits observateurs ne fournissent ni données ni estimation. Il y a, dans de nombreux pays, le Brésil, l'Algérie, le Nicaragua, des témoignages de médecins ou de simples citoyens rapportant des taux très supérieurs à ceux fournis officiellement. Beaucoup de Brésiliens pensent à tort ou à raison qu'il y a entre 3 et 10 fois plus de personnes décédées. Là encore, en l'absence de chiffres précis, on ne peut prendre ces témoignages que pour ce qu'ils sont : des indications et non des preuves.

Il va sans dire que dans les pays où existent des structures sanitaires solides et indépendantes, les données fournies par les autorités sont probablement proches de la réalité. Bien sûr, des miséreux trouvés morts dans les rues des grandes cités nord-américaines ne sont-ils vraisemblablement comptabilisés mais, sans être marginal, leur nombre ne doit probablement pas excéder quelques pourcents de l'ensemble.

Il en va tout autrement dans les pays où l'infrastructure sanitaire est faible. Par définition, pour mourir du Covid-19, il faut avoir cette maladie ; autrement dit il faut que le diagnostic ait été fait. Ce qui, dans l'essentiel de l'Afrique noire, du sous-continent indien, de l'Asie centrale et de l'Amérique latine, n'est pas le cas. Et il est probable que, particulièrement dans l'Afrique subsaharienne, dernier espace mondial où les maladies infectieuses sont toujours la première cause de mortalité, la disparition d'une personne dans le cadre d'une pneumonie fébrile n'attire pas particulièrement l'attention.

L'ensemble des 37 pays de l'OCDE (Organisation de coopération et de développement économiques) qui regroupent un peu moins de 25 % de la population déclarait le 1er décembre 2020 un total de 772 695 morts, c'est-à-dire 53,6 % des 1 479 909 recensés sur la planète. Comme il est peu vraisemblable que les pays les plus riches aient la mortalité la plus grande, il est raisonnable de penser que le nombre réel est au moins le double des données officielles.

Deux exemples : à Lusaka, capitale de la Zambie, on a recherché systématiquement le virus dans les fosses nasales des morts dans le principal hôpital. Résultat : 70 positifs au lieu de 6 diagnostiqués pré-mortem. C'est-à-dire à peu près 12 fois plus.

Quant au Pérou, il a fait passer le 2 juin 2021 le nombre de morts de 69 342 à… 184 507 en vingt-quatre heures, devenant d'un coup le pays avec la plus forte mortalité par habitant au monde.

On le voit, il est fort possible que les 4 millions de morts officiels ne soient qu'une petite partie de la réalité.

Les morts qui ressuscitent

Lorsque, comme l'auteur de ce livre, on étudie jour après jour l'évolution des cas et des morts, on a parfois certaines surprises. Et en particulier lorsque tout à coup ces derniers ressuscitent. Dans le Royaume-Uni, c'est le 15 août 2020 que de 46 706 on tombe à 41 357. Et le Kirghizistan n'est pas en reste avec, le 26 août, 1 057 morts contre 1 501 la veille. Tel Lazare dans son tombeau, les morts du Covid-19 auraient-ils la capacité de ressusciter, et en nombre cette fois ? Les optimistes pourraient espérer une réponse positive. Là, il s'agit malheureusement d'une série d'erreurs dans la façon dont sont comptabilisées les données au niveau national avec de probables doublons. Dommage. Car si ça avait été vrai…

Il court, il court, le Covid
Il court, il court, le Covid

Il est passé par ici
Il repassera par là

Le tour de la terre

Le SARS-CoV-2, nouveau venu dans l'espèce humaine, a décidé de s'y installer durablement. À la différence de son frère aîné qui est plus meurtrier mais moins transmissible, il a un profil plus souple en apparence : beaucoup moins mortifère. En fait, cet aspect lui permet paradoxalement de tuer beaucoup plus. Il y a quelques décennies des escrocs avaient fait fortune en prélevant dans une banque quelques centimes sur toutes les transactions et, avec cette somme minime multipliée par un très grand nombre d'opérations, avaient amassé un magot considérable. Le Covid-19 fait de même. Il infecte beaucoup et tue peu à chaque fois, ce qui a trois conséquences : 1) le nombre des morts est très élevé ; 2) comme l'immense majorité des sujets contaminés ne fait l'expérience que d'une affection minime, il fait baisser la garde et, dans la partie la plus jeune de la population où la mortalité est faible, entraîne chez certains une indifférence, voire le refus de considérer qu'il est un vrai danger ; et 3) à chaque réplication, le risque de mutation s'accroît.

Cet aspect sournois et délétère (car il revient à briser l'unité des populations en opposant les plus vulnérables à ceux qui se croient à l'abri des complications) se retrouve dans l'évolution géographique de la pandémie. Quand, jour après jour, on en observe le développement géographique, on est frappé par son côté imprévisible, inégal, inhomogène. Avec ses avancées foudroyantes, ou au contraire suspicieuses et lentes. Ses reculs. Ses disparitions, jamais complètes en vérité, et ses réapparitions alors que la situation semble contrôlée.

Comme il n'y a pas de traitement spécifique et que les effets de la vaccination ne pourront se faire qu'après plusieurs mois ou années, les principaux moyens de contention sont physiques, c'est-à-dire consistent à éloigner les individus les uns des autres et à limiter la diffusion des virus en tuant ceux qui sont sur les mains grâce aux gels hydroalcooliques. Ces moyens sont très efficaces mais leur utilisation se heurte dans beaucoup de pays à un manque de moyens et souvent à un scepticisme des populations.

Le résultat est qu'en dépit des moyens disponibles, le virus a régulièrement augmenté le nombre quotidien des sujets contaminés : il y a eu, jusqu'à la fin de l'année 2020, progression régulière du nombre de cas. Puis, à partir de janvier 2021, une nette diminution. Quant aux morts, la courbe montre deux pics. Le premier au mois d'avril 2020 aux alentours de 6 700 par jour et le deuxième en décembre avec plus de 11 000. Entretemps, elle était redescendue en général entre 4 000 et 5 000. Le nombre de cas graves est monté rapidement pour se stabiliser entre 50 000 et 65 000 entre avril et fin septembre. Il a ensuite augmenté progressivement pour dépasser les 100 000 mi-novembre.

Le nombre de cas totaux a atteint 1 million le 2 avril 2020, 10 millions le 28 juin, 50 millions le 8 novembre, 100 millions le 26 janvier 2021, 150 millions le 29 avril, 200 millions le 4 août ; les morts 50 000 le 2 avril 2020, 100 000 le 10 avril, 500 000 le 28 juin, 1 million le 27 septembre, 2 millions le 15 janvier 2021, 3 millions le 16 avril, 4 millions le 6 juillet.

Il y a eu en janvier 2021 une brusque diminution des cas qui a atteint un minimum à la fin de février, mais pour repartir brutalement dès le début de mars pour dépasser mi avril les valeurs de la fin 2020. Et redescendre à nouveau de façon importante à partir du milieu du mois de mai pour se stabiliser et commencer à remonter au début de l'été.

Première vague, deuxième vague, etc.

Il existe, parmi d'autres, une différence majeure entre le Covid-19 et la grippe. Cette dernière arrive, dure trois mois et disparaît jusqu'à l'année suivante où elle réapparaît, vêtue de nouveautés car, mutation ou recomposition, son virus change en permanence. La raison de cette conduite reste parfaitement mystérieuse. Il est évident que les raisons invoquées, « il fait plus chaud, on ouvre les fenêtres, etc. », ne tiennent pas la route. Ne serait-ce que parce qu'elle arrive et part d'une manière très variable allant d'octobre à janvier. Si c'était quand il fait chaud, les épidémies précoces qui se terminent dans les mois les plus froids devraient prospérer alors elles s'en vont.

Rien de tel avec le SARS-CoV-2. Il s'installe d'une façon imprévisible, cogne à un endroit, en épargne un autre, revient sur le premier site puis brusquement attaque le second, etc. Une chose est constante cependant. Il n'y a à ce jour pas un seul pays – à part la Tanzanie, par déclaration de l'autorité politique (!!!!) – qui, même lorsqu'il a « maîtrisé » le virus, ne déclare jour après jour aucun cas. Partout il y en a un peu plus, un peu moins mais toujours au moins quelques-uns.

À la différence de la grippe, le SARS-CoV-2 s'est installé à demeure. Il fait le gros dos quand, mesures barrières et confinement aidant, le nombre de contaminations s'effondre et puis, avec la baisse de la vigilance, il se multiplie à nouveau. Et il suffit, quand après le premier confinement en Europe, suivi d'un déconfinement particulièrement peu inspiré en France avec quelques « leaders d'opinion » annonçant que tout était fini, pour que, comme des enfants qui après avoir été punis vont jouer à la récréation, un grand nombre baisse sa garde au cours des vacances. Résultat, nombre de cas sans commune mesure avec la première vague, morts en augmentation très importante. C'est qu'il n'y a pas de vague : ces poussées sont le reflet de la perte de vigilance ou de l'indifférence – le virus, lui, est constant : il attaque et il tue.

La mortalité dans le monde

Sur les tableaux 1 et 2 sont représentées les mortalités (par million d'habitants) les 3 février et 10 juin 2021.

Depuis, il y a eu évidemment des modifications. Mais les constatations sont restées fondamentalement les mêmes. La totalité des pays ayant la plus forte mortalité provient d'Europe et d'Amérique. En quatre mois, l'ordre en a cependant été très différent.

Les grands pays asiatiques ont des résultats sans commune mesure. Les seuls de ce continent à avoir une importante mortalité sont l'Iran, le Liban, Israël et les pays du golfe Persique. À part l'Afrique du Sud, tous les pays d'Afrique noire affichent des nombres très bas.

On le voit, l'extrême inhomogénéité, par million d'habitants, reflète des situations très différentes. Il va sans dire cependant qu'on ne peut prendre en considération de la même manière les pays disposant d'un système de recensement efficace et ceux chez lesquels les données sont discutables, quelles qu'en soient les raisons.

Tableau 1. Morts par million d'habitants – Europe – Amérique – Asie – Afrique – Océanie – terre entière le 3 février 2021

1	BELGIQUE	1 822
2	SLOVÉNIE	1 631
3	ROYAUME-UNI	1 622
4	TCHÉQUIE	1 533
5	ITALIE	1 422
6	PANAMÁ	1 387
7	ÉTATS-UNIS	1 349
8	MACÉDOINE DU NORD	1 337
9	MOLDAVIE	1 320
10	PÉROU	1 316
11	MONTÉNÉGRO	1 312
12	BULGARIE	1 288
13	HONGRIE	1 279
14	MEXIQUE	1 263

15	PORTUGAL	1 227
16	BOSNIE-HERZÉGOVINE	1 227
17	CROATIE	1 182
18	SUÈDE	1 177
19	ESPAGNE	1 159
20	FRANCE	1 128
21	COLOMBIE	1 126
22	BRÉSIL	1 109
23	ARGENTINE	1 079
24	SUISSE	1 047
25	CHILI	1 036
26	ARMÉNIE	1 014
27	LITUANIE	1 012
28	POLOGNE	997
29	LUXEMBOURG	951
30	BOLIVIE	919
	PAYS-BAS	803
	AFRIQUE DU SUD	801
	ALLEMAGNE	710
	IRAN	699
	ISRAËL	571
	TUNISIE	544
	CANADA	561
	MAROC	241
	ARABIE SAOUDITE	191
	INDE	119
	INDONÉSIE	114
	PHILIPPINES	101
	PAKISTAN	57
	BANGLADESH	51
	AUSTRALIE	39
	CORÉE DU SUD	28
	CUBA	20
	GHANA	15

	MADAGASCAR	11
	NIGERIA	8
	CÔTE D'IVOIRE	6
	NOUVELLE-ZÉLANDE	5
	CHINE	3
	THAÏLANDE	1,1
	TAÏWAN	0,34

Tableau 2. Monde : morts par million d'habitants (10 juin 2021)

1	PÉROU	5 603
2	HONGRIE	3 101
3	BOSNIE-HERZÉGOVINE	2 902
4	TCHÉQUIE	2 815
5	MACÉDOINE DU NORD	2 624
6	BULGARIE	2 589
7	MONTÉNÉGRO	2 541
8	SLOVAQUIE	2 276
9	BRÉSIL	2 231
10	BELGIQUE	2 153
11	SLOVÉNIE	2 112
12	ITALIE	2 100
13	CROATIE	1 985
14	POLOGNE	1 967
15	ROYAUME-UNI	1 874
16	ÉTATS-UNIS	1 842
17	ARGENTINE	1 814
18	COLOMBIE	1 808
19	MEXIQUE	1 760
20	ESPAGNE	1 718
21	FRANCE	1 684
22	PORTUGAL	1 675
23	ROUMANIE	1 642
24	LITUANIE	1 608
25	CHILI	1 564
26	MOLDAVIE	1 527
27	ARMÉNIE	1 507
28	PANAMA	1 464
29	SUÈDE	1 430

30	PARAGUAY	1 406
	SUISSE	1 245
	TUNISIE	1 100
	ALLEMAGNE	1 032
	AFRIQUE DU SUD	953
	RUSSIE	855
	ISRAËL	688
	CANADA	675
	INDE	258
	PHILIPPINES	200
	INDONÉSIE	189
	FINLANDE	173
	NORVÈGE	144
	JAPON	109
	PAKISTAN	95
	BANGLADESH	78
	CORÉE DU SUD	39
	ÉTHIOPIE	36
	THAÏLANDE	19
	TAÏWAN	17
	NIGERIA	10
	CHINE	3

Entre le mois de juin 2021 et la mi-juillet, il y a eu peu de remaniements. Seules la Colombie et l'Argentine ont fortement progressé, suivies par le Brésil et le Chili. Malgré leur augmentation, les données des grands pays d'Asie sont restées faibles (100 à 300 morts par million d'habitants en général). Pour autant que ces données soient fiables.

La Chine

Les tribulations d'un virus en Chine

À l'origine d'une pandémie lorsqu'il s'agit – et c'est généralement le cas – d'une zoonose, c'est-à-dire du passage d'un agent infectieux d'un animal vers l'homme, il faut séparer deux éléments. Le premier est de savoir précisément où et comment la maladie a touché le premier être humain. Le second est de connaître les conditions précises dans lesquelles cet agent est devenu pandémique. Pour prendre l'exemple du sida, on sait que sa diffusion mondiale vient des États-Unis d'Amérique (tout comme la grippe dite « espagnole » et la dernière pandémie grippale A [H1N1]). Par contre son origine n'est probablement pas américaine. Et Mirko Grmek, dans son *Histoire du sida* (1989), recensait plusieurs cas isolés survenus bien antérieurement.

En ce qui concerne le SARS-CoV-2, il est très vraisemblable qu'il soit né en Chine et c'est à partir de ce pays que la pandémie a été diffusée. On sait que la version officielle est qu'en novembre 2019 plusieurs cas sont apparus dans la ville de Wuhan, chef-lieu de la province du Hubei. Cette dernière, célèbre pour le nombre de ses lacs, est traversée par le Yangzi Jiang (Yang-tseu-kiang) ou Fleuve bleu, long de 6 300 km, dont le bassin hydrographique de 1,8 million de kilomètres carrés est peuplé de plus de 400 millions d'habitants. Troisième cours d'eau mondial après l'Amazone et le Nil, il est redouté pour ses crues dévastatrices contre lesquelles le gouvernement chinois a construit d'énormes barrages, le plus connu étant celui des Trois Gorges situé dans le Hubei. Au prix de désastres écologiques majeurs. Grâce à ces barrages, le fleuve est devenu navigable. Lié historiquement à la France depuis l'époque coloniale, le Hubei est un riche pays agricole de 185 000 km^2 peuplé de 60 millions d'habitants, avec une très importante activité industrielle de haute technologie. Secteurs secondaire et tertiaire représentent 96 % de son produit intérieur brut, qui en font la plus importante des six provinces centrales de Chine et la douzième du pays. Wuhan, septième ville de Chine, peuplée de plus de 11 millions d'habitants, est célèbre dans l'histoire de ce pays car c'est d'un de ses districts, Wuchang, que partit le 10 octobre 1911 une révolte militaire qui aboutit à la chute de la dynastie impériale des Qing venus de Mandchourie et la proclamation de la République.

C'est dans cette ville qui compte plus de 350 établissements de recherche scientifique employant plus de 400 000 personnes et par ailleurs principal centre de communication de la Chine centrale que sont apparus des cas d'abord isolés puis de plus en plus nombreux de pneumonies virales. Le premier diagnostiqué date du 1er décembre 2019. L'agent causal est identifié le 7 janvier 2020 : c'est un nouveau coronavirus que l'OMS nomme SARS-CoV-2 le 11 février 2020. Il est proche, mais différent des agents causaux du syndrome respiratoire aigu sévère (SRAS) de 2003 et du *Middle East Respiratory Syndrome* (MERS) de 2012.

La réaction des autorités a été différente à l'échelon local et au niveau national. Pour avoir signalé le problème sur les réseaux sociaux le 30 décembre 2019, l'ophtalmologiste Li Wenliang est convoqué par la police et sommé de rétracter les « fausses nouvelles » qu'il avait répandues. Comme cela a été le cas dans la quasi-totalité des pandémies, il y a donc eu localement une réaction de négation. Wuhan, cité en pleine croissance, n'avait pas l'intention de voir son décollage compromis par des rumeurs.

Toutefois, cette partie de l'histoire, dramatisée par la maladie et la mort du Dr Li le 7 février 2020, ne représente pas la réalité à l'échelon du pays.

Tout d'abord, l'identification quasi simultanée de l'agent causal montre que certains avaient pris au sérieux l'épidémie localement. De plus, on sait aujourd'hui que, prévenu par le pneumologue cantonais Zhong Nanshan, spécialiste du SRAS, le président Xi Jinping a pris les choses en main le 7 janvier 2020.

À la différence de la France où, face à une épidémie de pneumonies, le pouvoir politique s'est entouré de spécialistes… du sida, Xi Jinping a pris l'avis d'un pneumologue. Lequel, le 20 janvier 2020, a fait une conférence devant le Comité central du Parti communiste chinois et a répété les mêmes propos le soir même à la télévision d'État.

Zhong, qui avait signalé que les autorités du Hubei n'avaient pas conscience de la situation et de sa gravité, a donc été écouté et suivi par Xi Jinping avec comme résultat que, alors que les cas ont commencé à monter de façon exponentielle le 25 janvier 2020 à Wuhan, un confinement dur a été mis en place dès le 23. Autrement dit – pour autant que les chiffres communiqués soient exacts –, les quelque 60 000 à 70 000 cas enregistrés dans cette ville correspondent aux sujets contaminés avant le confinement ainsi qu'à ceux qui ont pu l'être ensuite au sein des familles ou entre voisins.

Ainsi, la Chine, bien que frappée en premier par la maladie, a eu une réponse rapide due d'une part à une organisation centralisée de lutte contre les épidémies particulièrement efficace et d'autre part à cause de la mémoire récente de la grande mortalité du SRAS. De plus, et à la différence de ce qui se passe dans les pays occidentaux, les gens âgés restent dans les familles puisque seulement 3 % d'entre eux vivent dans des maisons spécialisées. Dès le 23 janvier 2020 des mesures rigoureuses furent prises. Wuhan fut placée dans un confinement strict pendant soixante-seize jours. Les transports publics furent suspendus, et cette mesure fut étendue rapidement à toutes les villes du Hubei. Les familles n'eurent le droit qu'à une sortie par un seul membre de la famille tous les deux jours pour les achats de nécessité. Les écoles ne furent pas rouvertes après les vacances du Nouvel An. 14 000 lieux de contrôle sanitaires furent mis en place et en quelques semaines 9 millions de tests furent effectués à Wuhan, permettant ainsi d'identifier les sujets atteints et de remonter les filières de contamination. Premier producteur mondial de matériel médical, la Chine dispose de masques et de soluté hydroalcoolique. La population adhéra massivement aux consignes de protection cependant que les récalcitrants étaient mis en garde par des drones dotés de micros. Le 5 février 2020 à Wuhan, on ouvrit 3 hôpitaux dits « Fangcang » et 13 autres furent installés peu après dans des lieux tels que des stades ou des Palais des Congrès pour y admettre les patients avec des symptômes modérés, les cas graves étant dirigés vers les hôpitaux. Grâce au réseau des 13 000 lits des Fangcang, les malades furent isolés, réduisant ainsi les risques de contamination familiale. Le 10 mars 2020, avec la décrue de l'épidémie causée par les mesures prises, ils furent démontés.

Du coup, la prévention est passée peu à peu du contrôle des cas autochtones à la prévention de ceux importés de l'extérieur (quarantaine). Un épidémiologiste chinois a calculé que ces mesures avaient épargné 1,4 million de cas et évité 56 000 morts.

Résultat, l'épidémie a été contenue, les cas en dehors du Hubei (10 000 à 15 000 environ) ont été dépistés et des mesures de limitation locale mises en place. Aucune province n'a rapporté de cas d'infection massive. Les Chinois estiment aux alentours de 100 000 cas et de 4 800 morts le tribut qu'ils ont payé.

Un certain nombre d'observateurs pensent qu'il y en a eu beaucoup plus, en particulier à cause des très nombreux cortèges funéraires. C'est évidemment possible mais ce ne sont que des suppositions. Quoi qu'il en soit, tous sont unanimes : la vie a repris normalement à Wuhan. Y compris l'activité touristique et ludique : restaurants, bars et boîtes de nuit sont ouverts et de grandes fêtes y ont lieu comme si rien ne s'était passé.

Évolution des cas en Chine

Débutée le 1er décembre 2019, l'épidémie a augmenté à partir de la fin janvier 2020 (les 1 000 cas ont été atteints le 27) et, après un début d'allure exponentielle, la progression est devenue linéaire. Le 13 février, le nombre de cas a brutalement été augmenté de 15 000. En effet, les signes scanographiques étaient tellement caractéristiques dans le contexte et semblables d'un patient à un autre que les médecins chinois ont considéré que l'existence de telles lésions était le fait du coronavirus quels que soient les résultats des tests – ou leur absence. Ils ajoutèrent même que les lésions pulmonaires étaient tellement précises que leur sensibilité diagnostique était supérieure à celle des tests.

Puis, à partir du 15 février, la courbe s'infléchit progressivement vers le bas pour devenir presque horizontale, le nombre de cas par jour étant faible (de 10 à 30 en moyenne).

Cette courbe, dite « sigmoïde », car en forme de S (sigma en grec), ressemble à ce qui s'est passé pour le grand frère du Covid-19, le SARS, qui, parti de Chine en 2003, se répandit dans une trentaine de pays de façon très rapide puis disparut aussi vite qu'il était arrivé. On pouvait donc l'interpréter soit comme le fait que le virus, après une période d'expansion, « décidait » de s'en aller, soit comme le résultat de l'intervention des mesures de prévention et d'éloignement prises par les autorités. Beaucoup, dont nous-mêmes, espérions que ce serait la première solution. Malheureusement pour tous, le virus n'a eu aucune velléité de quitter l'espèce humaine, a diffusé tout autour de la terre et commencé une histoire qui bouleverse notre histoire.

Mais, comme on l'a dit plus haut, la Chine n'a pas éradiqué le virus mais l'a contenu. Plusieurs foyers sont apparus : à Qingdao (*cf.* p. 380) et en décembre-janvier dans le Hebei (ne pas confondre avec le Hubei), province qui entoure les villes autonomes de Beijing (Pékin) et Tianjin avec l'apparition de plus de 300 cas et, comme dans le Hubei, confinement de deux villes totalisant environ 18 millions d'habitants. Comme les autres pays, la Chine n'éradiquera la maladie que quand ses habitants seront immunisés et qu'on disposera de médicaments qui tuent le virus.

Notons par ailleurs que l'analyse de registre national des décès répertoriés entre le 1er janvier et le 31 mars 2020 n'a pas montré de changement comparé à la même période de 2019. Sauf à Wuhan où 5 954 morts dont 4 573 pneumonies furent observées en plus. C'est-à-dire à peu près ce que les autorités chinoises avaient annoncé.

Les continents

Les continents

Le nombre de cas et de morts par jour des quatre principaux continents, Europe, Asie, Afrique et Amérique, a été particulièrement inégal tant en amplitude qu'en temporalité.

L'Europe, après une faible augmentation des cas au printemps, a connu dès le mois d'août 2020 une nouvelle poussée qui s'est fortement amplifiée en octobre avec une amplitude 5 à 6 fois supérieure à la première. Puis, diminution, 2e pic fin janvier 2021, diminution, 3e pic en avril. Nouvelle baisse puis réascension au début de l'été (variant Delta).

L'Amérique est montée de façon progressive, avec une pause entre juillet et octobre 2020 pour s'imposer nettement comme le continent le plus atteint avec un pic en janvier 2021, diminution, 2e pic en avril et presque stabilité pendant le printemps.

L'Asie a monté progressivement pour atteindre un maximum à la fin de l'été 2020, puis a diminué pour réaugmenter en mars 2021 brutalement (Inde), diminuer à nouveau et se stabiliser au milieu du mois de juin.

Quant à l'Afrique, restée dans des nombres beaucoup plus bas, elle a présenté un début d'ascension fin décembre, puis une diminution, avec une réascension à la fin du printemps due principalement à la reprise de l'épidémie en Afrique du Sud et à la poussée en Tunisie.

L'Europe

Avec ses 10 millions de kilomètres carrés et 750 millions d'habitants, l'Europe est nettement plus petite que l'un des pays qui la composent, la Russie, dont les 17 millions de kilomètres carrés se trouvent majoritairement en Asie. L'Europe qui, il y a encore un siècle, dominait le monde a vu son importance diminuer progressivement depuis le début du XXe siècle. Elle ne représente que 10 % de la population du globe et si son niveau de vie moyen est supérieur à celui des trois autres grands continents, son incapacité à intervenir de manière coordonnée dans les grandes crises mondiales, séquelle des deux guerres mondiales qui l'ont dévastée, ne peut qu'accentuer cette décadence. Le Covid-19 a frappé l'Europe immédiatement après la Chine et ce continent reste un des plus touchés avec une mortalité particulièrement élevée. Étant donné qu'elle a globalement, du moins dans les pays de l'Ouest et du Centre, un système hospitalier très supérieur à la moyenne mondiale, la médiocrité de ces résultats interroge : est-ce le fait d'une particularité de l'attaque du virus ou le résultat de politiques inadaptées mal suivies par une population divisée ? La question reste ouverte.

Tableau 3. Premiers cas constatés en Europe (2020)

24 janvier	FRANCE
28 janvier	ALLEMAGNE
29 janvier	FINLANDE
30 janvier	ITALIE
31 janvier	RUSSIE, ESPAGNE, SUÈDE
4 février	BELGIQUE
25 février	SUISSE, CROATIE
26 février	GRÈCE, MACÉDOINE DU NORD, AUTRICHE
27 février	BULGARIE, DANEMARK, NORVÈGE, PAYS-BAS, SAINT-MARIN
28 février	ROUMANIE, LITUANIE, ESTONIE
29 février	ISLANDE, AZERBAÏDJAN
1er mars	LUXEMBOURG, IRLANDE, ARMÉNIE
2 mars	TCHÉQUIE

3 mars	POLOGNE, PORTUGAL
4 mars	UKRAINE
5 mars	SLOVÉNIE
6 mars	SLOVAQUIE
7 mars	SERBIE, VATICAN, LIECHTENSTEIN, MALTE
10 mars	ALBANIE, CHYPRE
12 mars	TURQUIE
16 mars	KOSOVO
17 mars	MONTÉNÉGRO
20 mars	JERSEY, GUERNESEY
21 mars	ÎLE DE MAN

Europe de l'Ouest

À l'ouest, du nouveau, encore du nouveau, toujours du nouveau.

Blitzkrieg sur l'Europe de l'Ouest

De la Chine, le virus se répandit rapidement dans de nombreux pays des 5 continents. Avec cependant une prédilection pour plusieurs directions. Tout d'abord les pays du Sud-Est asiatique proches, voire mitoyens. Les 100 cas furent atteints en Corée du Sud puis au Japon (22 février) et à Singapour (1er mars). Mais dans aucun d'entre eux la pandémie n'a pris immédiatement de visage inquiétant et incontrôlé.

En raison de ses liens économiques avec la Chine, les 100 cas furent atteints le 27 février en Iran. Les autres pays du golfe Persique et ceux du Moyen-Orient les rejoignirent entre le 12 et le 18 mars ; le 30 pour la Palestine alors que la Syrie et le Yémen, du fait de leur situation politique et militaire, n'en firent mention que beaucoup plus tard.

En Amérique, ce furent les États-Unis (3 mars) et le Canada (13 mars) qui furent touchés les premiers, l'Amérique latine suivant nettement plus tard. L'Australie et la Nouvelle-Zélande atteignirent les 100 cas le 9 et le 22 mars respectivement ; l'Afrique du Nord entre le 16 et le 26 mars ; l'Afrique du Sud le 19 mars, suivie plus tardivement par d'autres pays d'Afrique noire.

Mais le continent le plus touché et qui très bientôt supplanta la Chine en nombre de cas et de morts fut l'Europe : l'Italie fut le premier pays à rapporter 100 cas le 24 février, suivie par l'Allemagne et la France (1er mars), l'Espagne le 3, le Royaume-Uni le 6 ; les pays scandinaves et baltes entre le 8 et le 22 mars, les autres pays de la Mitteleuropa entre le 9 et le 19 ; la Belgique et les Pays-Bas le 7 ; les pays des Balkans entre le 13 et le 31 mars ; la Russie le 18 et les autres pays de l'ex-URSS entre le 19 mars et le 1er avril.

Ainsi donc les pays de l'Ouest furent-ils, avec l'Allemagne, touchés avant le reste de l'Europe, avec un gradient Ouest-Est ; les Balkans et l'est de l'Europe étaient nettement plus tardifs.

Cette tendance est encore plus nette si, en ne prenant en compte que les pays de plus de 20 millions d'habitants, on considère la date à laquelle 1 000 cas furent atteints : au mois de mars 2020 : Italie (1), France (9), Espagne et Allemagne (10), Royaume-Uni (15), Pologne (26), Roumanie (27), Russie (28) et Ukraine le 5 avril.

On peut regrouper géographiquement l'essentiel des pays européens en 6 catégories :

1 – les pays latins (Italie, Portugal, Espagne, France) et le Benelux (Belgique, Pays-Bas, Luxembourg) ;
2 – les îles Britanniques (Royaume-Uni, Irlande) ;
3 – la Scandinavie (Norvège, Suède, Danemark), Finlande et pays baltes (Estonie, Lituanie, Lettonie) et Islande ;
4 – les Balkans (Roumanie, Bulgarie, Grèce, Macédoine du Nord, Serbie, Kosovo, Monténégro, Bosnie-Herzégovine, Croatie, Slovénie, Albanie) ;
5 – la Mitteleuropa (Allemagne, Autriche, Slovaquie, Tchéquie, Hongrie, Pologne, Suisse) ;
6 – l'ex-URSS (Russie, Moldavie, Géorgie, Arménie, Azerbaïdjan, Ukraine, Biélorussie).

Dans chacune de ces catégories, il faut ajouter les micro-États (Monaco, Liechtenstein, Vatican, Andorre) et entités (îles Anglo-Normandes, île de Man, Gibraltar).

Sont absents de cette classification Malte et Chypre.

En pratique, on a noté, au cours de la première poussée, des similarités entre pays latins, Benelux et îles Britanniques. De même y a-t-il eu peu de différences entre les groupes 3, 4 et 5. On peut ainsi diviser l'Europe en trois parties : l'ouest (1 + 2), le centre (3 + 4 + 5) et l'est (6).

Pour les pays de l'Ouest, l'évolution des diagnostics a été relativement semblable avec quelques différences : l'Italie a été plus précoce, l'Espagne a atteint des valeurs plus importantes et la Grande-Bretagne, partie avec un certain retard, a eu une évolution plus prolongée. L'Italie et l'Espagne ont atteint leur maximum fin mars, la France et l'Allemagne début avril et la Grande-Bretagne au milieu de ce même mois. On a assisté ensuite à une descente moins rapide que la montée puisque ce n'est qu'au mois de juin que l'Italie, l'Espagne, la France et l'Allemagne sont descendus au-dessous de 500 cas par jour. Toutefois, aucun de ces pays n'a observé un arrêt des contaminations, indiquant de ce fait la permanence en fin de printemps et en début d'été d'une circulation du virus, diminuée (du moins en apparence) mais indiscutable. Quant au Royaume-Uni, la descente a été beaucoup plus lente et le nombre de cas diagnostiqués est toujours resté supérieur à 500 par jour. Les cas et les morts cumulés sont représentés sur le tableau 4.

Tableau 4. Cas et morts cumulés à la date du 11 juillet 2020[1]

PAYS	CAS	MORTS
ALLEMAGNE	198 556	9 060
ESPAGNE	253 908	28 403
FRANCE	170 752	30 004
ITALIE	242 639	34 938
ROYAUME-UNI	288 133	44 650

Différence est-ouest

Une des constatations les plus surprenantes et intrigantes est la différence de mortalité entre l'ouest, le centre et l'est de l'Europe (tableau 5). Comme on peut le voir, 80 % des morts ont eu lieu dans les zones 1 et 2 (284 millions d'habitants) alors que les autres zones en ont 465 millions. Les raisons de cette différence restent mystérieuses car ce phénomène n'a pas été constaté lors de la deuxième poussée : cocirculation d'autres pathogènes, différences climatiques avec présence de pollens, influence des vents (Sirocco)...

Tableau 5. Cas et morts cumulés en Europe le 12 juillet 2020

ZONES	CAS	MORTS	POPULATION (MILLIONS)	MORTS/MILLION
1	833 892	111 127	214	519
2	315 477	46 612	70	666
3	110 422	6 904	33	209
4	90 714	3 840	55	70
5	307 155	13 998	160	88
6	921 254	14 548	217	67

1. Date choisie en raison d'un changement de décompte des cas au Royaume-Uni entre le 1er et le 11 juillet.

Zones :

1. Espagne, Andorre, Gibraltar, Portugal, France, Monaco, Italie, Saint-Marin, Vatican, Belgique, Pays-Bas, Luxembourg.
2. Île de Man, Jersey, Guernesey, Royaume-Uni, Irlande.
3. Islande, Norvège, Suède, Danemark, Finlande, Estonie, Lituanie, Lettonie.
4. Roumanie, Bulgarie, Grèce, Macédoine du Nord, Serbie, Monténégro, Kosovo, Bosnie-Herzégovine, Croatie, Slovénie, Albanie.
5. Allemagne, Autriche, Liechtenstein, Pologne, Hongrie, Slovaquie, Tchéquie, Suisse.
6. Arménie, Azerbaïdjan, Géorgie, Moldavie, Ukraine, Biélorussie, Russie.

Charge virale

Les pays de l'ouest de l'Europe qui avaient présenté lors de la première vague du Covid-19 au printemps 2020 une mortalité élevée ont été touchés à nouveau à l'automne. Pour des raisons dont il est difficile de savoir si le nombre de cas, très supérieur à celui du printemps, était dû à une meilleure détection grâce à une utilisation beaucoup plus importante des tests, à une réelle augmentation des cas ou à une combinaison des deux. Cas et morts cumulés à la date du 27 janvier 2021 sont représentés sur le tableau 6. La différence entre les deux tableaux sur le tableau 7. La mortalité, toujours importante, n'a pas suivi l'évolution des cas. Autrement dit, il semble bien que la maladie ait été dans l'ensemble moins grave. Il y a à cela plusieurs explications possibles. La première serait une mutation du virus et/ou une cocirculation avec un autre facteur pathogène qui aurait causé un excès de mortalité initialement. Il n'existe actuellement aucun élément allant dans ce sens mais il ne semble pas qu'on ait cherché systématiquement des facteurs qui auraient pu accélérer la pénétration du virus.

Une deuxième hypothèse est que, les sujets testés étant plus nombreux, ce sont ceux qui présentent des formes non inquiétantes qui ont formé le gros du nouveau contingent. Dans une analyse portant sur 6 millions de cas entre février et juillet 2020, la proportion de la tranche d'âge 15-24 ans est passée de 4,5 à 15 %. Aux États-Unis, c'est dans la tranche 20-29 ans que l'augmentation entre juin et août était, et de loin, la plus importante pour atteindre 20 % du total cumulé depuis le début. De même, en Angleterre, la majorité des nouveaux cas diagnostiqués entre le 17 et le 30 août était faite d'individus de la même classe d'âge.

Un troisième facteur, qui joue certainement un rôle, est l'amélioration de la prise en charge, comme en témoigne la baisse de la mortalité en réanimation.

Tableau 6. Cas et morts cumulés en Europe le 27 janvier 2021

ZONES	CAS	MORTS	MORTS/MILLION
1	10 464 526	260 384	1 218
2	3 838 893	101 030	1 443
3	1 140 127	20 640	625
4	2 250 629	55 749	1 015
5	6 072 199	134 831	843
6	5 975 773	106 054	489

Tableau 7. Cas et morts en Europe entre le 12 juillet 2020 et le 27 janvier 2021

ZONES[1]	CAS	MORTS	MORTS/MILLION
1	9 630 634	149 257	697
2	3 523 416	54 418	777
3	1 029 705	13 736	417
4	2 159 915	51 909	944
5	5 765 044	120 833	755
6	5 054 519	91 496	422

Un quatrième facteur est en rapport avec la charge virale. Expérimentalement chez le hamster et le furet, la quantité de virus s'est révélée proportionnelle à la sévérité de la maladie. Et une étude portant sur soixante-seize malades de l'hôpital de Nanchang, capitale du Jiangxi en Chine, a mis en évidence que la charge virale exprimée en valeur absolue et en durée d'excrétion était proportionnelle à la sévérité de la maladie.

L'importance de l'inoculat initial semble donc être un facteur pronostique majeur.

1. Pour définition, voir tableau 5.

Le port du masque peut non seulement diminuer les risques de contamination mais aussi (comme démontré chez le hamster) la sévérité de la maladie. Les mesures barrières ont un effet évident sur la propagation du Covid-19 ; elles semblent aussi diminuer son agressivité et être impliquées dans la baisse relative de la mortalité observée en France, en Italie, en Grande-Bretagne et en Espagne.

Comme on peut le voir sur les deux tableaux, la mortalité s'est répartie de façon différente au printemps : toujours élevée à l'ouest, elle a été encore plus forte dans les Balkans et dans le centre de l'Europe.

Mortalité en Europe

Elle a été extrêmement variable selon les pays. Sur le tableau 8 sont indiqués, au cours de la première poussée, les pays avec la plus forte (colonne de gauche). Lors de la première poussée, les pays ayant eu la plus faible mortalité ont été : Géorgie (3), Slovaquie (5), Lettonie et Chypre (15), Monténégro (19), Albanie, Malte et Azerbaïdjan (20), Croatie (25), Kosovo (26), Lituanie et Ukraine (27), Islande (30), Bulgarie (32). Ce qui implique que, par exemple, la Belgique a eu 280 fois plus de morts par million d'habitants que la Géorgie.

Sur la colonne de droite la mortalité de la deuxième poussée montre une distribution très différente de la première, les pays des Balkans et de l'Europe centrale occupant les premières places. Cinq des 16 pays les moins touchés lors de la première poussée figurent parmi les 15 plus touchés par la seconde.

Sur le tableau 9 la mortalité cumulée au 3 février 2021 montre un net resserrement, le rapport entre le premier, la Belgique, et le dernier, l'Islande, étant d'un peu moins de 22. Sept des 10 premiers sont situés dans les Balkans et en Europe centrale. La deuxième vague a donc nettement rééquilibré la mortalité entre l'ouest et l'est de l'Europe.

Tableau 8. Europe : morts par million d'habitants

PREMIÈRE POUSSÉE (1er juillet 2020)		**DEUXIÈME POUSSÉE (1er juillet 2020-3 février 2021)**	
1 BELGIQUE	841	1 SLOVÉNIE	1 583
2 ROYAUME-UNI	669	2 TCHÉQUIE	1 499

3	ESPAGNE	576	3	MONTÉNÉGRO	1 293
4	ITALIE	559	4	BULGARIE	1 256
5	SUÈDE	533	5	HONGRIE	1 220
6	FRANCE	443	6	MACÉDOINE DU NORD	1 195
7	PAYS-BAS	350	7	BOSNIE-HERZÉGOVINE	1 179
8	IRLANDE	342	8	CROATIE	1 157
9	SUISSE	203	9	MOLDAVIE	1 117
10	MOLDAVIE	203	10	PORTUGAL	1 076
11	LUXEMBOURG	181	11	LITUANIE	984
12	PORTUGAL	151	12	BELGIQUE	981
13	ARMÉNIE	146	13	POLOGNE	959
14	MACÉDOINE DU NORD	142	14	ROYAUME-UNI	955
15	ALLEMAGNE	111	15	ARMÉNIE	868
			16	ITALIE	863
			23	FRANCE	675
			27	ALLEMAGNE	599
			28	ESPAGNE	583

Tableau 9. Europe : morts par million d'habitants (3 février 2021)

1	BELGIQUE	1 822
2	SLOVÉNIE	1 631
3	ROYAUME-UNI	1 624
4	TCHÉQUIE	1 533
5	ITALIE	1 422
6	MACÉDOINE DU NORD	1 337
7	MOLDAVIE	1 320
8	MONTÉNÉGRO	1 312
9	BULGARIE	1 288
10	HONGRIE	1 271
11	PORTUGAL	1 227
12	BOSNIE-HERZÉGOVINE	1 227
13	CROATIE	1 182
14	SUÈDE	1 177
15	ESPAGNE	1 159
16	FRANCE	1 128
17	SUISSE	1 047
18	ARMÉNIE	1 014

19	LITUANIE	1 012
20	POLOGNE	997
21	LUXEMBOURG	951
22	AUTRICHE	869
23	ROUMANIE	853
24	SLOVAQUIE	852
25	PAYS-BAS	803
26	KOSOVO	788
27	ALLEMAGNE	710
28	IRLANDE	652
43	FINLANDE	112
44	NORVÈGE	106
45	ISLANDE	84

Sur le tableau 10 sont indiquées les mortalités à la date du 10 juin 2021. On note une forte poussée des pays d'Europe centrale et des Balkans qui occupent 10 des 12 premières places. Notons que la Russie n'y est pas indiquée, pas plus que la Turquie en raison de l'incertitude concernant les données officielles.

Tableau 10. Europe : morts par million d'habitants (10 juin 2021)

1	HONGRIE	3 107
2	BOSNIE-HERZÉGOVINE	2 902
3	TCHÈQUIE	2 815
4	MACÉDOINE DU NORD	2 624
5	BULGARIE	2 589
6	MONTÉNÉGRO	2 541
7	SLOVAQUIE	2 231
8	BELGIQUE	2 153
9	SLOVÉNIE	2 112
10	ITALIE	2 100
11	CROATIE	1 985
12	POLOGNE	1 967
13	ROYAUME-UNI	1 874
14	ESPAGNE	1 718
15	FRANCE	1 684

16	PORTUGAL	1 675
17	ROUMANIE	1 642
18	LITUANIE	1 608
19	MOLDAVIE	1 527
20	ARMÉNIE	1 507
21	SUÈDE	1 430
22	LETTONIE	1 301
23	LUXEMBOURG	1 287
24	GÉORGIE	1 251
25	SUISSE	1 245
26	GRÈCE	1 190
27	UKRAINE	1 182
28	AUTRICHE	1 176
29	ALLEMAGNE	1 072
30	PAYS-BAS	1 031

Printemps et début d'été 2021

Au cours du printemps, les cas ont diminué fortement partout en Europe, mais l'arrivée du variant indien (Delta) a fait rebondir le Royaume-Uni, suivi par le Portugal, l'Espagne et probablement d'autres pays. Notons qu'une forte majorité a été observée chez les non-vaccinés outre-Manche. Par contre la mortalité (sauf en Russie) a été très peu impactée, au moins jusqu'au 19 juillet.

La France

Les premiers cas officiels datent du 24 janvier 2020 bien que quelques autres aient été signalés rétrospectivement en novembre-décembre 2019. Fin février un foyer est détecté dans l'Oise. Des mesures de quarantaine sont prises. Un autre foyer à Mulhouse dans le Haut-Rhin, suite à un rassemblement évangélique qui, avec un millier de sujets exposés, a diffusé le virus en France et à l'étranger. La situation est sous-estimée par les autorités et très vite non maîtrisable. Parallèlement le nombre de cas augmente dans de nombreuses régions de façon très rapide, atteignant 4 500 par jour fin mars. Toutefois, vu la pénurie de tests à cette époque, ce nombre est manifestement très sous-estimé. Car le nombre de malades graves est monté avec brutalité, atteignant début avril presque 7 000, alors qu'on ne disposait que de 5 000 lits de réanimation. On imagine les prouesses des soignants pour arriver à prendre en charge un tel afflux – les lits de réanimation étant presque toujours au bord de la saturation en temps ordinaire, ce sont donc 7 000 lits supplémentaires qu'il a fallu créer dans l'urgence, à tel point qu'en Ile-de-France il s'en est fallu de quelques heures pour que le système explose, selon le professeur de réanimation Djillali Annane. Dans ces conditions la mortalité hospitalière est montée elle aussi très vite, dépassant 800 par jour fin avril.

En réponse à la montée de l'épidémie, un confinement national total est instauré à partir du 15 mars jusqu'au 11 mai, qui entraîne une baisse spectaculaire des contaminations qui toutefois restent relativement élevées, entre 300 et 700 par jour de mi-mai jusqu'au mois d'août.

Puis survient une remontée, lente au début : 1 000 cas début août, puis qui s'accélère : 10 000 fin septembre pour dépasser les 45 000 mi-novembre. Un deuxième confinement est décrété le 30 octobre, levé le 15 décembre mais avec instauration d'un couvre-feu. Ces mesures sont d'abord efficaces puisque fin novembre le nombre de cas se situe aux alentours de 10 000-12 000. Mais, contrairement aux espérances, il n'y a plus de baisse mais une stabilisation des cas. Puis à partir de janvier 2021, une remontée significative vers 20 000. En ce qui concerne les cas graves, ils ont monté moins vite et moins haut qu'au printemps, atteignant les 5 000 fin mars 2021 (ce qui représente cependant une charge très significative), et la mortalité n'a guère dépassé, au maximum, une moyenne de 600 par jour.

La mise à disposition des tests a permis une meilleure détection des cas et la vaccination commencée fin décembre n'a réellement débuté qu'en janvier 2021.

Ayant dépassé les 3 millions de cas depuis le début de l'année 2021, la France a devancé le Royaume-Uni et la Russie. Elle est devenue fin mars 2021 première en Europe et 4e dans le monde ; l'augmentation progressive des cas et des formes graves a amené à un confinement partiel en mars puis national début avril 2021. Avec plus de 6 millions de cas (dépassée mi-juillet par la Russie) et 112 000 morts début août elle se situe respectivement aux 5e et 9e rangs mondiaux (21e pour la mortalité par habitant). Avec moins de 1 % de la population de la planète, la France est très au-dessus de la moyenne tant des cas que des morts.

France : les Ehpad

Les Ehpad sont les établissements d'hébergement pour personnes âgées dépendantes.

En 2015 ils abritaient, selon le ministère des Solidarités et de la Santé, 728 000 personnes (10 % des plus de 75 ans, un tiers des plus de 90 ans) avec un taux d'occupation de 98 %. La proportion de la population en Ehpad est très proche de la moyenne européenne. Notons que l'Insee donne des chiffres différents : 605 000 en 2019, avec une progression de près de 3 % par an.

Population la plus à risque de mortalité par le Covid-19, les sujets âgés se retrouvent encore plus exposés dans les établissements qui les regroupent. De ce fait, une mortalité extrêmement élevée y a été observée : 22 000 début décembre 2020, c'est-à-dire plus de 40 % du total. (Au cours de la première poussée, en additionnant ceux morts en Ehpad et ceux décédés à l'hôpital, les pensionnaires de ces établissements représentaient 48 % du total.)

Indépendamment des raisons de cette hécatombe et de l'éventuelle responsabilité de tel ou tel, il est évident que cette population était prioritaire pour se faire vacciner. On ne comprendrait pas non plus que les personnels et les visiteurs ne le soient pas.

« Le Grand Est, avant-garde sacrifiée au rouleau compresseur épidémique »

Ce titre, emprunté au rapport sénatorial du 11 décembre 2020, décrit bien la situation que cette région a dû subir. Notre propos n'étant pas polémique, nous nous contenterons d'en reproduire ou résumer le contenu.

Dans « une région confrontée à une vague épidémique particulièrement brutale », le nombre de cas a augmenté très rapidement à partir du 27 février 2020.

Parmi les facteurs est le rassemblement évangélique du 17 au 21 février à Mulhouse.

À la fin de ce mois, la gestion de crise a été insuffisamment attentive aux alertes émises du terrain, en particulier du directeur de l'ARS du Grand Est. Le 5 mars, le président de la région Jean Rottner prévient le président Macron que « la situation à Mulhouse et dans le Haut-Rhin s'apparente davantage à une épidémie ». En réponse le Premier ministre fait passer le Haut-Rhin en phase 2 renforcée et non en phase 3 (atténuation de l'épidémie).

« S'ouvre alors une période de quinze jours… au cours de laquelle la propagation épidémique, bien que nettement caractérisée, n'entraîne de la part de l'État et singulièrement du ministère de la Santé aucun ajustement de la doctrine. »

C'est ainsi que le signalement de « tension sur les stocks d'équipements de protection individuelle » est resté sans réponse. Une demande de confinement faite le 5 mars par les préfets et le directeur de l'ARS est rejetée.

La gouvernance nationale est décrite comme « restreignant à l'excès la liberté d'action de l'ARS et des acteurs de terrain » cependant que le pilotage, basé sur des réunions quotidiennes, est qualifié de « chronophage et lourd… pas moins inefficace ». Et ont été soulignés « le caractère quasi exclusivement descendant de la communication et l'absence de dialogue bilatéral ». Résultat, les acteurs de terrain ont reçu « un soutien limité et tardif de la part du niveau central qui est intervenu pour l'essentiel au moment où la région avait passé le pic de la crise ».

Le 7 mars 2020 l'ARS déclenche le plan blanc à l'hôpital de Mulhouse.

Cette attitude de l'État s'explique d'autant moins bien « que des points d'information quotidiens ont lieu à partir du 2 mars entre les services de l'ARS Grand Est et Santé publique France ».

Le seul renfort de l'État a été « le déploiement annoncé le 16 mars de l'élément militaire de réanimation (EMR) ».

De même le manque de masques et des équipements de protection n'a-t-il entraîné de réponse que fin mars-début avril.

Les transferts de malades de réanimation vers une autre région ou à l'étranger n'ont relevé jusqu'au 26 mars que de la région et non de l'État.

Ce qui a permis de gérer la situation est la coordination par l'ARS des divers acteurs de terrain publics et privés avec mobilisation précoce des praticiens de ville.

Le rapport du général Lizurey

Le Premier ministre Édouard Philippe a mandaté le général de gendarmerie Richard Lizurey, avec l'aide d'Amélie Puccinelli, le 5 avril 2020 pour effectuer un audit confidentiel de la gestion de la crise. Dans ce rapport remis en juin 2020, on peut relever les faits suivants :

1. « Les responsables et personnels impliqués dans la gestion de crise ont fait preuve d'un engagement exceptionnel. »
2. Mais il a conduit « à une perte d'énergie individuelle et collective ».

Ce rapport souffre de la part de ses auteurs d'un grave défaut : manifestement ils sont perdus devant la nature médicale du problème. Comme en témoignent les affirmations suivantes : « Une alerte internationale pénalisée par des informations imprécises... le manque de connaissance scientifique initiale du virus... l'absence de consensus scientifique quant aux moyens de traitement... l'évolutivité et la diversité des avis médicaux... »

On le voit, près de six mois après la découverte du virus, les rapporteurs n'en ont pas vraiment appréhendé la nature, ce qui implique un défaut de compréhension du phénomène au plus haut niveau dû en particulier aux choix faits pour le conseil scientifique (*cf.* p. 415).

Constatant le télescopage des responsabilités, « certains acteurs ont pu exercer indistinctement plusieurs niveaux de responsabilité, mélangeant notamment rôle stratégique et conduite opérationnelle. Cela soulève le risque que la conduite ait parfois pris le pas sur la stratégie... et que le niveau responsable de la conduite se soit trouvé en partie déresponsabilisé ».

En bons pratiquants de l'*understatement*, les auteurs ajoutent : « La gestion de la crise a ainsi donné lieu à de très nombreuses réunions souvent longues et ne traitant pas toujours des sujets du bon niveau. »

« La forte centralisation des décisions a laissé une plus faible place aux initiatives locales dans un contexte où l'épidémie connaissait pourtant une forte hétérogénéité territoriale. »

De ce point de vue, la confusion entre le niveau régional et le niveau départemental, l'administration centrale ayant pour interlocuteurs les préfets et les ARS de région alors que la problématique se situait au niveau des départements, a entraîné « une déperdition des informations entre les échelons national et départemental » avec son corollaire de « multiplication des réunions ».

La cellule interministérielle de crise a été localisée au ministère de l'Intérieur. La place Beauvau « a été perçue initialement par beaucoup d'agents d'autres ministères comme une cellule majoritairement intérieure... qui n'a pas permis d'associer d'autres acteurs clés de la gestion de la crise ». Et ce d'autant plus que l'ensemble « a également souffert d'une représentation à des niveaux parfois insuffisants pour engager la position de leur ministère ».

Revenant sur la difficulté du partage des informations, le rapport indique que « la crise a ainsi reposé sur la mobilisation du directeur du cabinet du Premier ministre ». Et ajoutant que « certaines instances comme le Conseil de défense et de sécurité nationale (CDSN) ont parfois privilégié l'information au détriment de leur rôle de décision stratégique devenant inutilement chronophages pour les décideurs ».

Résultat paradoxal de ce mélange de centralisation et de valse-hésitation dans les instances décisionnelles : « **La maîtrise d'ouvrage n'a pas été suivie par un acteur en propre.** »

Résumons : incertitude sur la nature du sujet à traiter, hypercentralisation, confusion entre les niveaux régionaux et départementaux, réunions chronophages, dilution des responsabilités et absence de maître d'œuvre.

On le voit, si la machine n'est pas allée dans le mur, c'est bien à cause de l'investissement individuel des personnes concernées.

Cela n'exonère pas de leurs responsabilités ceux qui ont pris les décisions amenant à cette situation confuse.

France : Est contre Ouest

Le Covid-19 a frappé la France de façon particulièrement inhomogène. Sur le tableau 11 sont représentés les départements ayant la plus forte mortalité, en haut, sur la colonne de gauche, lors de la première poussée (6 mai 2020), sur celle de droite, lors de la deuxième (période entre le 7 mai 2020 et le 9 janvier 2021). En bas : sur la colonne de gauche lors de la troisième poussée (10 janvier-10 juin 2021) et sur la colonne de droite le total (10 juin 2021). Les départements sont classés de façon descendante.

Sur le tableau 12 sont rangés dans le même ordre les départements ayant la mortalité la plus faible, de façon ascendante.

Dans les deux cas la mortalité est représentée en fonction de la population.

Lors de la première poussée, la mortalité allait de 8 à 1 105 par million d'habitants. Sept des départements les plus touchés se trouvent dans l'est de la France, 8 en région parisienne, les 5 autres au nord de la Loire. Les moins touchés se retrouvent en Bretagne, sur la façade atlantique et le Sud-Ouest avec en plus la Haute-Corse, le Vaucluse et les Alpes-de-Haute-Provence. L'amplitude de la deuxième poussée est en général plus grande, allant de 106 à 1 932 morts. Les départements les plus touchés se retrouvent dans l'Est, de l'Alsace et de la Lorraine à la Méditerranée, les départements alpins étant particulièrement touchés avec des départements de la région Rhône-Alpes, de Bourgogne et du Centre. Notons que la Lozère et le Vaucluse qui figuraient lors de la première vague parmi les 20 moins atteints sont passés lors de la deuxième parmi les plus touchés. La troisième poussée continue en général cette tendance.

Le total retrouve une forte dominance dans l'Est, Belfort étant premier lors de chacune des poussées et dans la région parisienne. Les moins touchés se retrouvent en Bretagne, le long de la façade atlantique et dans le Sud-Ouest avec en plus la Haute-Corse.

En Europe la mortalité est plus forte à l'ouest, mais à l'intérieur de ces pays occidentaux, en France, c'est à l'est que le tribut humain a été le plus fort. Comme quoi…

Tableau 11. Départements : morts par million d'habitants

	PREMIÈRE POUSSÉE 6 mai 2020		**DEUXIÈME POUSSÉE 7 mai 2020-9 janvier 2021**	
1	BELFORT	1 105	BELFORT	1 932
2	HAUT-RHIN	931	VOSGES	1 088
3	PARIS	706	SAVOIE	1 011
4	VAL-DE-MARNE	694	HAUTES-ALPES	1 000
5	MOSELLE	659	ALLIER	950
6	HAUTS-DE-SEINE	564	HAUTE-MARNE	910
7	SEINE-SAINT-DENIS	528	JURA	901
8	VAL-D'OISE	525	SAÔNE-ET-LOIRE	901
9	BAS-RHIN	480	LOIRE	891
10	MEUSE	472	LOZÈRE	818
11	VOSGES	434	CHER	812
12	AISNE	418	VAUCLUSE	791
13	OISE	416	MEUSE	769
14	CÔTE-D'OR	415	RHÔNE	763
15	MEURTHE-ET-MOSELLE	398	ARDÈCHE	738
16	YVELINES	377	MOSELLE	733
17	SEINE-ET-MARNE	374	ISÈRE	724
	MARNE	374	BOUCHES-DU-RHÔNE	700
19	AUBE	365	CÔTE-D'OR	684
20	ESSONNE	343	VAL-DE-MARNE	664

	TROISIÈME POUSSÉE (10 janvier-10 juin 2021)				**TOTAL (10 juin 2021)**
1	BELFORT	1 243	1	BELFORT	4 188
2	AISNE	1 047	2	VOSGES	2 321
3	NIÈVRE	1 014	3	MOSELLE	2 301

4	MOSELLE	919	4	VAL-DE-MARNE	2 126
5	VAR	865	5	HAUTE-MARNE	2 091
6	HAUTE-MARNE	864	6	PARIS	2 064
7	BOUCHES-DU-RHÔNE	853	7	MEUSE	2 037
8	OISE	846	8	SAÔNE-ET-LOIRE	1 988
9	ALPES-DE-HAUTE-PROVENCE	829	9	HAUT-RHIN	1 974
10	PARIS	807	10	AISNE	1 903
11	SOMME	802	11	JURA	1 854
12	ALPES-MARITIMES	800	12	HAUTES-ALPES	1 794
13	VOSGES	799	13	LOIRE	1 775
14	MEUSE	796	14	BOUCHES-DU-RHÔNE	1 766
15	SAÔNE-ET-LOIRE	789	15	ALLIER	1 751
16	JURA	788	16	CÔTE-D'OR	1 747
17	VAL-DE-MARNE	766	17	HAUTS-DE-SEINE	1 745
18	VAUCLUSE	750	18	RHÔNE	1 692
19	HAUTES-ALPES	723	19	YONNE	1 689
20	LOZÈRE	714	20	CHER	1 681

Les départements ayant la plus faible mortalité au cours des 3 poussées et cumulée à la date du 10 juin 2021 sont indiqués sur la tableau 12. Comme on peut le voir, en dehors de la Corse, ils sont presque tous situés à l'ouest du pays.

Tableau 12. Départements : morts par million d'habitants

	PREMIÈRE POUSSÉE 6 mai 2020		**DEUXIÈME POUSSÉE 7 mai 2020-9 janvier 2021**	
1	TARN-ET-GARONNE	8	FINISTÈRE	106
2	ARIÈGE	13	DORDOGNE	111
3	LOZÈRE	13	CHARENTE-MARITIME	116
4	DORDOGNE	22	CÔTES-D'ARMOR	142
5	LANDES	24	VENDÉE	146
6	LOT-ET-GARONNE	24	CHARENTE	147
7	CHARENTE	34	MORBIHAN	173
8	PYRÉNÉES-ATLANTIQUES	37	HAUTE-CORSE	174
9	HAUTE-GARONNE	38	LOT	187

10	FINISTÈRE	41	PYRÉNÉES-ORIENTALES	200
11	CREUSE	42	MANCHE	203
12	CÔTES-D'ARMOR	43	LOIRE-ATLANTIQUE	212
13	HAUTE-LOIRE	44	ILLE-ET-VILAINE	213
14	HAUTE-CORSE	45	ARIÈGE	215
15	VENDÉE	48	CORSE-DU-SUD	216
16	ALPES-DE-HAUTE-PROVENCE	50	GERS	233
17	DEUX-SÈVRES	51	VIENNE	242
18	VAUCLUSE	52	AUDE	249
19	CANTAL	55	LANDES	263
20	PUY-DE-DÔME	55	LOIRET	271

	TROISIÈME POUSSÉE (10 janvier-10 juin 2021)				**TOTAL (10 juin 2021)**
1	FINISTÈRE	137	1	FINISTÈRE	284
2	CÔTES-D'ARMOR	225	2	CÔTES-D'ARMOR	411
3	VENDÉE	229	3	CHARENTE	452
4	PYRÉNÉES-ATLANTIQUES	238	4	HAUTE-CORSE	495
5	CORSE-DU-SUD	255	5	CHARENTE-MARITIME	503
6	CHARENTE	268	6	ARIÈGE	523
7	HAUTE-CORSE	276	7	DORDOGNE	529
8	LOT-ET-GARONNE	276	8	LOT-ET-GARONNE	550
9	LOT	281	9	MORBIHAN	565
10	MORBIHAN	282	10	LOT	575
11	LOIRE-ATLANTIQUE	284	11	LOIRE-ATLANTIQUE	589
12	ARIÈGE	294	12	LANDES	594
13	VIENNE	295	13	HAUTE-GARONNE	601
14	HAUTE-GARONNE	302	14	VIENNE	611
15	LANDEY	307	15	VENDÉE	656
16	HAUTES-PYRÉNÉES	323	16	ILLE-ET-VILLAINE	679
17	CHARENTE-MARITIME	324	17	DEUX-SÈVRES	685

18	MAYENNE	339	18	PYRÉNÉES-ORIENTALES	688
19	DEUX-SÈVRES	344	19	CORSE-DU-SUD	745
20	AIN	350	20	MANCHE	746

Notons que lors de l'été 2021 avec le variant delta (indien) les cas ont beaucoup augmenté en Corse et sur la façade ouest.

Départements d'outre-mer

Ils ont été beaucoup moins sévèrement touchés que ceux de la métropole. La Guadeloupe a (le 10 juin 2021) une mortalité de 762 par million d'habitants, Mayotte 506, la Guyane 465, la Réunion 261 et la Martinique 236. Mais en juillet-août 2021, il y a eu augmentation forte, en particulier en Guadeloupe et à la Réunion.

Italie

On le sait, l'Italie, longtemps divisée en cités et en États concurrents, n'a été unifiée qu'en 1870. Malgré cela, il existe une grande différence entre le Midi (Mezzogiorno) et le Nord – le Sud est plus archaïque, abrite trois des organisations criminelles les plus puissantes au monde, la Mafia en Sicile, la N'dranghetta en Calabre et la plus importante, la Camorra napolitaine. Le Nord, beaucoup plus riche, ne se distingue guère de la France, de l'Autriche ou de l'Allemagne.

Grande comme un peu plus de la moitié de la France (301 000 km^2) et presque aussi peuplée (62 millions d'habitants), l'Italie, autrefois terre d'émigration, s'est enrichie et a un solde démographique négatif. Elle reste tributaire de son passé morcelé et n'a eu qu'un seul vrai unificateur, malheureusement tombé dans une mégalomanie autodestructrice, Benito Mussolini, qui a entraîné son pays à la suite de l'Allemagne nazie dans la ruine. La reconstruction, inhomogène, a permis aux groupes criminels de prospérer. En bref, le pays souffre d'une instabilité chronique qui reflète les contradictions entre ses différentes parties.

L'Italie a été avec la Corée du Sud le premier pays à subir l'attaque du Covid-19 venu de Chine. Et en raison des liens unissant la Lombardie et le Hubei, c'est le Nord qui a été le plus durement touché lors de la première vague. Toutefois, malgré la violence de cet assaut, il a été beaucoup moins rapide et intense que quelques semaines plus tard en Espagne et en France. L'Italie ne semble pas avoir réussi comme ces deux derniers pays à faire de la réanimation hors des lits qui sont attribués à cette discipline et a culminé vers 4 000 malades contre plus de 7 000 en France et en Espagne. Elle a atteint les 100 000 cas presque un mois avant la France et, à la fin de la première poussée, en atteignait 240 000 fin juin contre un peu plus de 160 000, mais avec un nombre quotidien de moins de 200 contre 500. Résultat soit d'une épidémie plus étendue, soit de la sélection de patients, le nombre total de morts était d'environ 5 000 de plus que la France. L'épidémie était répartie de façon très inhomogène avec une atteinte particulièrement forte dans le Nord (Lombardie, Émilie-Romagne, Piémont et Vénétie notamment). Elle a récidivé plus tardivement que la France (1 500 cas quotidiens fin septembre contre près de 10 000) pour atteindre 35 000 fin novembre alors que la France commençait à baisser. Malgré cette différence (à la fin de l'année 2020, un demi-million de cas de plus en France) la mortalité en Italie est restée légèrement supérieure. En sorte qu'après le Royaume-Uni et la Russie elle est la troisième en Europe pour le nombre de morts.

La réponse à l'attaque du Covid-19, précoce (fin février), a montré les limites des mesures de quarantaine qui ont sans doute ralenti mais pas stoppé l'épidémie. La mise en confinement le 10 mars 2020 n'a pas empêché une montée progressive des cas et surtout des morts. Cela est probablement, au moins en partie, dû à l'extrême inhomogénéité des centres de décision et de la qualité des médecins occupant les plus hautes fonctions, les puissances locales modulant de façon impitoyable des recrutements dont le niveau de qualité est jugé nationalement. De même, lorsqu'on regarde en détail les modalités de confinement, la première chose qui saute aux yeux est le nombre de dérogations.

Notons par ailleurs que le virus aurait été retrouvé dans les eaux usées de Turin et de Milan en décembre 2019 et que des cas positifs auraient été identifiés *a posteriori* en septembre 2019, c'est-à-dire bien avant les premiers cas chinois, ce qui justifierait une origine autre que celle de l'empire du Milieu. Une telle information, si elle est vérifiée, aurait trouvé sa place dans un des plus grands journaux scientifiques et non dans une obscure publication. Alors, vrai ? Faux ? *Chi lo sa ?*

Comme on peut le voir – et l'autorisation par l'Italie à l'instigation d'un cardiologue et d'un cancérologue de l'hydroxychloroquine, au début de l'infection par le Covid-19, à l'encontre de la totalité des publications sérieuses (c'est-à-dire publiées dans de grandes revues médicales) sur le sujet ne fait que renforcer la suspicion légitime vis-à-vis de décisions qu'on peut qualifier d'étranges –, la lecture précise de ce qui vient d'Italie est un exercice périlleux car dans ce pays le meilleur côtoie le pire.

Quoi qu'il en soit, l'Italie est, après le Royaume-Uni, le deuxième en Europe de l'Ouest pour le nombre des morts, là encore, localisés surtout dans le Nord. En effet, à la différence de plusieurs autres pays, c'est dans le Nord que les cas ont été les plus nombreux lors de la deuxième poussée malgré l'augmentation nette en Campanie (Naples), dans le Latium (Rome), en Sicile et dans les Pouilles. Quant aux mesures prises face à ce nouvel assaut du virus, elles se traduisent en fermeture des bars, restaurants, écoles. Et à une limitation des déplacements.

Espagne

Avec plus de 185 000 km^2 de forêts sur un total de 505 000, devant la France, l'Espagne a la troisième surface boisée d'Europe, Russie exclue. Près du double de l'Allemagne. Terre de contraste donc entre une partie des Pyrénées et les zones chaudes et sèches du Sud. Terre de conflits politiques – les restes de la terrible guerre civile de 1936-1939 ne sont pas totalement évacués et 2 régions au moins, le Pays basque et la Catalogne, sont le siège de mouvements indépendantistes puissants. Sans compter la Galice qui parle le galicien, une des 3 langues reconnues à côté du castillan. Avec 49 millions d'habitants, l'Espagne est nettement moins peuplée que la France.

L'épidémie a démarré fin janvier 2020 mais, comme en France, c'est au mois de mars qu'elle s'est amplifiée avec une montée brutale des cas graves hospitalisés en réanimation qui ont dépassé 7 000 en avril. Dans un pays où l'infrastructure hospitalière manque souvent de moyens et où la qualité de la prise en charge n'est pas homogène, la mortalité a été forte lors de la première poussée à plus de 700 par jour début avril.

Les mesures prises à partir du début du mois de mars ont été semblables à beaucoup d'autres pays : fermeture de certaines liaisons, des écoles, de certains commerces ; puis état d'alerte, quarantaine de la Catalogne. Parmi les facteurs ayant favorisé l'apparition de foyers, on note un voyage en Italie de 2 500 supporters du club de football de Vaduz le 19 février, un banquet familial en Catalogne, des funérailles dans le Pays basque et une manifestation de 100 000 indépendantistes catalans à Perpignan le 29 février.

Après une rémission de plus d'un mois avec 300 à 500 cas par jour, en juin-juillet 2020 il y a eu une remontée progressive, atteignant plus de 10 000 cas début septembre pour culminer à plus de 20 000 mi-novembre, pour ensuite redescendre peu à peu, en contraste avec les autres pays européens. Résultat, alors que la mortalité par habitant reste élevée, l'Espagne a été dépassée par de nombreux pays européens. Mais le Covid-19 toujours imprévisible a brutalement réattaqué début janvier 2021 en dépassant les 25 000 cas le 8. Pour ensuite diminuer de façon importante. Les deux régions les plus touchées depuis le début sont Madrid et la Catalogne. Puis a commencé une nouvelle ascension au début de l'été.

Détail intéressant : fin mai 2020, le nombre total de cas a brutalement baissé de 40 000… mystères du recueil des données ; farces et attaques informatiques ?

Portugal

C'est à la suite de sa victoire d'Ourique contre les Maures en 1139 qu'Alphonse, descendant des ducs de Bourgogne, se proclama roi de Portugal et commença la reconquête des territoires du Sud à la suite de quoi, avec le roi Henri le Navigateur (1394-1460) qui initia cette politique, le Portugal fut le premier pays européen à explorer la planète, ce qui amena le capitaine Dinis Dias à visiter les côtes du Sénégal dans le but de trouver un moyen d'atteindre les Indes en empruntant une route maritime qui court-circuiterait les terres tenues par les musulmans. Ce sera fait en 1498 par Vasco de Gama. Fondant ainsi un grand empire : l'Angola à l'ouest de l'Afrique, le Mozambique à l'est, Goa aux Indes puis, vers l'ouest, le Brésil sont les principaux pays qui le composent. Mais en

1580, l'Espagne annexe plus ou moins ouvertement le Portugal (Union ibérique) qui ne retrouvera son indépendance qu'en 1640. Le XIXe siècle est marqué par une instabilité politique qui amènera António de Oliveira Salazar à prendre le pouvoir de 1932 jusqu'en 1968, instaurant un régime autoritaire et conservateur. Suite à la révolution des Œillets en 1974, le Portugal est devenu une démocratie de type occidental. C'est un petit pays (92 000 km^2, 10 millions d'habitants). Le Covid-19 a frappé le Portugal le 2 mars 2020. Le gouvernement a réagi avec rapidité et la première vague a culminé début avril avec environ 700 cas par jour pour descendre et rester entre 150 et 300 entre mai et septembre. La mortalité n'atteignant qu'un peu plus de 25 par jour au sommet du printemps est ensuite redescendue au-dessous de 10 entre juin et mi-octobre 2020.

À partir de la fin septembre, les cas ont commencé à monter pour dépasser 5 000 en novembre, cependant que les morts se stabilisaient aux alentours de 75. Résultat, les 400 000 cas étaient atteints fin décembre, les 7 000 morts début janvier. Le Portugal est un des pays d'Europe occidentale dont la mortalité par habitant a le plus monté à la fin de l'année 2020. Le bon élève est devenu un cancre, même si à la fin de l'hiver, la situation s'était améliorée avec en définitive une mortalité par habitant du même niveau que la France et l'Espagne. Mais, alors qu'à la fin du printemps 2021, il n'y avait que quelques dizaines de cas par jour, ils sont repartis à la hausse au début de l'été, dépassant 900 000 mi-juillet avec plus de 17 000 morts.

Belgique

Un peu moins grande que la Bretagne, la Belgique, avec ses 30 000 km^2 et ses 11,5 millions d'habitants séparés pour des raisons linguistiques, est un État en crise depuis de nombreuses années. Alors qu'ils sont d'accord à près de 100 % sur tous les sujets sociétaux, les Belges se séparent sur la langue, en sorte que le pays a passé en 2019 de très longs mois sans gouvernement.

Il existe une multitude d'instances : rien que pour la santé, neuf responsables fédéraux et régionaux sont intervenus pour gérer le Covid-19.

Touchée par le virus dès le mois de février 2020, la Belgique a commencé à prendre des mesures le 10 mars qui se sont progressivement durcies sans qu'il y ait confinement au sens strict du mot. Certains experts avaient critiqué le gouvernement pour son manque de réactivité en février. Par contre, le *Financial Times*, le 25 mars, félicitait la Belgique pour son action contre le Covid-19. Comme dans beaucoup de pays, les moyens de protection pour le personnel soignant (qui est d'excellente qualité) et les respirateurs manquèrent ou se retrouvèrent ailleurs que là où ils auraient dû être. Les stocks stratégiques de masques n'avaient pas été renouvelés et 6 millions jugés obsolètes furent détruits. Début mars, les visites furent interrompues dans les maisons de retraite, mais ce n'est que le 22 avril que le personnel eut l'obligation de porter un masque. Résultat, depuis cette période, elle a eu la plus forte mortalité par habitant au monde pendant de nombreux mois. La différence avec les Pays-Bas voisins est peut-être que la Belgique compte comme morts du Covid-19 les 53 % prouvés survenus à l'hôpital et les 47 % dans les maisons de retraite dont seulement 5 % ont eu une confirmation virologique. Entre le 5 mars et le 5 avril 2020, il y eut, en comptant comme les Belges (ce que recommande l'OMS), 600 morts non déclarés contre 3 000 aux Pays-Bas.

Ainsi est-il possible que la première place de la Belgique ne corresponde pas à la réalité et que la mortalité dans beaucoup d'autres pays soit sous-déclarée et sous-estimée. Et cette différence avec les Pays-Bas a continué au cours de la deuxième poussée, bien qu'il y ait eu beaucoup plus de cas dans ce dernier pays.

La Belgique pose donc un double problème. 1) Elle a une mortalité très élevée dont la moitié, au moins au début, dans des maisons de retraite malgré l'excellence de ses médecins et, 2) si on retient la mortalité qui y est déclarée comme exacte, cela jette un doute sur les déclarations d'un grand nombre d'autres pays. Le Covid-19 tuerait-il plus qu'on ne le croit ? Mi-juillet 2021, les cas et les morts dépassaient 1 100 000 et 25 000 respectivement.

Pays-Bas

Avec nettement plus de cas que la Belgique mais beaucoup moins de morts, les Pays-Bas ont une mortalité par habitant inférieure aux autres pays de l'Ouest européen. La raison n'en est pas claire car ce pays est le siège d'une importante minorité qui s'oppose aux gestes barrières et nie la réalité du danger. Il est possible qu'en fait les Néerlandais, comme les Russes, ne comptent comme morts que ceux pour lesquels une preuve virologique indiscutable soit recueillie (en contradiction avec les recommandations de l'OMS). En effet, avec plus de 1 700 000 cas elle affichait moins de 18 000 morts mi-juillet 2021.

Royaume-Uni « Moral emptiness and epidemiological stupidity »

Unis par la même royauté, il y a l'Angleterre, le pays de Galles et l'Écosse qui forment la Grande-Bretagne, île de près de 230 000 km^2, avec la partie nord de l'Irlande, l'Ulster, de près de 25 000 km^2. N'en font pas partie les îles Anglo-Normandes (Jersey, Guernesey, Sercq et Aurigny) qui dépendent directement de la Couronne britannique : en effet, faisant partie du duché de Normandie d'où partirent Guillaume le Conquérant et ses hommes en 1066, ce sont les seules parties que Philippe Auguste, roi de France, laissa au roi d'Angleterre Jean sans terre en 1204. De même, la petite île de Man (572 km^2, 83 000 habitants) située entre l'Irlande et la Grande-Bretagne, dont le Parlement, le Tynwald, serait le plus ancien du monde à avoir fonctionné sans interruption, relève-t-elle également directement de la Couronne.

Le Covid-19 est arrivé le 31 janvier 2020 au Royaume-Uni mais sa diffusion a été beaucoup plus lente que dans le reste de l'Europe de l'Ouest. Le nombre de cas lors de la première poussée est longtemps resté derrière les autres grands pays mais elle a duré plus longtemps, bien au-dessus des autres. En sorte qu'en nombre cumulé de cas comme de morts, elle s'est retrouvée en tête. Cette mauvaise performance étonnante dans un pays disposant d'une infrastructure sanitaire, d'hôpitaux et d'un corps médical éminents ne peut que surprendre. Beaucoup en attribuent la paternité au Premier Ministre Boris Johnson qui a d'abord nié la gravité de la situation, puis favorisé le laisser-faire cher à certains théoriciens partisans de la théorie de l'immunité collective pour brusquement mais tardivement changer radicalement de stratégie et imposer un confinement total le 24 mars 2020.

Il contracta lui-même une forme sévère qui l'amena à passer plusieurs jours en soins intensifs début avril et dont il guérit.

Début juin 2020, alors qu'il avait encore en moyenne 2 400 cas et plus de 250 morts par jour, il déclara que désormais la crise était économique et non plus sanitaire. Résultat, pendant les mois de juillet-août il y avait toujours entre 700 et 1 000 cas quotidiens en moyenne, c'est-à-dire 2 ou 3 fois plus que l'Italie, la France et l'Espagne. Fin août, le nombre de cas quotidien a commencé à remonter, dépassant 5 000 fin septembre puis 20 000 fin octobre. Après une légère baisse début décembre, on a assisté à une remontée brutale à la fin du mois en partie à cause de l'arrivée d'un mutant plus contagieux (variant anglais Alpha). Nouveau confinement total le 4 janvier 2021 alors que les 2,5 millions de cas et les 70 000 morts étaient largement dépassés.

Avec plus de 4½ millions de cas, et de 128 000 morts le Royaume-Uni est considéré, parmi les pays riches, comme un de ceux ayant les plus mauvais résultats. Et se place parmi les tout premiers pour la mortalité.

Il faut toutefois nuancer cette appréciation car 1) l'irruption du variant « anglais » a augmenté la contagiosité du virus et 2) la campagne de vaccination a été une des plus précoces et importantes au monde. Malgré cela, début juin 2021 la situation qui semblait maîtrisée s'est dégradée, avec une poussée due au variant indien (Delta) qui a obligé le Premier Ministre Boris Johnson à retarder d'un mois la fin du confinement. Du coup le nombre de cas a bondi, mais pas celui des morts. Johnson a supprimé le confinement, s'attirant l'hostilité de l'ensemble du corps médical britannique qui a qualifié son attitude « d'absence de morale et de stupidité épidémiologique ».

Et l'Irlande ?

Oui, pourquoi l'Irlande, la petite Irlande, l'Éire, la partie sud de l'île avec ses 70 000 km² et ses 5 millions d'habitants, héritiers d'un peuple qui au Moyen Âge comptait nombre de moines, les intellectuels de ce temps, les plus éminents ? Et qui, conquis par l'Angleterre, martyrisés par Oliver Cromwell, ont subi au milieu du XIXᵉ siècle un véritable génocide de la part de la Grande-Bretagne qui, alors qu'à la suite de la maladie de la seule variété de pomme de terre qu'ils cultivaient, en a laissé 20 % mourir de faim. Autant émigrant pour échapper à ce funeste destin. Crime contre l'humanité que la Grande-Bretagne voisine ne pouvait ignorer.

En Irlande, tout allait relativement bien. L'épidémie y a été assez tardive. On se doute qu'elle ne pouvait échapper à l'influence de son puissant voisin. Néanmoins la première poussée y a été peu agressive : au maximum fin avril un peu plus de 750 cas par jour avec un pic de mortalité quelques jours plus tard à un peu plus de 50. Puis diminution tellement importante que mi-juillet il y avait moins de 10 cas et 2 morts.

Puis la bête est repartie progressivement. En sorte que lorsqu'elle a dépassé 1 000 cas, le gouvernement a imposé, bien avant la France, un reconfinement. Résultat, chute des cas. Tout semblait réglé début décembre. Et puis quelques jours après le Nouvel An c'est reparti avec une violence sans précédent : plus de 2 000 cas par jour dans la première semaine de janvier, la mortalité suivant avec retard, moindre cependant que celle de l'Angleterre voisine. Puis nouvelle accalmie. Résultat : une mortalité par habitant 2 fois moins grande qu'au Royaume-Uni.

Ce fait illustre, parmi d'autres, l'extrême précaution à prendre face à la sale bête. C'est un prédateur qui attend ses proies et les atteint dès qu'elles baissent leur garde.

Fin d'automne en Europe centrale et de l'Est

Les bons élèves européens

Le Covid-19, rusé, imprévisible, attaque à un endroit, en respecte un autre et brutalement se retourne pour se multiplier là où on pensait en être indemne. En Europe, il a frappé au printemps 2020 avant de se retirer en apparence (mais jamais complètement) pour revenir à l'automne. Il va sans dire que l'amplitude de l'épidémie dépend de plusieurs facteurs. La présence du virus tout d'abord. S'il n'est pas là, l'absence de cas ne dépend évidemment de rien d'autre. Mais dans le cas contraire, deux facteurs vont intervenir : les décisions et les méthodes mises en œuvre par les gouvernants d'une part, le comportement de la population d'autre part. Les meilleures intentions d'un chef d'État n'ont d'effet que si elles sont acceptées, accompagnées et suivies par les citoyens de son pays. Ce qui implique une confiance réciproque, une communication qui ne cache pas la réalité des choses et qui peut s'imposer, quels que soient les moyens dont certains porteurs de trouble disposent pour s'y opposer.

Alors que la maladie frappait certains pays de l'Ouest européen de façon violente en février-mars, d'autres eurent une mortalité bien inférieure. Alors, était-ce le résultat d'une conjonction heureuse, le virus les ayant épargnés, ou d'une politique plus sage, plus pragmatique ? Énumérons-les, ces bons élèves : on retrouve l'Islande, les trois pays baltes (l'Estonie, la Lituanie et la Lettonie), la Finlande, la Norvège, la Slovaquie et plusieurs pays des Balkans : Bulgarie, Croatie, Monténégro, Bosnie-Herzégovine, Kosovo, Albanie, Macédoine du Nord, et de l'ex-URSS : Géorgie, Biélorussie, Ukraine, Arménie et Azerbaïdjan. Sans oublier Malte.

Que de pays vertueux, comparés à ceux de l'Ouest, avec leurs milliers de morts, leurs hôpitaux au bord de l'explosion, les choix déchirants que certains durent faire, en Italie par exemple, entre patients pour savoir lesquels pourraient être ventilés, les malchanceux étant laissés à leur sort funeste. Et puis vint la deuxième vague. Et alors que retrouve-t-on parmi ceux qui ont la plus forte mortalité ? La majorité des pays des Balkans et l'Arménie cependant que la quasi-totalité des ex-« bons élèves » non seulement publient des résultats montrant une explosion du nombre de cas, mais aussi une mortalité qui, sans atteindre des sommets, est bien loin de la bénignité de la première vague. Et en définitive, de ces vertueux, ou peut-être de ces chanceux, combien reste-t-il en juillet 2021 ? Pas grand monde : l'Islande, la Finlande et la Norvège. Quant aux autres, d'excellents ils ont été rétrogradés à moyens (au mieux), médiocres le plus souvent, voire presque aussi souvent très mauvais.

Alors les trois bons élèves ? Bons ? Ou bons jusqu'à ce qu'un nouvel assaut les renvoie au niveau de ceux dont on pourrait dire, en étant gentil, que leurs résultats pourraient être meilleurs ?

Les pays baltes : de l'intérêt d'une surveillance étroite

Les pays baltes (Estonie, Lettonie et Lituanie), tous héritiers de passés glorieux, ont, du fait de leur faible population (moins de 6 millions d'habitants à eux 3 sur environ 175 000 km^2) été l'objet au cours de l'histoire d'invasions de leurs voisins, en particulier allemands et russes. La Seconde Guerre mondiale y a été particulièrement violente avec l'extermination de la quasi-totalité des populations juives qui étaient florissantes. Intégrés à l'URSS après la guerre, ils ont gagné leur indépendance à l'explosion de cette dernière en 1991 et rejoint peu à peu l'Union européenne. Chaque pays a sa propre langue, et l'importante minorité russe (30 %) en Estonie donne à ce pays une particularité liée à l'utilisation de cette langue et à une forte minorité orthodoxe. Ce sont des pays relativement plats, riverains de la Baltique où la forêt représente presque la moitié de la surface totale avec de très nombreuses parties classées Natura 2000. Avec un niveau de vie moyen compris entre 22 000 et 28 000 $ par personne, ils sont moins riches que les pays de l'Ouest européen, d'où une émigration qui, avec la diminution de la fécondité, a fait régulièrement baisser la population. Les pays baltes sont particulièrement intéressants du point de vue du Covid-19. En effet, touchés très tôt, ils ont été en Europe parmi ceux où la première vague a été la plus faible : les 5 000 cas n'ont été atteints que début juillet 2020 et les 200 morts à la mi-octobre.

Et puis la deuxième vague est arrivée, culminant fin janvier avec plus de 300 000 cas et 4 000 morts.

Une illustration de cette contradiction : le nombre moyen de cas n'a dépassé 100 que pendant trois semaines d'avril alors qu'elle a frôlé 4 000 fin décembre.

Au vu de la première poussée, les pays baltes apparaissaient comme des modèles. C'est bien loin d'être le cas aujourd'hui où la mortalité en Lituanie[1] et en Lettonie dépasse 1 000 par million d'habitants, les frôle en Estonie et range ces pays dans les plus touchés.

1. En Lituanie la mortalité par habitant est presque égale à celle de la France.

Il est par ailleurs très intéressant rétrospectivement de considérer comment la deuxième vague a touché ces pays. Alors qu'en juin-juillet il y avait moins de 20 cas par jour, dès le début août, il y a eu une augmentation, faible tout d'abord, mais indiscutable : 50 fin août, 100 fin septembre, 350 mi-octobre, pour ensuite s'envoler. Notons que la mortalité pendant toute cette période est restée nulle ou négligeable, ne dépassant 10 par jour que fin novembre.

Les pays baltes, comme les autres pays, amènent donc à se poser la question de la nature et de la date d'intervention des pouvoirs publics pour limiter les contacts, et donc la contagion.

Les pays scandinaves et la Finlande

Les pays qui, avec les pays baltes, bordent la mer Baltique, avec en plus deux pays atlantiques de tradition scandinave, la Norvège et l'Islande, ont eu très peu de cas et de morts lors de la première poussée au printemps. Avec une exception, la Suède.

À l'automne, changement de registre. Le Danemark et la Suède ont vu le nombre de cas et de morts augmenter, cependant que la Norvège et la Finlande, avec des cas et des morts beaucoup moins nombreux, voyaient leur nombre progresser régulièrement. Seule l'Islande, sans ses millions de touristes usuels, est restée vraiment stable, ou presque.

En définitive, Islande, Finlande et Norvège ont des taux de mortalité très faibles (moins de 200 morts par million), le Danemark, avec environ 300 000 cas et une mortalité aux alentours de 450, est très en dessous de la moyenne des pays d'Europe dont la quasi-totalité se situe entre 850 et 3 000.

Suède

Avec ses 10 millions d'habitants sur 450 000 km^2, la Suède est le plus peuplé des pays scandinaves. Suivi par une coalition minoritaire avec les Verts, le social-démocrate Kjell Stefan Löfven gouverne ce pays au nom du roi Carl XVI Gustaf, descendant de Jean-Baptiste Bernadotte, un des maréchaux de Napoléon Ier, que le Parlement suédois choisit en 1810 comme héritier du vieux roi Carl XIII. La Suède est connue pour son modèle social de type social-démocrate et pour la transparence de sa vie politique.

L'arrivée du Covid-19 a été considérée comme particulièrement dangereuse mais la stratégie a été différente des autres pays nordiques : pas de fermeture des écoles, pas de confinement. Les lycées et universités ont été fermés, mais les restaurants sont restés ouverts et le port du masque n'a pas été recommandé. Comptant plus sur la responsabilité individuelle que sur la coercition et malgré une limitation du nombre des participants à des activités collectives, les résultats ont été décevants. La première vague a été plus prolongée que dans les pays latins et le 1er juillet on comptait 68 451 cas et 5 333 morts. Par million d'habitants, l'incidence était de 6 840 contre 1 302 en Finlande, 1 651 en Norvège et 2 196 au Danemark (France 2 445), et la mortalité de 530 contre 59, 47 et 104 respectivement (France 443). À noter que la moitié des morts a eu lieu dans les maisons de retraite.

La deuxième vague n'a pas entraîné de mesures coercitives. Restaurants et discothèques sont restés ouverts cependant que la discipline de la population se relâchait, en sorte que, devant l'aggravation de la situation, une loi pandémique a été adoptée le 8 janvier, qui permet de fermer et de réglementer certaines activités.

Au 10 février 2021, les cas étaient passés à 594 662, les morts à 12 148.

Par million d'habitants, 59 215 et 1 210 respectivement, bien au-dessus des autres pays scandinaves, Finlande 8 659 et 126 ; Norvège 12 063 et 108 ; Danemark 34 702 et 381. Et même moins bien que la France (49 642 et 1 172). Les contaminations ont ensuite continué au printemps de façon régulière, ne baissant qu'à la fin du mois de mai.

Ainsi peut-on dire que dans un pays connu pour son civisme et son respect des lois, la politique « non liberticide » a eu des résultats bien plus mauvais que ceux de ses voisins qui partagent avec lui une culture, assez proche, héritée du luthéranisme.

Et il ne fait pas beaucoup mieux que la France réputée pour le désordre de son peuple face à l'autorité. Et dont la prestation n'est pas particulièrement brillante. Et le début de la vaccination, avec ses retards et ses ratés, semble lui aussi mettre les deux pays dans la même (médiocre) catégorie.

Comme quoi le Covid-19, en bon pervers polymorphe, fait-il jeter un regard désabusé sur un pays que certains considèrent comme un modèle[1].

À l'est de l'Europe : du nouveau en automne

En dehors de la Russie et de l'Ukraine, l'est de l'Europe est constitué de 5 pays détachés de l'URSS lors de la disparition de cette entité. Au nord, la Biélorussie, peu peuplée : moins de 10 millions d'habitants sur plus de 207 000 km^2 est le domaine du dernier dictateur européen Alexandre Loukachenko, en place depuis 1994. Grand savant, il a livré sa conception du traitement du Covid : « Le tracteur guérira tout. Les champs guérissent tout. » Ajoutant que la vodka « empoisonne le virus », il a conclu que le sauna (*banya*) était le meilleur traitement. Pourquoi pas après tout, puisqu'il n'y en a pas de toute façon. Il a ajouté le 21 avril que les enfants ne devaient pas porter de masque : « Il suffit d'ouvrir les fenêtres et d'aérer. » D'ailleurs son ministre des Affaires étrangères a exprimé le 10 avril qu'il « a honte » d'entrer dans un magasin avec un masque. Le chef des urgences de Vitebsk exprime son mécontentement de ne pas avoir d'équipement de protection : viré.

Mais il a de très bons résultats : le 9 novembre 2020 son ministre de la Santé annonce que 15 à 20 % de la population a été touchée, c'est-à-dire 1,4 à 1,9 million de personnes. Ah bon ! À cette date le nombre officiel est de 108 000. C'est probablement que ledit ministre, soucieux de suivre les préceptes de son Président, avait un peu trop forcé sur la vodka…

Quant au nombre des morts, inutile de dire qu'il est particulièrement bas (un peu plus de 300 par million d'habitants). Pas de problème : le grand leader mondial c'est lui, c'est Loukachenko.

Les autres pays (Moldavie, Azerbaïdjan, Arménie, Géorgie) ont pris des mesures partielles : fermeture des écoles, limitation de certaines activités et des liaisons avec certains pays étrangers. Ils ont eu une évolution en deux temps. Relativement peu de cas au printemps, explosion à l'automne, plus précoce en Géorgie et en Arménie qu'en Azerbaïdjan.

1. Rappelons par ailleurs que, contrairement à ce que certains ont décrit, la Suède, à la différence du Royaume-Uni, n'a jamais eu la politique de l'immunité collective.

À signaler un fait qui mérite vérification : parmi les morts, il n'y en aurait que 39 % de plus de 70 ans.

Il faut noter que la mortalité y a été particulièrement inhomogène. Plus de 1 500 par million d'habitants en Moldavie et en Arménie, de 1 200 en Géorgie et… seulement de 500 en Azerbaïdjan. Cherchez l'erreur.

Fièvre sur les Balkans

Les Balkans, situés au sud de l'Europe centrale, sont composés de 11 États : Grèce, Roumanie, Bulgarie, Albanie et les 7 issus de l'ex-Yougoslavie : Slovénie, Croatie, Serbie, Kosovo, Macédoine du Nord, Monténégro et Bosnie-Herzégovine. Mosaïque de peuples de diverses langues et origines, limite entre l'Occident et l'Orient, composée d'une majorité de chrétiens orthodoxes avec des minorités musulmanes (majoritaires en Albanie et en Bosnie-Herzégovine) et catholiques (majoritaires en Slovénie et en Croatie), séparée par l'utilisation de l'alphabet, romain, cyrillique modifié ou grec, c'est une zone de traditionnelle turbulence politique peuplée de 56 millions d'habitants.

Le Covid-19 est apparu la première fois entre le 7 février (Macédoine du Nord) et le 17 mars (Kosovo). Composés de pays dont le niveau de vie est inférieur à ceux de l'ouest, du centre et du nord de l'Europe, et qui ont hérité très souvent de pratiques népotiques et de corruption, ils comptent également plusieurs des plus pollués aux particules fines d'Europe.

Pourtant, la réaction de certains, comme la Croatie, a été rapide lors de ou même avant l'arrivée des premiers cas. Les mesures de fermeture des écoles, limitation des déplacements, fermeture plus ou moins complète des frontières, puis de quarantaine, de couvre-feu, de limitation des déplacements et des rassemblements ainsi que l'annulation de certaines festivités, rassemblements sportifs et fermeture de certains commerces, ont participé aux bons résultats avec un nombre faible de cas et de morts au début de la pandémie. Et dans l'ensemble, la mortalité a été très faible lors de la première poussée.

Malgré ces résultats très positifs, il y a eu une légère augmentation en juillet qui s'est stabilisée jusqu'à la fin du mois de septembre. Puis, brutalement est survenue de façon quasi simultanée une explosion de cas, passant de moins de 3 000 par jour fin septembre à plus de 25 000 mi-novembre.

Quant à la mortalité, elle a, elle aussi, explosé, plaçant la Slovénie, la Croatie, le Monténégro, la Macédoine du Nord, la Bosnie-Herzégovine et la Bulgarie parmi les 20 pays ayant la plus forte mortalité par tête d'habitant au monde, cependant que la Roumanie en est proche. Quant à la Serbie, loin derrière, les déclarations officielles doivent laisser prudent car de nombreux responsables médicaux affirment que le nombre de cas est en fait 2 ou 3 fois supérieur à ce qui est publié. Le bon élève n'est peut-être qu'un bon menteur.

De façon cocasse, ces pays très pollués n'ont eu que très peu de morts au début et beaucoup à l'automne. Comment attribuer un tel comportement à la pollution de l'air qui, vu les mesures de couvre-feu et de confinement plus ou moins généralisé à l'automne, a dû diminuer ? Nul doute que nos brillants spécialistes sauront renverser l'apparence trompeuse des faits pour les remplacer par l'indiscutable force de l'interprétation.

Branle-bas sur le Bosphore

La Turquie, héritière de l'Empire ottoman, puis de la République laïque et même laïciste de Mustafa Kemal Atatürk, est dirigée depuis 2003 par Recep Tayyip Erdoğan, qui, avec son Parti de la justice et du développement, règne en maître quasi absolu, inquiété parfois par la défection des alliés musulmans modérés de ses débuts, réélu avec justesse en faisant alliance avec l'extrême droite militariste.

Pensant être le nouveau Mehmet II qui s'empara de Constantinople et mit fin à l'Empire romain en 1453, souverain éclairé qui sut ne pas détruire cet héritage mais le revendiquer, il impulse une politique agressive tous azimuts, aidant les Azéris à bombarder l'enclave arménienne du Haut-Karabakh, envahissant l'ouest de la Libye avec des djihadistes à peine repentis, attaquant les Kurdes syriens – les seuls qui au début avaient réussi à contenir l'offensive de Daesh (le Khalifat islamiste autoproclamé et depuis disparu), créant en France un parti frère qui a présenté des dizaines de candidats aux dernières élections législatives dans le but de contrôler l'Islam de France, etc. Président d'un pays au bord de la banqueroute, il ressemble plus à Abdülhamid II, le sultan rouge, dernier à vraiment régner, qui fut l'acteur et le témoin de la décadence de l'Empire turc, qu'au grand Mehmet II.

De Turquie proviennent d'intéressantes informations. En effet, le 11 novembre 2020, ce pays déclarait 558 577 cas et, le lendemain, selon l'European Centre for Disease Prevention and Control (ECDC), 934 229, alors que l'Université Johns-Hopkins de Baltimore (une des références pour le Covid-19) en annonçait plus de 1 780 000. On se doute qu'il n'y a pas eu du jour au lendemain une telle modification de l'épidémie mais que, séparément, deux institutions de référence ont trouvé que les données fournies par la Turquie jusqu'au 11 décembre 2020 n'avaient pas grand-chose à voir avec la réalité[1] puisque dans un cas on annonçait une augmentation brutale de plus de 60 %, de plus de 200 % dans le second.

Que croire ? Il y a pour ceux qui, comme l'auteur de ce livre, suivent journellement les données épidémiologiques çà et là des corrections, des ajouts, des soustractions. Mais jamais, dans aucun pays (sauf au Pérou), des variations aussi considérables et qui plus est contradictoires (ce qui ne veut pas dire qu'il n'y a pas en Asie centrale, au Nicaragua, dans certains pays d'Asie du Sud-Est de forts soupçons de sous-déclaration). Branle-bas sur le Bosphore. Mehmet II au petit pied ou Abdülhamid II, Erdoğan est probablement trop préoccupé d'une illusoire place dans l'histoire pour se préoccuper de tels petits détails. Notons que, à la différence des cas, le nombre de morts a suivi une évolution régulière et relativement faible. Mais peut-on le croire ? Un premier indice : le maire d'Istanbul, Ekrem İmamoğlu, a révélé que le 21 novembre 2020 dans sa ville il y avait eu 186 morts alors que le gouvernement en totalisait 139 pour l'ensemble du pays…

Au printemps 2021, il y a eu une poussée nette des cas qui ont dépassé les 5 millions le 8 mai et placé la Turquie à la 5e place mondiale entre la France et la Russie. Les morts, eux, n'ont pas suivi…

Allemagne

Ah, voici le modèle, celui que tout le monde devrait suivre. Certes la chancelière Angela Merkel a été une des rares parmi les dirigeants européens à comprendre l'enjeu de la pandémie et à utiliser masques et

1. Depuis, les estimations de l'ECDC se sont alignées sur celles de Johns-Hopkins.

tests d'une manière coordonnée au sein d'une politique déterminée par une appréciation pragmatique et intelligente de la nature du danger.

Et chacun de vanter, au printemps, ses bons résultats. Bons résultats certes.

Mais pas meilleurs, voire pires, que ceux de l'Europe centrale (Pologne, Hongrie, Autriche, Tchéquie). Et tellement inférieurs à ceux de la petite Slovaquie.

Alors, ces bons résultats sont-ils dus à la sagesse de la chancelière ou tout simplement au fait que le virus avait frappé de manière infiniment moins violente qu'à l'ouest ? Probablement un peu des deux. Car à l'automne, favorisé très probablement par les manifestations où écologistes de tout poil, complotistes, militants vegan et néonazis, tous unis, ont défié les règles de précaution, au coude à coude, à l'automne, donc, c'est parti.

Avec des cas quotidiens par dizaines de milliers et des morts qui, sans attendre les nombres recensés à l'ouest, ont fréquemment dépassé les 1 000 par jour. L'intervention d'Angela Merkel a certes freiné ce phénomène mais plus personne ne peut citer l'Allemagne comme le modèle absolu. Encore une fois, grâce à ses alliés et à ses collaborateurs, le virus a su tracer son chemin de maladie, de souffrance et de mort.

Europe centrale

Les autres pays d'Europe centrale (Autriche, Hongrie, Tchéquie), très peu touchés au printemps, ont subi une attaque brutale à l'automne, la Tchéquie en particulier, devenant le pays ayant la plus forte mortalité au monde. Avant d'être détrônée par la Hongrie. Mais, depuis mai 2021, l'aggiornamento péruvien lui a volé la vedette. Il lui reste son titre européen…

Badaboum

En Europe, s'il y avait un pays qu'on aurait donné en exemple à la fin du printemps, c'est bien la Slovaquie. Avec ses 5,5 millions d'habitants, on n'y comptait que quelques morts, 39 à la fin de l'été, le 21 septembre. C'est-à-dire, comparée à la France, 70 fois moins par habitant. Et même, par rapport à son voisin l'Allemagne, si souvent citée en exemple, 18 fois moins.

Alors, exemplaire, la Slovaquie ? Ô certes, elle a mieux réussi que d'autres, mais si on se place à la date du 23 décembre 2020, que trouve-t-on par rapport au 21 septembre ? Ce nombre de cas est passé de 6 677 à 151 336 ; les morts de 39 à 1 555 ; et du coup la mortalité de l'exemplaire Slovaquie, en cinq mois, est passée de moins de 7 à plus de 1 000 par million et dépasse aujourd'hui les 2 200. Car peut-on penser qu'en quelques mois la politique, qui avait si bien réussi, ait été changée ? Cela semble absurde. Ce qui est possible cependant est que, contents et peut-être encouragés et fiers de ce succès, beaucoup aient baissé leur garde, permettant ainsi au virus de faire œuvre de mort. Quoi qu'il en soit cet exemple montre, parmi tant d'autres, que la lutte contre l'agresseur ne se juge pas sur le court mais le long terme. Dans les *Lettres de mon moulin*, la chèvre Blanchette se bat vaillamment contre son adversaire le loup pendant toute la nuit, mais à la fin elle se rend et il la mange. Comme dans Alphonse Daudet, la lutte contre le loup, contre la maladie, contre le mal, implique de la ténacité. Il ne s'agit pas de se battre pendant une nuit pour se rendre au matin. Mais de s'organiser pour que le mal soit tenu à distance jusqu'à ce qu'il disparaisse de lui-même ou que, grâce à l'immunité conférée par le vaccin et, pour le reste, grâce à des traitements viricides, il n'ait plus de proie à se mettre sous la dent.

Pologne

Grande comme un peu plus de la moitié de la France (300 000 km^2) et relativement un peu plus peuplée (38 millions d'habitants), la Pologne a suivi le même schéma que les autres pays du centre de l'Europe. Elle a pris en mars 2020 des mesures de distanciation et de diminution des entrées et des réunions, limité certaines activités.

Le nombre de cas par jour est resté très faible jusqu'à la fin du mois de septembre 2020, ne dépassant 500 qu'au mois d'août. Brutalement, début octobre, le nombre a augmenté pour dépasser 23 000 mi-novembre, puis redescendre peu à peu ; et la courbe des morts a suivi, avec un petit retard. Le nombre de morts qui était compris entre 10 et 13 par jour en septembre est monté au-delà de 400 en novembre-décembre. Parmi les personnes infectées par le virus, il y a le président de la République Andrzej Duda qui l'a contracté lors d'une rencontre avec son homologue bulgare… Quant au corps médical, il a reçu des instructions lui interdisant de donner des informations sur l'épidémie, le nombre de morts (il y en a dans des endroits où officiellement il n'y a pas de malades…), les conditions de travail : masques, tests, etc.

La Pologne a dépassé le million de cas le 3 décembre alors que deux mois avant il n'y en avait que 100 000, 2 millions fin mars 2021 et s'approche des 3 millions. De 2 000 début septembre, le nombre total de morts (officiel) a franchi les 25 000 le 23 décembre, les 70 000 le 2 mai 2021.

Un détail : la Pologne a été un des pays qui a utilisé le moins de tests en Europe : 8 pour 100 habitants le 15 septembre, 18 le 15 décembre, 43 le 6 juin. L'homme fort du régime, Jarosław Kaczyński, alors que les rassemblements étaient interdits, s'est exhibé au coude à coude avec 9 de ses amis, et a déclaré que c'était une célébration, donc pas un rassemblement…

Russie

Avec ses plus de 17 millions de kilomètres carrés, c'est le pays le plus grand du monde. Et avec seulement 142 millions d'habitants (un peu plus du double de la France), il comporte une partie peuplée à l'ouest (20 millions pour la région de Moscou) et clairsemée à l'est. Il est composé de 46 provinces (oblasts), 22 républiques autonomes, 9 territoires (*kraïs*), 4 districts autonomes, 1 province juive autonome et 3 cités fédérales (Moscou, Saint-Pétersbourg et Sébastopol) qui fonctionnent de façon autonome. Ces diverses structures sont regroupées en 8 districts fédéraux administrés par un fonctionnaire dépendant directement du président de la Russie.

Sur une telle surface existent de grandes différences de climat, de vie animale et végétale, avec près de la moitié couverte de forêts. Les Russes représentent 78 % de la population, et cohabitent avec près de 200 ethnies avec une majorité de tradition chrétienne plus ou moins abandonnée et 10 à 15 % de musulmans.

Dans cet ensemble hétérogène et complexe, héritier d'une histoire marquée par d'innombrables conflits, et dont le revenu moyen est à peu près la moitié de celui des Français, le Covid-19 est apparu précocement le 31 janvier 2020. L'augmentation des cas a entraîné des mesures de fermeture des écoles, théâtres, etc. Et dans la grande majorité des régions, un confinement fin mars. L'épidémie a été biphasique : elle a démarré relativement tard, de façon synchrone à l'imposition du confinement. Le nombre de cas a augmenté progressivement pour atteindre 10 000 par jour pendant le mois de mai puis a diminué pour se stabiliser aux alentours de 5 000 pendant l'été (le confinement a été levé). Puis repartir à la hausse au tout début de l'automne, dépasser les 25 000 fin novembre et ensuite redescendre progressivement. Ayant atteint 5 millions de cas le 23 mai 2021, la Russie est le 4e pays au monde immédiatement devant la France et la Turquie et atteignait le 20 juillet les 6 millions.

La mortalité a suivi la courbe des cas. Elle a atteint 120 000 le 27 mai 2020, c'est-à-dire un peu plus que la France. Pour s'approcher des 150 000 mi-juillet.

Dans un pays classé par Transparency International comme le plus corrompu d'Europe, où les dépenses militaires sont les 3e du monde malgré un budget qui est loin de l'être, classé 134e sur 167 pour l'indice de démocratie et 80e sur 99 pour le respect des lois, les chiffres donnés par le pouvoir sont sujets à spéculation. Le journal *The Lancet* rapporte que le ministre de la Santé du Daghestan a annoncé que 40 soignants étaient morts du Covid-19, c'est-à-dire plus que le total de cette région...

La Russie a entrepris un gros effort : fin décembre 2020, 90 millions de tests avaient été pratiqués, c'est-à-dire plus par habitant que la France. Le réseau hospitalier hérité de l'URSS, très important mais obsolète, a permis de contenir la demande d'hospitalisations sans qu'on sache exactement si la qualité des soins y a été adéquate. Les chercheurs russes ont recherché des vaccins dont au moins un (à base de deux adénovirus), publié dans une revue britannique, semble avoir montré l'efficacité et l'innocuité (mais sur un assez petit nombre de sujets). Le président Poutine, dont deux collaborateurs proches ont guéri du Covid-19, a annoncé en août 2020 qu'un vaste programme de vaccination par le Spoutnik V mis au point par l'institut Gamaleïa de Moscou commencerait avec une capacité de production de 500 millions de doses par an. Ce qui a entraîné dans l'opinion quelques interrogations sur la sécurité offerte par ce vaccin qui a été mis en circulation dès le 8 septembre 2020.

Et comme un fait exprès, le 28 décembre 2020, le vice-ministre de la Santé de la Russie a estimé que les morts n'étaient pas 55 000 mais

186 500[1]. Un bilan qui placerait la Russie le 2e pays au monde pour la mortalité par habitant, le 2e pour le nombre total. Le rideau tombe, les masques avec lui. Et ce qui était caché – mais deviné – se révèle, au moins avec une certaine partie de vérité. Combien d'autres pays aux résultats si merveilleux vont faire de même ?

Notons toutefois qu'après cette déclaration fracassante, la publication des morts quotidiens a repris sans en tenir compte…

Si on se place à la date du 14 juillet 2021, au lieu des 143 712 morts officiels, si la même proportion était exacte, on aurait environ 477 000 morts (3 360 par habitant au lieu de 850).

1. Les morts attribués au Covid-19 sont, selon elle, ceux chez lesquels, avec une sérologie positive, une autopsie a montré l'absence d'autre cause. Le nombre le plus élevé correspond à l'ensemble des morts « attribuables » au virus.

L'Amérique

Partie avec du retard, l'Amérique s'est rapidement placée au premier plan tant pour les cas que pour les morts. Dans ce continent divisé par la culture, anglo-saxonne au nord avec un petit enclos francophone, latine (espagnole ou portugaise) au sud du Rio Grande, peuplé d'un milliard d'habitants vivant sur 42 millions de kilomètres carrés qui s'étend verticalement de l'Arctique à l'Antarctique, les contrastes géographiques, climatiques, culturels, économiques, politiques sont grands. Et son histoire est marquée par des bouleversements réguliers en particulier dans sa partie latine où, à l'exception de quelques pays (Uruguay, Costa Rica), règne une instabilité chronique.

Dès le début du mois de mai 2020, l'Amérique a dépassé l'Europe pour le nombre de cas et de morts et est devenue le continent le plus touché par la maladie : 5 millions de cas fin juin, 10 début août, 20 fin octobre, 70 mi-juin 2021 pour dépasser les 100 000 morts mi-mai, 500 000 mi-septembre 2020, 1,6 million fin mai 2021. Parmi les pays ayant la plus forte mortalité par habitant, on trouve les États-Unis, le Mexique, l'Argentine, le Brésil et des États andins (Chili, Colombie, Pérou). Seule l'Amérique centrale à l'exception de Panamá échappe à cette hécatombe. Cependant le Canada a une mortalité intermédiaire.

Les États-Unis d'Amérique

Ce pays de plus de 300 millions d'habitants, leader du monde occidental, dépense près de 20 % de son PIB pour la santé. Doté d'universités et d'hôpitaux prestigieux, siège d'un très grand nombre de revues scientifiques les plus importantes, il est aussi un de ceux dont la gestion de la crise du Covid-19 a été la plus calamiteuse. Avec à la fois, et de loin, le plus grand nombre de cas et de morts : entre 12 et 20 % de la planète alors que sa population est inférieure à 5 %[1]. Et cela est d'autant plus

1. 34 millions de cas et plus de 600 000 morts à la mi-juillet 2021.

surprenant et inquiétant que 3 institutions étatiques sont des modèles mondiaux : le CDC (Center for Disease Control and Prevention), les NIH (National Institutes of Health) et la FDA (Food and Drug Administration). Il y a à cela des raisons structurelles et conjoncturelles.

Du point de vue structurel, malgré l'énormité des sommes investies dans la santé, il n'existe pas de systèmes d'accès aux soins pour tout le monde, ce qui pénalise non seulement les plus pauvres et les plus âgés malgré les aides (insuffisantes) fédérales, mais surtout la petite et la moyenne bourgeoisie pour lesquelles les assurances sont trop chères et qui sont en permanence en situation de risquer de perdre beaucoup, voire tout, en cas de maladie grave. C'est que la santé et la médecine sont des activités lucratives comme les autres et n'échappent pas à la loi d'airain de l'argent.

Par ailleurs, les choses sont compliquées par la nature fédérale de l'État. Dès lors, ce n'est plus une personne mais plus de 50 qui, chacun dans leur État ou territoire, prennent des décisions qui peuvent être inverses de celles de leurs voisins. Les raisons pour lesquelles tel ou tel individu devient gouverneur sont multiples et il n'est pas sûr que ceux qui l'élisent soient d'accord sur tout et en l'occurrence sur la compréhension de l'épidémie de Covid-19 et sur les décisions à prendre face à celle-ci. Cette dilution des attitudes face à un ennemi commun ne peut que donner de mauvais résultats.

Du point de vue conjoncturel, la situation a été aggravée par la gestion incompétente et irresponsable de l'ex-président Donald Trump qui a multiplié provocations, déclarations absurdes, décisions aberrantes. Refusant des choses aussi simples que les gestes barrières et le port du masque, il a encouragé un mouvement « libertarien » qui consiste à revendiquer le droit de transmettre à d'autres la maladie, voire la mort. Malgré cela, il ne faut pas le confondre avec le Brésilien Bolsonaro par exemple. Il a en effet favorisé avec les moyens qu'il avait la recherche d'un vaccin efficace (qui est la seule solution actuelle). Ainsi, si le nombre de cas et de morts est de sa responsabilité, son bilan ne peut pas être qualifié de totalement négatif. Il va sans dire que cette considération ne constitue en rien une approbation.

Différences régionales

Au début de l'épidémie, le couple New York (et particulièrement la ville de New York) – New Jersey a subi un assaut comparable à celui qui a frappé la France, l'Espagne et l'Italie. Puis, politiques locales aidant, la situation a empiré dans certains États où le gouverneur, généralement un républicain, a eu une politique tendant à sous-estimer la gravité de la situation (Géorgie, Texas et Floride entre autres).

En effet, le président Donald Trump, qui disposait des 3 institutions fédérales prestigieuses (CDC, FDA et NIH), s'est défaussé sur les États. Résultat, ce sont plus de 50 politiques qui ont été mises en œuvre, chacune dépendant de toute une série de lobbyistes que le *New England Journal of Medicine* qualifiait de leaders d'opinion incompétents et de charlatans. Sans compter ceux qui défendaient les intérêts de tel ou tel laboratoire pharmaceutique. On se doute qu'à l'arrivée le résultat ne puisse pas être brillant.

Si on se place à la date du 7 février 2021, les États suivants dépassaient les 2 000 morts par million : New Jersey, New York, Massachusetts, Mississippi, Rhode Island, Dakota du Sud et Connecticut.

Le 16 juin 2021, les avaient rejoints la Louisiane, l'Alabama, le Nouveau Mexique, l'Indiana, l'Arizona, l'Illinois, la Pennsylvanie et le Michigan cependant que la Caroline du Sud, le Michigan, la Georgie et le Dakota du Nord dépassaient en 1900.

À l'opposé, avaient moins de 500 morts par million : Vermont, Hawaï, Alaska, Maine et Oregon. Utah, Washington et Virginie complétaient ceux de moins de 800. Ces mêmes États, moins la Virginie, avaient moins de 800 le 16 juin 2021.

Comme l'écrivait le *New England Journal of Medicine*, les résultats ont dépendu de la compétence des gouverneurs (et de leur capacité à résister aux lobbyistes) et non à leur appartenance politique.

Navajo Blues

La nation navajo qui vit sur un territoire désertique de 71 000 km², la plus importante des réserves indiennes des États-Unis, a une population de plus de 332 000 habitants – la culture traditionnelle est clanique basée sur les femmes : les enfants sont considérés comme nés de la famille de leur mère et c'est cette dernière qui leur donne leur statut (parenté matrilinéaire). Pendant la Seconde Guerre mondiale, prenant le relais d'autres nations indiennes, les Navajos furent recrutés en grand nombre comme *code talker*, c'est-à-dire communiquant en langage codé en raison de l'extrême difficulté pour un non-Navajo de parler et de comprendre leur langue. On en voit des exemples dans les films. *La Proie des vautours* de John Sturges (1959), où Charles Bronson est un *code talker* navajo, et *Windtalkers. Les messagers du vent* (2002) de John Woo qui raconte la bataille décisive de Saipan dont la prise en juillet 1944 permit d'établir une base aérienne d'où partirent les superforteresses B29 qui arrosèrent de bombes le Japon.

Les Navajos se répartissent entre plusieurs États, Utah, Arizona, Colorado et Nouveau-Mexique.

Le Covid-19 a frappé de façon particulièrement violente les Navajos. À la date du 10 janvier 2021, on recensait 24 776 cas et 866 morts. Les hôpitaux de la ville de Santa Fe, capitale du Nouveau-Mexique et ville la moins polluée du monde selon l'OMS, ont été assaillis de malades navajos alors que le nombre de cas de cet État de 2 millions d'habitants en faisait le 36ᵉ des États-Unis avec une mortalité le plaçant, par habitant, au 13ᵉ rang. Ainsi, avec un taux de près de 7,5 % de contamination et avec une mortalité de plus de 2 610 par million d'habitants, les Navajos sont-ils une des populations les plus atteintes. La raison, en dehors des conditions de vie (ce sont les Amérindiens les plus riches des États-Unis), la fréquence du surpoids : en 2007, 26 % des enfants étaient en surpoids et 16 % obèses. Des études plus récentes montrent une incidence anormalement élevée de diabète de type 2 commençant dans l'enfance, de l'ordre de 1,5 pour 1 000 par an entre les âges de 10 et 19 ans.

Quant aux adultes, la prévalence du diabète était en 2008 de 21,5 %, et la proportion de l'obésité officiellement de 48 %. Les raisons de cette mauvaise santé des Navajos sont complexes, mais une d'entre elles est, dans ces zones désertiques, la rareté des commerces d'alimentation dont les produits présentés sont vendus particulièrement chers, d'où divers programmes destinés à améliorer leur régime alimentaire.

Canada

Avec près de 10 millions de kilomètres carrés, le Canada n'a que 38 millions d'habitants. Ce pays cher aux Français, perdu comme beaucoup sous le règne de Louis XV, est en fait concentré dans le Sud, le long des 8 891 km de sa frontière avec les États-Unis. Il est bilingue, la majorité anglophone ayant depuis longtemps admis que les 22 % de francophones aient leur mot à dire. C'est donc un pays où tous les citoyens, et à défaut ceux qui dirigent, doivent, sinon parler, au moins comprendre l'autre langue. Il en résulte une longue et vieille tradition de prise en compte de l'opinion de ceux qui diffèrent. Et ce d'autant plus que plusieurs Premiers ministres canadiens ont été (et sont) francophones depuis le XIXe siècle[1]. Car du côté de ces derniers, on assiste depuis un demi-siècle à une valse-hésitation entre ceux qui veulent leur indépendance et ceux qui pensent qu'il vaut mieux être minoritaires dans un Canada tolérant, démocratique et « civilisé », que d'être un tout petit îlot dans un océan anglophone.

Qui connaît le Canada, dans sa partie québécoise à forte majorité francophone ou dans le reste où, à part le Nouveau-Brunswick, les minorités parlant le français sont faibles, est frappé par le sens profond de la démocratie, le respect des minorités ethniques, culturelles et religieuses, et l'acceptation des différences. Malgré sa structure à la fois centralisée et fédérale, la politique du Canada est cohérente dans l'ensemble. Contrairement à son voisin du Sud, les États-Unis, l'idéologie générale du Canada est celle de la solidarité. De plus, implanté près de ces derniers, il comporte plusieurs universités particulièrement prestigieuses comme McGill à Montréal ou l'Université de Toronto.

Face au Covid-19 les réactions ont, du fait de la Constitution, été de l'ordre des États. À l'envers de la plupart des pays, les résultats ont été, sinon bons, à tout le moins bien meilleurs que pour tous les autres pays, de niveau économique et culturel similaire. La raison ? Il faudra travailler pour l'identifier sans discussion. Il y a, en dehors des décisions locales de quarantaine, la politique fédérale de faire fabriquer des masques (1 million de FFP2 originaires de Chine n'étaient que des produits bons

1. 4 sur 13 des « pères de la Confédération » qui menèrent à la création du Canada en 1867 étaient francophones.

à jeter), des ventilateurs (30 000 commandés le 7 avril), des visières, des blouses, etc. Partant d'une vision pragmatique, le gouvernement canadien a essayé de convaincre la population de la nécessité de la distanciation et des gestes barrières.

D'une manière plus particulière, l'état des pensionnaires des maisons de retraite (31 morts sur 150 dans un établissement de Dorval, dans la banlieue de Montréal) a suscité une indignation dans tout le pays.

Ainsi, par le dialogue, en dehors de toute mesure drastique, mais en utilisant des solutions souvent locales, le Canada, sans maîtriser l'épidémie, a une mortalité de 700 par million d'habitants sans commune mesure avec celle de son voisin du Sud, les États-Unis. Et, dans les pays « riches », semble une exception. Et lorsqu'il y a eu une « flambée » de cas dans l'Ontario au printemps 2021, elle a été bien inférieure à celles des pays de niveau économique comparable.

Alors, et si, en mode mineur et modeste, le modèle c'était le Canada ?

Mexique

On pourrait croire qu'en Amérique ce sont les gouvernements de droite et d'extrême droite comme ceux des États-Unis et du Brésil qui, par leur mépris de la vie humaine, sont responsables de dizaines de milliers de morts. Eh bien, ce n'est pas vrai. Certes ce que nous venons d'écrire de ces deux pays et de leurs Présidents est juste. Mais au Mexique, c'est la même chose avec le président Andrés Manuel López Obrador, membre de l'Internationale socialiste et qui se veut l'héritier du légendaire Lázaro Cárdenas qui dirigea le pays de 1934 à 1940, et se retira en 1945 avec une réputation d'honnêteté et de courage. Encore aujourd'hui, référence face à la corruption dont souffre la classe politique de son pays.

Depuis le début, Obrador a refusé toute politique de distanciation, encore plus le confinement et pour Noël 2020 la capitale était pleine de foules compactes, sans aucune protection. Alors même que les hôpitaux de la ville sont au bord de l'explosion, que son pays est le 5e pour le nombre de morts (dont on se doute que, vu la faiblesse des infrastructures et l'insécurité qui règne dans de nombreuses provinces, il n'en représente qu'une partie) et que le 30 novembre 2020, le directeur de l'OMS Tedros Adhanom Ghebreyesus a demandé « au Mexique d'être sérieux », Obrador a répondu que l'honnêteté sauvait les gens et qu'avec une amulette à 2 $ qu'il se plaît à exhiber, il était protégé. Méprisant les masques et refusant d'en porter un, il ne fait pas plus confiance aux tests (environ 6 pour 100 habitants, le plus faible avec l'Indonésie des 20 pays les plus touchés par le virus).

Le Mexique, pays morcelé, gangrené par la violence et l'économie de la drogue, a une infrastructure sanitaire particulièrement faible et même absente dans certains secteurs défavorisés. À la différence de la quasi-totalité des chefs d'État d'Amérique latine, aucune politique de détection par test, sauf à Mexico même, sous l'impulsion de la maire Claudia Sheinbaum.

Bel exemple où le machisme affirmé de ce social-démocrate semble lui servir de ligne de conduite, entraînant avec lui des centaines de milliers de ses concitoyens dans la maladie et des dizaines de milliers dans la mort.

Amérique centrale et Nicaragua

Le Covid-19 a frappé les pays d'Amérique centrale comme le reste du monde. Mais la mortalité y a été beaucoup plus faible que dans le reste de l'Amérique. Seuls le Costa Rica et Belize ont des taux qui les apparentent à celui du Canada, et pour Panamá, aux pays les plus touchés, les autres pays, avec 2 ou 3 fois moins de morts par habitant, ont des résultats qui les rapprochent du golfe Persique[1]. L'Amérique centrale a un champion, le Nicaragua. Peuplé d'un peu plus de 6 millions d'habitants, il fut occupé par les États-Unis de 1909 à 1933 qui le quittèrent après avoir mis en place un gouvernement et une force militaire dévouée à la défense de leurs intérêts. Le chef de cette dernière, Anastasio Somoza García, fit assassiner par traîtrise le général Augusto César Sandino, leader d'une guérilla nationaliste qu'il avait invité pour signer un traité de paix. Au pouvoir, il déclara la guerre à l'Allemagne, au Japon et à leurs alliés sans envoyer un seul soldat, ce qui lui permit de s'emparer des propriétés des résidents d'origine allemande. Assassiné en 1956, son fils aîné lui succéda qui mourut, puis, après un bref intermède, son second fils Anastasio. Qui, suite à un tremblement de terre détruisant 80 % de la capitale Managua en 1972, accapara l'argent envoyé pour la reconstruire. Le résultat fut

1. À signaler que l'exemplaire Cuba a vu les cas et les morts flamber au début de l'été 2021.

une révolte « sandiniste » qui prit le pouvoir en 1979. L'administration Reagan arma et manipula les « Contras » qui semèrent la terreur, tuant, brûlant, violant, etc., et continua cette politique malgré l'interdiction du Congrès. Mais en 1990 des élections amenèrent au pouvoir la veuve d'un journaliste non sandiniste assassiné par Somoza qui battit Daniel Ortega, leader des sandinistes. Néanmoins ce dernier a été réélu depuis 2007 et, en changeant la Constitution, est resté en poste depuis cette date. Leader d'une révolte populaire, il est devenu peu à peu le personnage qu'Aristote décrivait comme le tyran. Des manifestations en 2018 causent 320 morts, tous « terroristes » évidemment. Gouvernant par « la peur et la violence », son seul but est de se maintenir au pouvoir par tous les moyens. Ainsi le Nicaragua est-il le champion de l'Amérique centrale. À la date du 2 janvier 2021, il dépassait à peine les 6 000 cas et, avec 165 morts (25 par million), il était après Cuba… et de loin celui qui présentait les meilleurs résultats du continent. Évidemment il y avait des mauvais coucheurs anonymes qui annonçaient qu'en fait il y en avait 10 fois plus. Que faire face à de tels menteurs quand par exemple ils exercent dans les hôpitaux publics ? La moindre des choses est de les mettre à la porte. La Révolution n'admet pas qu'on la trahisse.

Une leçon d'arithmétique

Le président Daniel Ortega, grand leader progressiste s'il en est, nous envoie une leçon magistrale. En effet, les morts cumulés comptabilisés chaque semaine au Nicaragua sont les suivants :

2020	semaines	50	162	5	170	13	178	22	187
		51	163	6	171	14	179	23	188
		52	164	7	173	15	180	24	189
		53	165	8	174	16	181	25	190
2021	semaines	1	166	9	174	17	182	26	191
		2	167	10	175	18	183	27	192
		3	168	11	176	19	184	28	193
		4	169	12	177	20	185	29	194
						21	186	30	195

Pas besoin d'être une voyante extralucide pour que, grâce à cette démonstration foudroyante, il soit possible de prédire qu'en 47e semaine il y aura 212 morts et qu'en 2100, on sera aux alentours de 4 300.

Amérique du Sud

Avec les États-Unis et l'Europe, l'Amérique du Sud est la région la plus touchée par le Covid-19. Composée de pays qui diffèrent par leur histoire pré- et post-colombienne, elle compose un ensemble où les langues latines (espagnol et portugais) sont dominantes. Autrefois catholique, ce continent a subi l'offensive des évangélistes américains qui, à coups de dollars, ont entraîné derrière eux un certain nombre de potentats locaux et d'ambitieux pour lesquels le pouvoir était à portée de main dans des pays dont les traditions démocratiques sont faibles, voire absentes. Aucun de ces pays n'a de légitimité autre que celle des conquérants venus aux XVIe et XVIIe siècles détruire les civilisations antérieures. Considérés comme terres de conquêtes, ils ont été longtemps exploités sans vergogne, les peuples autochtones servant de forces de travail évoluant entre le statut d'esclaves ou de paysans misérables. Et quand ils faisaient défaut, des esclaves achetés en Afrique les suppléaient. Cet héritage pèse lourd sur leurs caractéristiques socio-économiques sur la culture populaire, sur les conflits politiques et sur la politique vis-à-vis du Covid-19.

Globalement, l'Amérique du Sud a une morbidité et surtout une mortalité particulièrement élevée. Guyana et Guyane française ont moins de morts. Le Venezuela aussi, mais la destruction du système de santé suite aux conflits qui le déchirent rend aléatoires les données qu'il fournit.

Le plus grand et le plus peuplé est le Brésil avec 48 % de Blancs et 43 % de métis. Les autres se répartissent entre ceux à population d'origine européenne : Argentine (97 %), Uruguay (88 %), Chili (89 %) et Venezuela, et ceux dont la majorité est faite de métis européens-amérindiens. Il existe dans ces pays une petite minorité d'Européens « purs » et dans certains d'Amérindiens de souche. Les métis représentent 95 % de la population du Paraguay, 84 % de la Colombie, 72 % de l'Équateur (+7,4 % de Montubios, métis agriculteurs des zones maritimes), 68 % en Bolivie et 60 % au Pérou. Les minorités amérindiennes sont de 3,4 % en Colombie, 7 % en Équateur, 20 % en Bolivie et

25 % au Pérou. Les deux petits pays indépendants de Guyane (Suriname et Guyana) ont une population très différente, essentiellement d'origine indienne (asiatique) et de Noirs africains souvent descendants des « nègres marron », c'est-à-dire des esclaves échappés ayant constitué des communautés qui ont résisté aux assauts des colons.

L'Amérique du Sud a un climat allant de l'équatorial aux rigueurs de la Terre de Feu à son extrême sud. De même, sa géographie comporte des zones montagneuses, la cordillère des Andes à l'ouest qui couvre plus de 3,3 millions de kilomètres carrés, longue de 7 100 km (la plus longue du monde) et culminant à 6 162 m au mont Aconcagua. La forêt amazonienne, de 5,5 millions de kilomètres carrés, répartie entre 9 pays, mais surtout au Brésil, est le plus grand réservoir de biodiversité du monde (50 à 70 % selon WWF). Elle est menacée par les politiques de défrichement pour la production de lait et de viande, 10 % ayant été détruits en dix ans. Signalons que sur les quelque 83 000 km^2 de la Guyane française, 34 000 forment le parc amazonien de Guyane créé par le président Chirac en 2007 pour protéger la forêt. Avec le parc national des montagnes du Tumucumaque de 39 000 km^2 au Brésil qui est une contiguïté, ils constituent la plus grande réserve de biodiversité du monde.

Les politiques vis-à-vis du Covid ont été extrêmement variables mais les effets sur les populations les plus démunies – et elles sont particulièrement nombreuses – ont été aggravés par l'absence générale de prise en charge des frais de santé (sauf en Uruguay, au Paraguay et en Argentine[1]). Au Chili, le système de santé publique, sous l'influence des économistes américains, a été concurrencé par un secteur privé performant et réservé aux riches ; 75 % des Chiliens se déclarent mécontents alors que la santé représente 7,9 % du PIB, de loin le plus important de l'Amérique du Sud. Dans les autres pays, derrière l'apparence d'un secteur public auquel tout le monde a accès se cache une réalité plus crue : les hôpitaux publics, par exemple au Brésil, sont en déshérence. Les plus riches se paient une assurance privée pour aller dans des cliniques à but lucratif.

Dans des pays de structure inhomogène, où la démocratie a des limites souvent géographiques, qui manquent de médecins, il est très vraisemblable que dans de nombreux endroits, le nombre de cas et de morts soit

1. Ce qui n'a pas empêché, dans ces trois pays, de voir la mortalité monter de façon très importante en automne (ce qui correspond à notre printemps 2021) et atteindre des valeurs très élevées.

fortement sous-estimé. À noter qu'en plus il a pu y avoir confusion avec la dengue, qui a touché au début de l'année 2020 3,1 millions d'Américains.

Parmi les pays les plus touchés il faut noter la Colombie, l'Argentine, le Pérou (n° 1 mondial), le Paraguay et l'Uruguay.

Brésil

> « Mais ça ne sert à rien de se précipiter vers le vaccin en mettant en péril la vie des gens. »
>
> Président Jair Bolsonaro, décembre 2020

La citation du président Jair Bolsonaro illustre l'extrême confusion qui règne dans ce pays de 8,5 millions de kilomètres carrés et de 209 millions d'habitants – le premier cas a été rapporté le 25 février 2020. L'épidémie s'est propagée progressivement puis s'est accélérée, atteignant 100 000 le 4 mai, 1 million le 20 juin, 3 millions le 8 août et a dépassé les 17 millions début juin 2021. Parallèlement le nombre des morts a atteint 10 000 le 10 mai, 100 000 le 10 août pour dépasser 400 000 fin avril 2021. Il faut de plus souligner que la plupart des observateurs considèrent ces données comme fortement sous-évaluées, en particulier dans les zones déshéritées d'Amazonie et du Nordeste. Mentionnons par ailleurs qu'il y a deux statistiques officielles et différentes du ministère et du secrétariat d'État à la Santé...

Le Brésil est un des grands pays ayant le plus faible taux de tests : 23 pour 100 habitants le 6 juin 2021.

Comme dans la plupart des pays, la répartition géographique est hétérogène même si les différences sont moins marquées que, par exemple, en Inde, les provinces les plus touchées en termes de mortalité par habitant étant presque triples entre Rio de Janeiro et le Minas Gerais.

Le Brésil a été, par son président Jair Bolsonaro, géré d'une façon catastrophique. Pas par une mauvaise planification mais par une négation systématique de la gravité de la situation qui fait de ce pays le troisième pour le nombre de cas et le deuxième pour les morts[1]. Parfaitement cohérent avec lui-même, il a poursuivi sa politique mortifère en affirmant tout d'abord que le vaccin était « bon pour les homosexuels » puis qu'il mettait

1. Et qui se rapproche rapidement du premier, les États-Unis.

en péril la vie des gens. Assumant avec fierté des contrevérités élémentaires, mentant, manipulant, insultant, exhibant son ignorance qu'on peut qualifier de criminelle. La Cour suprême, en permettant aux gouverneurs des régions à rendre la vaccination obligatoire en décembre 2020 avant que les vaccins aient été officiellement autorisés, a tenté de contrebalancer ces propos. Il reste un autre problème en particulier dans les zones balnéaires comme Rio de Janeiro, pourtant État avec une des plus fortes mortalités dues au Covid-19 : les plages sont noires de monde ; aucune mesure barrière ; masques quasi absents. Les fêtes de fin d'année, alors qu'après une diminution du nombre de cas et de morts, une réascension avait été constatée, ont été l'occasion d'une remontée brutale.

Mépris des vérités élémentaires de la part du chef de l'État et irresponsabilité d'une partie de la population laissent mal augurer de l'avenir au Brésil.

Le Brésil est par ailleurs un des rares pays à s'interroger sur la qualité de la prestation hospitalière dans la mortalité. Dans une étude portant sur plus de 254 000 malades hospitalisés à travers le pays entre le 16 février et le 15 mai 2020, on a constaté que, dans l'ensemble, la mortalité hospitalière a été très élevée : 38 % atteignant 59 % des malades admis en soins intensifs et 80 % des ventilés. Chez les sujets de moins de 60 ans, la mortalité dans le Nord-Est fut de 31 % contre 15 % dans le Sud. Ces informations ont été collectées à partir d'une base de données mise en place en 2012 pour la surveillance de la grippe. La différence entre le Nord-Est, particulièrement pauvre, et le Sud, beaucoup plus riche, se retrouve dans toutes les classes d'âge et reflète une inhomogénéité des prestations hospitalières. Les auteurs soulignent « qu'il y a une place considérable pour améliorer les résultats en adoptant les meilleures pratiques ».

Une lettre de Rio de Janeiro (18 janvier 2021)

« La situation des hôpitaux publics à Rio de Janeiro est critique depuis plusieurs années mais avec la crise du Covid-19 la majorité de la population carioca se trouve encore plus démunie pour l'accès à un traitement de santé comme prévu par la Constitution brésilienne.

Un des grands hôpitaux de la zone nord de Rio, région populaire d'habitants en majorité de très bas revenus, l'hôpital Andara (nom de cette région) qui possède 273 lits, fonctionne actuellement avec 1/3 de sa capacité totale, et cela est dû à un manque de personnels, médecins, infirmiers, aides-soignants.

Contrats interrompus par manque de crédits budgétaires.

Les interminables files d'attente de malades pour l'aide médicale d'urgence sont obligées de patienter sans grand espoir d'être reçues.

Les secteurs de médecine spécialisée sont fermés, tels que chirurgie, clinique générale, par exemple, par manque de médecins.

Pour ceux des malades atteints de pathologies graves, comme le cancer, il n'y a que 7 lits, et ils sont toujours occupés naturellement. Aucun lit n'est disponible en réanimation pour les malades Covid-19. Ils sont refoulés. Rien pour eux.

Un autre hôpital de la zone nord de Rio, l'hôpital Barata Ribeiro de 121 lits à Mangueira (une zone populaire qui abrite une des grandes écoles de samba de Rio), reçoit des malades avec le Covid-19 mais ils partagent des chambres avec des malades qui ne l'ont pas sans que les gestes barrières soient respectés.

Le troisième étage de l'hôpital Barata Ribeiro ne reçoit que des malades âgés, mais en décembre 2020, six malades du Covid-19 y ont été installés sans précautions particulières.

À ce jour aucun hôpital du service public de Rio de Janeiro n'a dédié la plus grande partie de ses lits, ou leur totalité, aux malades Covid-19. Beaucoup de malades Covid-19 meurent après quelques jours en attente aux urgences dans des lits groupés dans des chambres sans accès aux traitements nécessaires.

Rio de Janeiro a aujourd'hui un des taux les plus élevés de morts Covid-19 au Brésil. »

L'Asie

Apparemment venu de Chine, le Covid-19 n'est pas resté en Asie. Il a décidé de tuer à l'ouest et d'attaquer l'Europe. Quant à son continent d'origine, si divers, si complexe, c'est pour lui une terre de repli en même temps que d'attaque. Repli de Chine avec, dès qu'il le peut, contre-attaques comme en janvier 2021. Et puis l'été 2020, quand la température est au zénith, attaque multiforme : Inde, Asie centrale, golfe Persique. Puis une descente progressive avec des exceptions, le Myanmar, puis le Moyen-Orient (à tout le moins ce qui, dans la complexité des situations politiques et militaires, est accessible à l'épidémiologie). Pour continuer imperturbablement son petit bonhomme de chemin dans les milliers d'îles de la population malaise, catholique ou musulmane. Malgré cela, le Covid-19, jusqu'à maintenant et même en tenant compte des défauts et des manques dans le système d'identification et de comptabilité, n'a pas réellement frappé : en Asie du Sud-Est au sens large la mortalité atteint rarement plus de 200 à 300 par million d'habitants. Dans le golfe Persique, c'est en général un peu plus du double. Au Moyen-Orient *idem*.

Ce continent le plus étendu (plus de 29 % des terres émergées) qui abrite 60 % de la population mondiale a-t-il vraiment déjà été touché par la pandémie ou bien le virus nous y réserve-t-il un des tours qu'il a l'habitude de jouer ? L'avenir nous le dira.

Car la poussée brutale qui a frappé l'Inde en avril-mai 2021 montre que les situations qui semblent les mieux maîtrisées ne sont pas à l'abri d'une catastrophe.

Inde

Plus qu'un pays, l'Inde est un sous-continent. Amputé certes de ses deux ailes, le Pakistan à l'ouest et le Bangladesh, partie musulmane du Bengale, autrefois Pakistan oriental à l'est. Avec ses 3,3 millions de kilomètres carrés (5 fois la France) et ses presque 1,3 milliard d'habitants, elle est en moyenne 4 fois plus peuplée que nous. Cette démographie la place avec la Chine parmi les géants qui abritent à eux deux plus de 40 % de la population de la planète. L'Inde, qui n'a pas moins de 22 langues nationales dont la plupart ont une riche tradition littéraire, sans compter l'anglais, renferme une diversité de traditions culturelles, culinaires et cultuelles, qui en font un des pays les plus grands et des plus importants de la planète. Allant de l'Himalaya à l'océan Indien, doté d'un climat qui va des rigueurs de la haute montagne (Ladakh par exemple) à la chaleur humide de sa zone tropicale, c'est une terre de contrastes et d'affrontements. La religion hindouiste y rassemble 80 % de la population dans des rites qui, au Nord, ne ressemblent guère à ceux du Sud dravidien (25 % de la population) ; l'islam 15 %, le christianisme un peu plus de 2 % et le sikhisme un peu moins se partagent le reste avec quelques religions moins importantes. À part le Kerala où il aurait été importé par l'apôtre Thomas, et dont il compose une importante minorité, le christianisme est majoritaire dans 3 États. On se doute que ce ne sont pas les plus peuplés. Terre d'origine du bouddhisme, l'Inde ne compte que quelques millions d'adeptes, souvent des intouchables récemment convertis.

Les 3 premiers cas de Covid-19 ont été observés chez 3 étudiants du Kerala de retour de Wuhan le 3 janvier 2020. Le 22 mars, le Premier ministre Shri Narendra Modi décréta un couvre-feu de quatorze heures puis le 24 un confinement qui a été reconduit régulièrement. De strictes mesures ont été prises, saluées par l'OMS et l'Université d'Oxford. Mais l'Inde compte 139 millions de travailleurs journaliers allant de ville en ville pour chercher du travail. Avec la fermeture des entreprises, ils ont constitué un cordon de contamination que les gouvernements locaux et central ont avec retard (juin 2020) essayé de canaliser en les internant dans d'énormes camps. Il va sans dire que dans un pays dont le revenu moyen par habitant est d'un peu plus de 7 000 $, les conditions de travail et de logement (souvent une dizaine de personnes par chambre) ne sont pas compatibles avec les mesures de distanciation.

Par ailleurs, le personnel médical y manque fréquemment, et il y a eu des actes de violence contre les soignants, rendus responsables de la diffusion de la maladie, ce qui a entraîné la publication d'une ordonnance condamnant les coupables à sept ans de prison. Autre caractéristique : l'ostracisme des malades qui pour beaucoup se sont cachés pour ne pas être identifiés.

Et comme il faut, comme partout, des boucs émissaires, on a accusé les musulmans qui avaient assisté à un rassemblement religieux international à Delhi de 9 000 personnes d'être responsables de 30 % des cas (sans que les célébrations hindouistes moins médiatisées soient mises en cause).

L'Inde, qui compte le 2e nombre de cas après les États-Unis et le 3e de morts après ces derniers et le Brésil, a présenté une montée lente et progressive sensible dès le mois de mai 2020 pour aboutir à un pic en septembre avec plus de 90 000 cas et de 1 000 morts par jour. Puis une diminution régulière et progressive. Et, depuis mars 2021 une remontée d'une particulière brutalité. Avec plus de 31 millions de cas et de 400 000 morts mi-juillet 2021, l'Inde se pose en candidat à la 1re place des pays du monde.

Dans un pays aussi morcelé se pose la question de la fiabilité des données. Avec près de 300 morts[1] par million d'habitants, l'Inde est parmi les pays revendiquant une faible mortalité. Ce dont le gouvernement extrémiste de M. Modi se vante. En fait, plusieurs éléments doivent tempérer cet optimisme. D'une part, il a fallu près de deux mois pour que des mesures soient prises. D'autre part, l'absence de test et même de thermomètres dans de très nombreux endroits a certainement fait négliger une grande majorité de cas. Quant aux certificats de mortalité, seuls 18 % comporteraient un diagnostic selon le journal *Ouest-France*. Dans un pays où les malades et leurs familles sont frappés d'ostracisme en cas de Covid-19, on se doute que la grande majorité des décès se comptent parmi les 82 % restants. En l'absence de corps médical dans de nombreuses zones, il est donc vraisemblable que les cas et les morts soient très fortement sous-estimés. Selon certaines sources, ils seraient 6 à 10 fois supérieurs.

Un dernier élément est, comme dans beaucoup d'autres pays, l'extrême inhomogénéité entre États. L'État du Jharkhand, avec ses 33 millions d'habitants, objet de l'enquête de *Ouest-France*, a un des plus faibles taux de mortalité officiels. On se doute qu'il n'ait probablement pas grand-chose à voir avec la réalité.

Si on ne considère que les États de plus de 10 millions d'habitants, la mortalité y varierait selon un facteur supérieur à 30 entre le Bihar d'un côté, Delhi et le Maharashtra (Bombay) de l'autre.

Notons de façon plaisante que le confinement a diminué la pollution de 60 % à Delhi. Grâce à ce phénomène (ou malgré lui), Delhi a présenté la plus forte augmentation de mortalité par habitant de toute

1. En juillet 2021.

l'Inde… Allant de 43 morts le 19 avril à 6 128 le 22 octobre 2020, 15 fois plus, ce qui le place au 1er rang de la mortalité des États de plus de 10 millions d'habitants. Cette augmentation s'est faite entre les mois de mai et d'octobre où les températures maximales ont varié entre 36 et 42 °C avec une pollution relativement moyenne…

La poussée violente survenue au printemps a fait bondir la mortalité dans certains états (Delhi, Maharashtra) du même ordre que celle des pays européens quand celle d'autres, Bihar en particulier, reste particulièrement basse.

Les raisons de la poussée printanière restent sans explication définitive. Parmi les facteurs impliqués il y a la survenue des 3 variants « indiens » dont celui que l'OMS a appelé Delta, dont la contagiosité semble beaucoup plus grande. Et les conséquences des cérémonies hindouistes où plusieurs millions de fidèles, sans masque et en toute promiscuité, se sont baignés dans le Gange. Il n'est pas sûr cependant que cela suffise à expliquer l'ensemble de ce phénomène.

Autres pays de l'Inde

Népal

Avec près de 30 millions d'habitants sur 147 000 km^2 en majorité hindouistes mais constitué d'une mosaïque de groupes ethniques avec ses 123 langues recensées, le Népal, coincé entre la Chine et l'Inde, est un pays très pauvre (revenu moyen 2 700 $ par personne). Le 1er cas fut observé le 21 janvier, le confinement national du 24 mars au 21 juillet 2020. La fermeture du pays qui dépend des importations pour un grand nombre de marchandises a entraîné des ruptures de stock et un marché noir : par exemple, le 10 mars, 4 pharmacies furent condamnées pour avoir multiplié par 10 le prix des masques chirurgicaux. Cependant que des braconniers profitèrent de la confusion générale pour tuer des espèces protégées. Avec un système médical particulièrement pauvre, l'épidémie a augmenté progressivement au cours de l'été et de l'automne pour atteindre un pic en octobre-novembre et diminuer après. Les 250 000 cas ont été atteints le 15 décembre et les 1 800 morts le 23.

Après une accalmie, l'épidémie a repris de plus belle au printemps 2021, atteignant 600 000 cas et 8 000 morts début juin 2021.

Bangladesh

Avec plus de 159 millions d'habitants vivant sur quelque 148 000 km², le Bangladesh a une densité de plus de 1 000 au kilomètre carré. C'est un pays pauvre (revenu moyen 4 200 $ par personne). Dans la capitale Dhaka, 40 % de la population vit dans des bidonvilles particulièrement démunis et s'entasse à 4 ou 5 par pièce tout en partageant les mêmes toilettes et la même source d'eau. De plus, la crise de l'industrie du vêtement (80 % des ressources à l'exportation) avec l'arrêt des achats par de nombreuses sociétés étrangères ont eu un effet catastrophique sur la population qui en vit. C'est un des pays dotés d'un des systèmes de santé les plus fragiles au monde. La politique a été, comme dans beaucoup d'autres pays, de fermer écoles, restaurants, etc., et de supprimer l'essentiel des vols internationaux. Mais les conditions sociales rendent illusoires dans de nombreux cas les mesures de distanciation. Officiellement, l'épidémie s'est amplifiée au cours de l'été : 100 000 cas le 19 juin, 300 000 le 27 août pour se ralentir, sans s'arrêter, les 500 000 cas étant atteints mi-décembre avec un nombre de morts relativement bas pour la population (7 000 début décembre) faisant de ce pays le plus pollué par les particules fines au monde un de ceux (si tant est que les chiffres soient fiables) dont la mortalité est la plus faible. À la suite de l'Inde, il y en a une nouvelle poussée au printemps 2021, mais relativement moins importante : 800 000 cas le 31 mai avec plus de 12 600 morts, avec accentuation en début d'été, le million de cas étant atteint mi-juillet avec plus de 16 000 morts.

Pakistan

Ce grand pays de près de 800 000 km² avec ses 208 millions d'habitants en quasi-totalité musulmans (96 % dont 10 à 15 % de chiites), composé de multiples peuples parlant 9 grandes langues, dont l'anglais, est depuis sa création en 1947 déchiré par des conflits, des coups d'État, des assassinats, des guerres. Doté de l'arme nucléaire, il est en compétition avec l'Inde, qui parfois tourne au drame. Le revenu moyen est un peu inférieur à celui de cette dernière (5 400 $) et le pays est classé 152ᵉ sur 189 pour l'indice de développement humain. À la différence de beaucoup de pays, le Pakistan a une mortalité où les causes infectieuses (tuberculose, maladies respiratoires aiguës) sont encore au premier rang. Pour des raisons religieuses, la poliomyélite y est réapparue (refus de la vaccination par des musulmans extrémistes).

Le 1er cas de Covid-19 fut diagnostiqué le 25 février 2020. Et le 23 avril, l'OMS a mis en garde le gouvernement pakistanais pour n'avoir pas pris de mesures pour endiguer la maladie. 25 % de la population vit dans des conditions misérables périurbaines. Promiscuité, absence d'hygiène et d'accès aux soins les rendent vulnérables aux épidémies. De plus, dans les zones rurales où vivent les deux tiers de la population, le réseau sanitaire est défaillant, souvent mal adapté aux besoins des habitants qui préfèrent l'automédication. Environ 80 % des sujets âgés souffrent de maladies chroniques. Et non seulement les structures médicales sont insuffisantes mais elles font l'objet d'attaques terroristes : dans le Khyber Pakhtunkhwa, 29 % ont été détruites.

Malgré ces vulnérabilités, les données épidémiologiques fournies par le gouvernement font état, vu la taille et la population du pays, d'une attaque relativement modeste de la maladie qui, comme dans le reste du sous-continent, a augmenté pendant la saison chaude, passant de 50 000 cas le 22 mai 2020 à 100 000 le 8 juin et 250 000 le 8 août pour ensuite se ralentir aux alentours de 500 par jour en septembre et se réaccélérer fin octobre pour se stabiliser vers 2 500 par jour. Quant au nombre de morts, il est faible pour la population atteignant 5 000 à la mi-décembre. Comme son voisin l'Inde, le Pakistan a présenté une poussée en mars 2021 et a atteint les 900 000 cas et les 20 000 morts fin mai.

Et le petit Sri Lanka (Ceylan), longtemps peu touché, a atteint les 100 000 cas le 24 avril et 200 000 le 5 juin, les 1 000 morts le 18 mai et les 2 000 le 11 juin, poursuivant à la mi-juin une montée lente et relativement linéaire.

Lettre de Birmanie

Le Myanmar (ex-Birmanie) est un pays pauvre où le pouvoir appartient depuis des décennies à une caste militaire, malgré quelques timides pas vers la démocratie. Un Français qui y vit nous a envoyé en décembre 2020 le témoignage suivant : « Myanmar, deux étapes très différentes. Janvier à août… très, très peu de cas. Pays fermé. Six morts en huit mois et moins de 300 cas… tous les contacts étaient mis en quarantaine et tous les gens proches des contacts également. Cela a très bien fonctionné avec aussi très grande chaleur[1], ensoleillement et population jeune + très fortes restrictions de déplacement.

Fin août des réfugiés de l'Arakan (Rakhine[2]) arrivent à Yangon (ex-Rangoun) en douce… sans se faire repérer pendant quinze jours et se cachent dans les bidonvilles. Le nombre de cas explose, la mise en quarantaine de tout le monde est impossible, même si le gouvernement essaie. Les écoles, hôtels, salles d'exposition, stades, etc., sont tous convertis en centres de quarantaine. L'épidémie explose avec plus de 90 000 cas.

Les hôpitaux sont dans un état sanitaire lamentable. Pratiquement pas de ventilateurs : moins de 600… Très, très peu de tests… capacité maximale en décembre 5 000 par semaine.

Le nombre de cas et de décès est très, très sous-évalué, manipulation des chiffres, limites des tests, très peu de place en hôpitaux donc peu de morts. Les gens ne vont plus à l'hôpital et meurent tranquillement chez eux. Ils attendent l'arrivée des vaccins en espérant que cela n'explose pas plus.

Les écoles sont fermées depuis mars, les vols aussi.

Les élections de novembre ont tout compliqué hors de question de montrer les vrais chiffres avant les élections. Cela dit ils en sont incapables car les tests ne sont réalisés que dans les hôpitaux publics.

Par ailleurs, “le point très important qui a beaucoup limité l'épidémie (de janvier à août) et également ensuite est que les masques, le gel hydroalcoolique ont été disponibles partout et en quantité. Il n'est toujours pas possible d'entrer dans un magasin, une banque, etc., sans se laver obligatoirement les mains, porter un masque. Les caisses de supermarchés et boutiques ont presque immédiatement été protégées par des bulles en plastique. Tous les aspects pratiques ont été très bien gérés par la population et les entreprises”… Du coup aucune épidémie de grippe et “il n'y a pas eu d'épidémie de dengue pendant la mousson”.

Quant à la situation du système de santé “en début d'épidémie, il y avait moins de 600 respirateurs dans le pays… et moins de 50 médecins

1. Températures maximales de janvier à août comprises entre 28 et 35 °C.
2. Province côtière limitrophe du Bangladesh où vivent 800 000 Rohingyas, à majorité musulmane et considérés par l'ONU comme persécutés.

pouvant s'en servir". On comprend pourquoi il a été si vite débordé (la population de l'ex-Birmanie est de 56 millions...).

Et puis, et puis, petit à petit tout semble s'être tassé et le nombre de nouvelles contaminations, réel cette fois, se réduire à quelques dizaines par jour. Jusqu'à quand ? (Il faut aussi prendre en compte qu'en dehors de la capitale, et avec toutes les réserves que cela signifie dans une dictature militaire, on ne sait pas grand-chose du reste du pays.) » D'autant plus qu'après avoir raté leur prise de pouvoir démocratiquement, les militaires ont fait un nouveau coup d'État réprimant dans le sang les protestataires. Et depuis le nombre des cas augmente au compte-gouttes. Quant aux morts, il y en a eu 15 en deux mois (début avril-début juin 2021). Comme quoi de mettre les militaires au pouvoir fait reculer le virus... Mais ce farceur devenu probablement antimilitariste a tout à coup fait un pied de nez aux dictateurs et s'est remis à flamber (plus de 300 000 cas et près de 10 000 morts le 4 août).

Les pays malais

Les pays malais – au sens large – comportent la Malaisie proprement dite, Singapour, les Philippines et l'Indonésie. Cet ensemble à dominance ethnique malaise comporte aussi une importante minorité chinoise largement majoritaire à Singapour. Les Malais de Malaisie, du sud des Philippines et de la grande majorité de l'Indonésie sont musulmans sunnites, les Chinois sont souvent bouddhistes, la majorité des Philippins est catholique. L'Indonésie avec ses 265 millions d'habitants répartis sur environ 17 800 îles, en très forte majorité musulmans sunnites, comporte 10 % de chrétiens et une petite minorité restée hindouiste à Bali. Malgré l'écrasante majorité musulmane, la Constitution est laïque, Mohammad Hatta l'ayant personnellement épurée de toute référence religieuse. En outre cette région comporte des petits États indépendants (Brunei musulman, Timor-Leste catholique).

La politique suivie par ces pays a été différente. Dirigé d'une main de fer, grâce à l'utilisation massive des tests, Singapour affiche un peu plus de 62 000 cas et un peu plus de 30 morts.

En Malaisie, c'est un meeting religieux salafiste du Tablighi Jamaat qui permit de diffuser la maladie. En restreignant les déplacements dans ce pays composé d'entités distinctes, la vague initiale a atteint 300 000 cas et 1 200 morts en mars 2021 pour une population de 32 millions d'habitants. Elle a ensuite doublé au printemps pour atteindre 600 000 cas et 3 000 morts début juin ; plus d'un million et de 9 000 respectivement fin juillet.

Les Philippines formées d'un peu plus de 7 500 îles dont 2 000 habitées est le siège, dans le Sud, d'une insurrection musulmane violente. Elles sont dirigées d'une main de fer depuis 2016 par le populiste Rodrigo Duterte, partisan de régler les problèmes par la violence. Les Philippines ayant été atteintes dès la fin du mois de janvier 2020, diverses mesures de confinement, de restriction de déplacements, variables en raison de la diversité des situations, et d'accompagnement social ont été prises au cours du mois de mars. La pénurie de masques a entraîné un marché noir. Comme dans beaucoup de pays, le faible nombre de tests (un peu plus de 6 pour 100 habitants) limite la crédibilité des données chiffrées qui font état d'environ 1 600 000 cas et 28 000 morts pour plus de 100 millions d'habitants début août 2021.

Ces remarques sont bien évidemment les mêmes pour l'Indonésie dont la moitié des cas identifiés est sur l'île de Java qui, malgré sa faible surface (128 000 km^2), renferme plus de 50 % de la population du pays. En fait, la répartition régionale est particulièrement inhomogène, la province de Kalimantan Est déclarant 50 fois moins de cas par habitant que la capitale Jakarta. Avec moins de 7 % de tests réalisés par habitant, les plus de 3,4 million de cas et de 95 000 morts recensés début août 2021 ne sont vraisemblablement que la partie émergée de l'iceberg. La politique du président Joko Widodo a consisté à limiter les déplacements sans confiner Jakarta, principal foyer de la maladie.

Japon

Avec plus de 6 800 îles dont 4, Honshū, Hokkaïdo, Shikoku et Kyūshū, renferment 95 % de ses 126 millions d'habitants, le Japon est un pays de montagne, la plus célèbre étant le mont Fuji, qui culmine à 3 776 m, volcan éteint en cône dont le sommet neigeux est gravi chaque année par plusieurs centaines de milliers de pèlerins. Le Japon, dirigé par la même dynastie impériale depuis la date fictive de 660 avant Jésus-Christ est la 3e économie du monde. Complètement fermé à l'extérieur pendant le régime des shoguns Tokugawa (1600-1868), il s'est transformé avec l'arrivée au pouvoir de l'empereur Meiji en puissance conquérante dont l'agressivité territoriale s'est terminée par une défaite sans condition en 1945 qui l'a privé de toutes ses conquêtes et a entraîné la dissolution de ses forces armées. La même année, l'empereur (Mikado) a perdu son caractère divin et le pays est devenu une monarchie constitutionnelle.

Le premier cas de Covid-19 est arrivé très tôt début janvier 2020. L'augmentation des malades, avec mi-mars une quinzaine de foyers, a amené à la fermeture des écoles fin février. La traditionnelle fête des cerisiers en fleurs (hanami) le 21 mars a été annulée mais les combats de sumo en salle close maintenus. L'état d'urgence sanitaire n'est proclamé que le 16 mars. L'absence de politique de la part du gouvernement dans un pays où on se salue sans se toucher et où chacun a l'habitude de porter des masques en cas de besoin, et qui a une forte présence de gens âgés, a été jugée de façon négative par les Japonais.

Au vu de sa population, l'épidémie a été peu meurtrière. Du point de vue des cas, après un début précoce, le nombre de cas par jour est monté au-dessus de 500 fin avril pour redescendre très vite et rester au-dessous de 100 jusqu'à la mi-juillet. Une deuxième vague a culminé vers 1 400 cas mi-août pour redescendre vers 350 début octobre.

Une troisième vague a commencé atteignant 3 000 fin décembre. Le nombre de morts quotidien est resté faible et n'a atteint 50 que fin décembre.

Les 100 000 cas ont été atteints fin octobre, 200 000 fin décembre. L'apparition fin décembre d'un mutant plus infectieux, qui s'accompagne d'une augmentation régulière des cas et des morts, même si ces derniers restent relativement modestes vu la population (6 000 mi-février 2021 pour 126 millions d'habitants), a réveillé les pouvoirs publics jusque-là peu interventionnistes. Avec confinement de Tokyo. Malgré cela, les 400 000 cas ont été atteints début février 2021, les 800 000 fin juin, avec plus de 14 000 morts.

Cette épidémiologie est faible comparée aux pays occidentaux mais très supérieure aux quelques pays asiatiques ayant « réussi » à contenir le virus comme Taïwan et la Thaïlande.

L'absence de maîtrise de l'épidémie a amené le gouvernement à maintenir les jeux Olympiques, mais sans public.

Corée

La Corée est coupée en deux. Au nord (124 000 km^2, 25 millions d'habitants), un régime communiste sorti d'un roman d'anticipation exerce une dictature paranoïaque. Donc pas de Covid-19. Juste une anecdote, probablement fausse. Le 1er cas est diagnostiqué. Traitement : le peloton d'exécution[1].

Au sud (100 000 km^2, 51 millions d'habitants), une économie dynamique. C'est un petit pays très peuplé, au niveau de vie proche de celui de la France (39 000 $ contre 44 000), héritier d'une civilisation originale et où l'activité culturelle est importante, comme en témoigne le dynamisme de l'industrie cinématographique (le metteur en scène Bong Joon-ho a reçu la Palme d'or à Cannes en 2019 et 4 oscars en 2020).

Historiquement connectée à ses deux puissants voisins, la Chine et le Japon, malgré les occupations occasionnelles, elle a su maintenir son indépendance même si cette dernière, depuis la guerre de Corée (1950-1953), avec l'existence des deux régimes, reflète le rapport de force entre la Chine communiste et les États-Unis.

La Corée du Sud a été touchée dès le mois de décembre 2019, à partir de Wuhan en Chine. La politique du président Moon Jae-in est citée en exemple partout : communication transparente sur l'épidémie et mobilisation de la situation d'un côté ; de l'autre, utilisation des tests (bien que, avec 19,4 tests pour 100 habitants[2], ce pays reste un de ceux parmi les pays riches à en utiliser le moins). En fait, il s'agit des tests ciblés avec traçage du parcours et des contacts des personnes contaminées. Quarantaine sans confinement. Fermeture des écoles, suppression des grands rassemblements. Depuis, on a assisté à l'éclosion de foyers çà et là, les plus importants étant en rapport avec une série de rassemblements de sectes chrétiennes très actives dans le pays.

La Corée du Sud a un système assez efficace de contrôle de l'épidémie à ses débuts. Malgré cela, elle a dépassé les 140 000 cas et approché les 2 000 morts début juin 2021. On le voit, ces succès

1. Notons que le président Kim Jong-un a limogé de nombreux dignitaires, responsables d'une « crise grave pour la population », manifestement un euphémisme pour qualifier le Covid-19 qui officiellement est absent du pays…
2. Début juin 2021.

incontestables pourraient être remis en question brutalement en cas d'impossibilité de contrôler un de ces foyers.

Taïwan : exemplaire ?

Grande comme la Bretagne mais peuplée de 24 millions d'habitants, l'île de Formose (Taïwan), ex-colonie japonaise, restée après la victoire des communistes en Chine indépendante de cette dernière a un niveau de vie comparable aux pays occidentaux (50 000 $ par personne). Elle a eu un grand succès dans la lutte contre le Covid-19 en adoptant très tôt (janvier 2020) des mesures de contrôle et de quarantaine pour les personnes arrivant sur son sol. Grâce à cette mesure « liberticide », la maladie a été jusqu'en avril 2021 contrôlée avec un nombre de cas inférieur à 1 000 cas et 7 morts, sans confinement, avec une politique ciblée de tests et le port de masque. Sans qu'on puisse préjuger de la durabilité de ces résultats, il faut souligner 2 choses : 1) la prise au sérieux extrêmement précoce de l'épidémie, probablement à cause du mauvais souvenir du SARS ; et 2) l'adhésion de la population, un sondage donnant 91 % de satisfaction par rapport à la politique suivie.

Évidemment Taïwan est une île, donc plus facile en théorie à isoler. Mais quand même…

Et puis, et puis… toute belle histoire peut tout à coup s'assombrir : fin mai, les cas ont commencé à monter. Pas très haut (11 500 le 7 juin) et avec eux la mortalité jusque-là quasi inexistante a pointé son nez : 262 à la même date. Du coup, ce ne sont plus 0,3 mais 17 morts par million d'habitants (début juin)…

En attendant le virus

Plusieurs pays asiatiques faisaient au printemps 2021 état d'une contamination très faible. C'est le cas de la Mongolie, des États communistes indochinois (Laos, Cambodge, Vietnam), de la Thaïlande et de Taïwan. Beaucoup a été dit sur la façon dont ils ont su anticiper la situation, prendre les mesures appropriées et contrôler la situation. Oui. Tout comme on l'aurait dit au printemps de la Birmanie (Myanmar) qui, brusquement, en été, les a quittés pour rejoindre ceux qui sont dépassés par l'ampleur de l'épidémie. Alors ? Réalité ? Dissimulation ? Intelligence de la situation et des décisions ? Ou simplement retard dans l'attaque du virus ? Le futur de la Thaïlande passée de 4 000 à 180 000 cas en quelques semaines au printemps 2021 avec une mortalité bondissant en quelques jours de 1,1 à 18 par million indiquera la tendance et mérite la plus grande attention[1]. Tout comme les pays communistes de l'ex-Indochine française dont le nombre de cas a généralement doublé au cours du mois de mai 2021. Si le Laos ne déclare presque rien, le Cambodge est passé brusquement début juillet à 50 000 cas et 600 morts, la Mongolie à plus de 100 000 et 500 respectivement. Plus prudent le Vietnam se contente de 15 800 et moins de 200.

Asie centrale et Afghanistan

L'Asie centrale comprend 5 pays nés de l'éclatement de l'URSS : Tadjikistan, Ouzbékistan, Kazakhstan, Kirghizstan et Turkménistan. Avec l'Afghanistan qui les borde, ils constituent un ensemble de près de 5 millions de kilomètres carrés avec une population totale faible, aux alentours de 100 millions. Ce sont des pays à forte majorité musulmane sunnite dont les peuples ont généralement une forte identité. L'influence russe, autrefois dominante, est relativement en déclin sauf au Kazakhstan où persiste une importante minorité (24 %). En dehors de l'Afghanistan ravagé depuis plusieurs décennies par une guerre civile qui a succédé à une résistance nationale multiforme contre l'invasion du pays par les Soviétiques entre 1979 et 1989 et où le pouvoir officiel bicéphale fait face aux talibans, les autres pays sont de type autoritaire, souvent sous la direction des anciens responsables communistes ayant tranquillement changé d'étiquettes pour se maintenir au pouvoir.

À l'exception du Turkménistan qui ne publie pas de données concernant le Covid-19, l'ensemble des pays a présenté une poussée très nette au cœur de l'été 2020, qui s'est peu à peu tassée.

Si les données de l'Afghanistan sont fragmentaires du fait de la situation politique, celles des autres pays sont considérées généralement comme sujettes à caution.

1. Mi-juillet, elle dépasse 336 000 cas et 2 700 morts.

Le désert des Turkmènes

À part l'inénarrable régime « communiste » de la Corée du Nord, seul le Turkménistan, ex-république intégrée à l'Union des républiques socialistes soviétiques (URSS), ne publie pas de cas de Covid-19. Occupé à 80 % par le désert du Karakoum, riche en gaz et en pétrole, ce pays a été dirigé lors de sa création en 1991 par le premier secrétaire du parti communiste Saparmyrat Nyýazow jusqu'à sa mort en 2006. Grand démocrate, il cumulait les postes de président de la République, Premier ministre, ministre de la Défense et président de son parti, le seul autorisé. Il a couvert son pays de statues de sa mère et de lui-même, composé le *Ruhnama* (livre de l'âme) qui sert de base à l'éducation des enfants, changé le nom des mois de l'année, avril portant le nom de sa mère. Son successeur Gurbanguly Berdimuhamedow rompit radicalement avec cette politique. En effet, il remplaça les statues de Nyýazow par celles le représentant. Et, avec l'arrivée du Covid-19, il avait une autre priorité, l'inauguration d'une statue monumentale représentant son chien. Les quelque 4 millions et demi de Turkmènes bénéficient ainsi d'un des régimes classés parmi les plus corrompus et où les droits de l'homme ont le moins de place. Bel exemple de l'héritage du communisme.

Un pays à part : l'Iran

L'Iran, du fait des liens économiques privilégiés avec la Chine dus entre autres au blocus imposé à ce pays par les États-Unis d'Amérique, qui se sont durcis avec l'arrivée au pouvoir de Donald Trump, a été un des pays les plus précocement touchés par le Covid-19. Le premier cas a été enregistré le 19 février, et dès la fin de ce mois près de 600 cas étaient recensés. Hors de Chine, seule l'Italie en avait plus.

L'évolution de la pandémie a été très particulière. En effet, une période d'installation a culminé fin mars avec un peu plus de 3 000 cas par jour. Elle a ensuite diminué pour se stabiliser entre 2 000 et 2 500 pendant quatre mois pour augmenter à partir de la fin septembre d'une manière assez brutale : 6 500 fin octobre, 13 000 fin novembre, puis a diminué régulièrement vers 6 000 en janvier ; puis remonté à près de 27 000 fin avril ; avec à nouveau diminution progressive vers 10 000 début juin. La mortalité a suivi un cours légèrement différent. Elle a atteint près de 150 par jour fin mars, puis diminué jusqu'en juin aux alentours de 50 et ensuite est remontée progressivement pour dépasser 500 fin novembre. Quant au nombre de « cas graves » il est resté stable entre 3 500 et 4 000 pour augmenter au cours du mois d'octobre.

Les raisons de ce comportement dépendent de la politique suivie par le gouvernement des ayatollahs. Mais elles indiquent plusieurs points importants :

1) La non-saisonnalité de l'épidémie. En effet, le « pic » initial était très modéré : aux alentours de 4 500 cas et 3 000 morts. Après une baisse transitoire début mai, le nombre de cas est remonté et resté stable à des valeurs moyennes quotidiennes circulant entre 60 et 80 % de celle observée au cours du pic.

2) Notons que cette période a coïncidé avec la saison la plus chaude.

3) Le nombre de malades graves est resté stable depuis le début et n'a augmenté qu'à partir d'octobre.

L'histoire du Covid-19 en Iran est exemplaire à plus d'un titre. Tout d'abord, elle n'est pas seulement précoce mais, ayant débuté à Qom, la capitale religieuse des chiites duodécimains qui dirigent la République islamique (environ 10 %, les Baloutches et les Kurdes, sont sunnites), la maladie a touché un grand nombre de dignitaires de haut rang, le plus connu étant Ali-Akbar Velayati, proche conseiller du guide suprême Ali Khamenei et ancien candidat ultra-conservateur à l'élection présidentielle. Ainsi donc le pouvoir iranien a-t-il été très précocement conscient du danger.

Cependant, l'Iran, frappé par des sanctions qui l'empêchent entre autres d'avoir accès aux marchés financiers, était dans une situation économique difficile. De ce fait, il n'y a jamais eu de confinement. Le résultat est facile à constater : il n'y a pas eu non plus d'arrêt de l'épidémie. Il faut par ailleurs noter que de nombreux observateurs considèrent que les données officielles sont très inférieures à la réalité et que les morts seraient 3 fois plus nombreux.

Un autre enseignement concerne les rapports entre la température et l'épidémie. Il est souvent dit que le virus n'aimant pas la chaleur, la transmission diminue puis s'arrête quand il fait beau. L'Iran dément cette assertion. En effet, après un début relativement élevé en mars, le nombre de cas par jour est tombé nettement en dessous de 2 000 en mai. Or, à Téhéran, la température maximum y est de 28°. Mais ensuite ce nombre a doublé en juin (34°) et s'est maintenu en août (34°) et septembre (31°). Il a ensuite explosé en octobre dont les 25° sont certes inférieurs aux températures d'été mais bien loin des valeurs hivernales.

On peut en conclure – et l'exemple des pays de l'Inde, du golfe Persique et de l'Asie centrale va dans le même sens – que malgré la préférence du virus pour le froid, l'existence de température caniculaire (minimum : 23° et 24° en juin et juillet) n'a pas empêché l'épidémie tout d'abord de s'amplifier puis de se maintenir dans des zones élevées de contaminations.

Un deuxième enseignement est que l'absence de confinement a pour conséquence la pérennisation de la maladie. Les raisons en Iran sont comme aux États-Unis économiques. En fait tous les gouvernements ont été amenés à choisir entre santé de la population et sauvegarde de l'activité. À la différence des Chinois, les Iraniens ont fait le second choix. Et les mesures prises en novembre 2020 ont été l'obligation (plus ou moins respectée) de porter un masque avec quelques limitations localisées de déplacement. Il va sans dire que dans un pays en crise financière et dont le budget a un déficit de 4,4 %, l'infrastructure médicale et hospitalière est arrivée à saturation, la demande de soins se traduit par un développement de la corruption, maladie endémique dans ce pays, certains soignants profitant de la situation pour offrir à prix d'or des solutions à domicile ou dans certaines cliniques comme le révélait le journal *Marianne* le 21 novembre 2020.

Résultat, avec 3,3 millions de cas et plus de 85 000 morts mi-juillet 2021, l'Iran se place au 2e rang de la mortalité des pays d'Asie avec, officiellement aux alentours de 1 000 morts par million d'habitants, après le Liban.

Les pays du Golfe (en dehors de l'Iran)

Les pays du Golfe (Iraq, Koweït, Arabie Saoudite, Oman, Qatar, Bahreïn, Émirats arabes unis) forment une entité géographique, ethnique et religieuse : ce sont des pays arabes et musulmans. Notons que si la majorité est sunnite, l'Iraq est, comme Bahreïn, à majorité chiite et que le sultanat d'Oman est une des dernières contrées où la majorité est kharedjite (ceux qui, lorsque Ali et Mwawya signèrent un accord suite à un arbitrage, le refusèrent car « seul Dieu peut arbitrer »). Avec l'Iran, pays non arabe et musulman chiite, ils constituent un ensemble économiquement et politiquement stratégique. Il s'agit d'une des régions les plus chaudes de la planète. Les températures maximales y étant, sauf à Bahreïn et à Oman, égales ou supérieures à 40° pendant l'été, les minimales dépassant les 30°.

Dans cet ensemble de pays, l'évolution de la pandémie a été relativement semblable. Même si les politiques suivies n'ont pas été les mêmes.

Le début a été beaucoup plus lent et tardif que dans l'Iran voisin : quand ce dernier pays, fin mars 2020, avait plus de 1 000 cas et de 100 morts par jour, l'ensemble des autres pays du Golfe n'en rapportait qu'une centaine et quasiment pas de morts. C'est fin avril que s'est effectuée la montée pour atteindre un maximum de cas par jour entre juin et septembre, autrement dit au cours des mois les plus chauds pour annoncer une descente progressive et modérée en octobre-novembre (alors que, moins élevées, les températures restent très nettement supérieures à 30°). Il faut remarquer que dans cet ensemble peuplé de 91 millions d'habitants, les 500 000 cas ont été atteints le 1er juillet, le million début septembre et le 1,5 million mi-novembre. Il est presque le double de celui rapporté par le gouvernement iranien pour une population relativement semblable (83 millions). Par contre, la mortalité est beaucoup plus faible, le nombre de personnes décédées atteignant 50 000 en Iran début décembre 2020 alors que les autres pays n'ont dépassé les 20 000 qu'au mois de novembre.

Indépendamment du nombre de cas qui dépend des procédures utilisées et en particulier du nombre de tests pratiqués, le Covid-19 a été moins meurtrier qu'en Iran (et on sait que dans ce dernier pays nombre d'observateurs considèrent que la mortalité y a été beaucoup plus élevée). Indépendamment de l'effet des politiques menées par chaque pays, c'est un exemple parmi d'autres de l'hétérogénéité de la mortalité entre pays et au sein de ces derniers entre régions. De fait, le nombre de morts par million d'habitants à la date du 30 novembre 2020 était de 58 dans les Émirats arabes unis, 84 au Qatar, 148 à Bahreïn, 168 en Arabie Saoudite, 204 au Koweït, 275 à Oman et 301 en Iraq. Il faut noter qu'à cette date, si l'Iraq avait peu testé (8,5 % de la population, de même qu'Oman [11 %]), ce n'était pas le cas de Bahreïn et des Émirats arabes unis, avec plus de 100 %. Le nombre de tests effectués ne peut donc expliquer pourquoi le premier a eu presque 3 fois plus de morts que le second.

Comme dans le reste de l'Asie, il y a eu une nouvelle poussée au printemps 2021, les 3 millions de cas et les 30 000 morts étant atteints début mai et en été.

Israël et ses voisins

Petit par la taille et la population au milieu d'un ensemble arabophone majoritairement musulman sunnite avec des minorités chiites et chrétiennes, Israël est un pays unique qui suscite des sentiments divers selon l'origine et les opinions politiques de ceux qui en parlent. Pays fortement militarisé (garçons et filles font un service militaire obligatoire de quatre et trois ans respectivement ; seuls les ultrareligieux en sont dispensés), il est déchiré sur la question de ses rapports avec ses voisins et par l'ambition affichée de beaucoup de ses dirigeants de s'emparer d'une partie de la Cisjordanie et d'en expulser l'essentiel de la population autochtone.

Le Covid-19 a frappé relativement précocement mais la première vague a été aisément contrôlée. C'était sans compter sur le refus d'une partie des ultra-orthodoxes de mettre une quelconque limite à leurs désirs. Résultat, en fin d'été deuxième poussée. Mais l'État israélien a les moyens dont il a besoin. L'armée a bouclé les secteurs concernés, manière à la fois efficace et subtile de menacer de supprimer la dispense du service militaire dont ils bénéficient.

Israël a été exemplaire en matière de vaccination : 15 % de la population en quinze jours. D'où une course contre la montre entre la volonté gouvernementale de vacciner l'ensemble de la population le plus vite possible et la persistance de contamination, qui pour début février 2021 atteignait des chiffres records. Résultat : fin mai il n'y avait que quelques dizaines de nouvelles contaminations par jour et quasiment plus de morts.

La situation des autres pays voisins est variable. Dans la Syrie ravagée par la guerre, seuls quelques milliers de cas et des centaines de morts sont rapportés sans qu'on ait la moindre information sur ce qu'ils signifient.

La Palestine et la Jordanie, quasiment indemnes de la maladie au printemps et en été, ont vu cette dernière attaque en force à l'automne avec un nombre de cas aux alentours de 150 000 et 300 000 respectivement à la fin de l'année 2020, plus de 1 400 et plus de 4 000 morts. Quant au Liban, il a dépassé les 200 000 cas début janvier 2021 avec plus de 1 500 morts ; 500 000 et près de 8 000 en juillet, ce qui en fait le pays d'Asie avec la plus grande mortalité par habitant.

Mais l'évolution des voisins d'Israël est étrange : en effet elle est quasi similaire à ce dernier pays, avec un temps de retard pour la Jordanie et la Palestine : pic en avril pour la Palestine, en mars pour la Jordanie et le Liban contre janvier pour Israël. Puis baisse progressive dans les 3 pays avec au total une mortalité inférieure à Israël en Palestine, supérieure dans les 2 autres pays. Ces évolutions illustrent l'aspect « régional » de la pandémie : avec des conditions socio-économiques, politiques, sanitaires très différentes, on retrouve une tendance générale assez proche. Israël a en juin 2021 839 000 cas et 6 400 morts, la Palestine 310 000 et 3 700 ; la Jordanie 735 000 et 5 000 ; le Liban 540 000 et 7 700.

L'Afrique

Avec plus de 1,3 milliard d'habitants, l'Afrique, d'une surface d'environ 30 millions de kilomètres carrés, est séparée en deux par le désert du Sahara. Au nord la population est musulmane et arabophone (avec une minorité chrétienne en Égypte et une forte minorité berbérophone à l'ouest). Au-dessous, à l'est et à l'ouest, se trouvent des populations noires constituant une mosaïque de peuples que séparent la langue, la culture et la religion même si christianisme et islam y ont une place prépondérante, mais très souvent mélangés de pratiques religieuses animistes, cependant que les religions traditionnelles conservent d'assez nombreux pratiquants. Les deux langues véhiculaires sont l'anglais et le français. Le nord de l'Afrique subsaharienne est déchiré par le terrorisme islamique qui trouve son terreau dans des populations musulmanes particulièrement pauvres avec des structures politiques qui très souvent fonctionnent plus dans l'intérêt des dirigeants que de leurs peuples.

Le Covid-19 n'a jusqu'ici touché l'Afrique que marginalement. Certes les nombres publiés sont sujets à caution en raison du très faible nombre de tests, de la mauvaise répartition des médecins et des soignants et de la volonté de certains dirigeants de donner une vision personnelle de la réalité. Ceci étant dit il y a une épidémie nette en Afrique du Sud et à un moindre degré des pays qui l'entourent ou qu'elle entoure. Dans le Nord, la Tunisie affiche des chiffres plausibles, les autres sont probablement discutables (la Libye, coupée en deux et dont l'infrastructure médicale a été abîmée par la guerre civile, affiche plus de cas que l'Algérie...). Entre les deux, certains pays semblent donner des informations crédibles (Cap-Vert, Gabon), pour les autres, il est difficile d'avoir une opinion. Quoi qu'il en soit on peut dire que jusqu'ici le Covid-19 ne semble pas avoir frappé massivement. Jusqu'à quand ?

Afrique du Nord

L'Afrique du Nord avec ses 200 millions d'habitants vivant sur 7 millions de kilomètres carrés, essentiellement près de la Méditerranée et de l'océan Atlantique, comporte une grande partie du Sahara. Sa population est essentiellement arabe et musulmane sunnite avec une minorité chrétienne en Égypte, des groupes berbérophones essentiellement au Maroc et en Algérie et des populations d'origine subsaharienne dans une partie de la Mauritanie. Les pays qui la composent (Égypte, Libye, Tunisie, Algérie, Maroc et Sahara occidental) ont des régimes variés : l'Égypte et l'Algérie sont dirigés par des militaires, la Libye a un militaire à l'est et un gouvernement islamiste à l'ouest, la Tunisie et la Mauritanie sont des républiques et le Maroc une monarchie constitutionnelle. Le Sahara occidental est un territoire au statut juridique contesté.

L'Afrique du Nord a été touchée très tôt par le Covid-19 qui s'est répandu par vagues. Tout d'abord en Égypte et en Algérie, puis au Maroc au début de l'été, suivis par la Libye et la Tunisie.

Malgré cette hétérogénéité régionale, le nombre de cas est monté de façon quasi linéaire de façon nette à partir du mois d'août 2020 pour atteindre plus de 8 000 cas par jour fin septembre. Il a ensuite diminué progressivement, les 100 000 cas ont été atteints le 1er juillet, les 500 000 fin octobre.

La mortalité a été assez faible pour la population : 10 000 morts le 21 septembre, 20 000 début décembre.

Puis il y a eu deux poussées successives en janvier et en avril 2021 en sorte que le million de cas a été atteint mi-janvier 2021, les 1,5 million mi-juin et les 40 000 morts début mai. Toutefois, cette évolution a été très inégale. Étant l'un des champions du monde de la non-utilisation des tests (0,5 pour 100 habitants) l'Algérie n'affiche que quelques cas par jour. Le Maroc a tout d'abord reconnu une importante progression puis, depuis le début du printemps 2021, très peu de choses jusqu'en juillet. L'Égypte (2,7 tests pour 100 habitants) est proche de l'Algérie. Par contre la Tunisie a affiché une croissance nette des cas et des morts (600 000 et 20 000 respectivement début août) qui en font, avec plus de 1 600 par million d'habitants, le premier pays du continent pour la mortalité. Inutile de dire ce que cela signifie des autres pays…

Notons la politique vaccinale active au Maroc, moins nette ailleurs. L'Algérie a brutalement affiché 2,5 millions de doses le 11 juin contre 75 000 le 4.

Un petit message de Tunis

La Tunisie, si proche de la France, avec ses plages, ses sites archéologiques, sa population si accueillante. Accueillante certes, mais, derrière cet aspect réel mais parcellaire se cache autre chose. La Tunisie est un pays musulman et l'Islam des intellectuels est moderne, ouvert, tolérant, même chez la plupart de ses autorités religieuses. Parmi le peuple, et principalement dans cette fraction qui se sent à tort ou à raison marginalisée, comme c'est le cas de la quasi-totalité du sud et de l'ouest du pays, ainsi que des faubourgs des principales villes, il existe un sentiment d'appartenance très fort et parfois intolérant à l'Islam et une soumission à la volonté divine qui a fait le succès des diverses présentations politiciennes, qui en mettant la religion au premier plan ont profité de cet attachement.

Avec l'arrivée du Covid-19, pour beaucoup c'était, avec fatalisme, l'acceptation de la volonté de Dieu. Et puis on a vu des morts et des morts (rappelons que jusqu'à l'été 2020 pour un pays de 11,5 millions d'habitants il n'y en avait qu'une cinquantaine). Et dans les rues du Tunis populaire début décembre 2020 les masques sont tout à coup passés à 10, 20, 50 % des passants. Certes Dieu décide de tout. Mais se protéger du virus n'est pas une position qui l'offense…

L'Afrique subsaharienne

À l'heure où ce livre est écrit, l'Afrique n'a qu'une atteinte très marginale de la part du Covid-19. L'essentiel des cas et des morts se répartit entre les pays arabo-musulmans du Nord et l'Afrique du Sud. Pour le reste, seuls le Kenya, l'Éthiopie, la Zambie et le Nigeria[1] dépassent les 100 000 cas. Quant à la mortalité par million d'habitants, elle est

1. Rejoints par le Botswana, le Ghana, le Mozambique et le Zimbabwe.

basse, voire très basse. Il y a à cela plusieurs raisons. Tout d'abord, rarissimes sont les pays qui disposent de tests en quantité significative. Seules quelques petites entités dépassent 5 tests pour 100 habitants : Cap-Vert, Gabon, Djibouti. Dans la quasi-totalité des autres pays, il y en a moins de 2. La deuxième raison est que l'Afrique subsaharienne est le seul continent sur lequel l'origine infectieuse reste une des causes principales de la mortalité et il est possible qu'un certain nombre de malades du Covid-19 passent inaperçus au milieu d'autres patients fébriles. La troisième est le sous-équipement tant en personnel soignant qu'en structures adaptées, et en consommables (les tests en faisant partie). La quatrième est la faiblesse générale des institutions étatiques, la corruption et l'instabilité quand il ne s'agit pas de terrorisme.

Il va sans dire que s'il y avait une déferlante du Covid-19 en Afrique, cela se saurait. Mais il est possible que le nombre de cas et de morts soit 2, 5, 10 fois plus important qu'on ne le pense. Il est aussi possible que le virus n'ait pas encore décidé de frapper. Au printemps 2020 dans des pays comme la Slovaquie, la Jordanie, la Géorgie ou le Myanmar on aurait pu penser que le Covid-19 était tenu à distance. Et puis à la fin de l'été et à l'automne il a frappé avec plus ou moins de violence. En sera-t-il de même de l'Afrique subsaharienne ? *Chi lo sa ?*

Les morts en Afrique noire

Le continent africain est celui qui rapporte le plus faible nombre de cas et de morts et, en dehors de l'Afrique du Sud, de la Namibie et de la Tunisie, la mortalité par habitant est particulièrement basse. Il est évident que si la pandémie était à son paroxysme, cela se saurait. Par contre, on peut soupçonner une sous-estimation de la maladie quand on considère le nombre de tests effectués : pour 100 habitants, 1 au Nigeria ; 2,3 en Éthiopie ; 3,3 au Kenya.

En Zambie, pays de 15 millions d'habitants, c'est 5,5. Et, en août 2021, un peu plus de 3 400 morts. Toutefois, une étude faite sur 364 cadavres dans la morgue du principal hôpital de Lusaka, la capitale, a retrouvé 70 cas positifs (RT-PCR) dont seulement 6 testés de leur vivant. De plus, 53 des 70 avaient moins de 60 ans. Il va sans dire que si cette proportion est représentative de la réalité de la mortalité due au Covid-19, il n'y aurait pas 3 400 mais entre 30 000 et 40 000 morts, c'est-à-dire au moins 2 000 par million d'habitants. Bien loin des 10 déclarés par le Nigeria.

Un admirable exemple : la Tanzanie

La Tanzanie, née en 1964 de l'union de deux colonies britanniques, le Tanganyika et l'île de Zanzibar, est un pays de près de 60 millions d'habitants en majorité chrétiens mais avec une forte minorité musulmane sur 945 000 km². Après le célèbre Julius Nyerere[1], plusieurs présidents ont été élus démocratiquement, le dernier, John Magufuli, célèbre pour l'entrain avec lequel il a construit des routes et, au début, lutté contre la corruption, est resté à la tête de l'État depuis 2015. Peu à peu la lutte contre la cybercriminalité s'est transformée en répression de toute critique à son égard. Le président du principal parti d'opposition a été arrêté en 2018 pour « appel à la haine » et le pays en cinq ans est passé selon l'organisation Reporters sans frontières de la 75e à la 124e place des pays pour la liberté de la presse.

Hostile à la contraception, Magufuli a montré l'étendue de son pouvoir non seulement politique mais virologique en affirmant que « le virus a été totalement éliminé par Dieu grâce aux prières des Tanzaniens ». Et depuis le 8 mai 2020, avec ses 509 cas et 21 morts immuablement inscrits au décompte des victimes, il peut rejoindre le petit groupe de chefs d'État avec les présidents de la Corée du Nord et du Turkestan, qui ont éliminé le virus d'un simple trait de plume.

De manière incompréhensible l'Ambassadeur de France, le 11 mars 2021, a décommandé aux Français de se rendre dans ce pays à cause de l'explosion du Covid-19. Il n'avait sans doute pas compris John Magufuli qui, lui, est mort le 16 mars 2021 « d'une maladie du cœur » officiellement. Mais d'autres pensent que…

Depuis, celle qui lui a succédé, Samia Suluhu, ne sait pas comment se débarrasser du fléau… mais continue à afficher les mêmes données, ou presque.

---

1. Un des pères du socialisme africain, Julius Nyerere, a mené une politique excluant tout racisme. Il a accueilli les réfugiés politiques de tous pays, y compris des sujets blancs. Il a été un des seuls dirigeants africains à quitter volontairement le pouvoir. Il est l'objet d'un procès en canonisation par l'Église catholique.

Afrique du Sud

L'Afrique du Sud, qui, comme son nom l'indique, occupe la pointe sud du continent, a une surface double de la France (1,2 million de kilomètres carrés) pour une population un peu inférieure (55 millions d'habitants). Peuplé de près de 90 % de Noirs et de métis, c'est le seul pays africain qui abrite une importante communauté d'origine européenne, essentiellement britannique et hollandaise. Il a 11 langues nationales, 9 africaines plus l'anglais et l'afrikaans dérivé du hollandais. Par rapport au reste de l'Afrique, c'est un pays riche (revenu moyen 13 600 $) qui, en dépit d'une criminalité élevée et d'une corruption rampante, est un des plus dynamiques du continent. En raison de ses liens économiques avec la Chine, l'Afrique du Sud a été un des pays les plus précocement touchés par le Covid-19. Dès le 15 mars, le président Cyril Ramaphosa a proclamé l'état de désastre. Très rapidement, fermeture des frontières, et des écoles, préconfinement, furent mis en place (27 mars pour ce dernier). En mai-juin les restrictions furent levées plus ou moins. De façon intéressante, l'interdiction de circuler a non seulement ralenti la croissance des cas et des morts mais a diminué par 6 les morts d'accidents de la route et, pendant la période du 29 mars au 22 avril, fait chuter le nombre de meurtres et d'assassinats de 1 542 l'année précédente à 432. En dehors des restrictions de circulation, le gouvernement est un des rares en Afrique avec le Maroc à avoir utilisé les tests diagnostiques (25 pour 100 habitants). En dépit des mesures de contrôle, le nombre des cas est monté brutalement pendant l'hiver austral à partir de juin pour dépasser 12 000 par jour en juillet et redescendre et se stabiliser aux alentours de 1 500-2 000 début septembre. Avec l'arrivée de l'été, le nombre de cas est reparti à la hausse, en particulier au mois de décembre. Puis a diminué à nouveau. Pour remonter à 1,7 million début juin 2021 avec 57 000 morts et dépasser 2,1 million et 64 000 respectivement le 14 juillet.

Cette augmentation spectaculaire est en rapport avec la découverte d'un variant plus infectieux (B1.351 ou Bêta).

La répartition des cas et des morts est très inhomogène, l'essentiel se trouvant dans les territoires maritimes du Sud. C'est également dans cette zone qu'est apparu le variant dit « sud-africain ». Avec plus de

1 200 morts par million d'habitants, l'Afrique du Sud est le pays affichant la plus forte mortalité d'Afrique noire et le second du continent après la Tunisie. Malgré la relative « richesse » du pays, la vaccination n'est pas apparue comme prioritaire et, à la fin du printemps, restait très faible : 1,53 million de doses le 11 juin 2021 pour environ 55 million d'habitants.

Voisinages

Alors que l'épidémie frappait en plusieurs poussées l'Afrique du Sud, ses voisins (Botswana, Eswatini, Lesotho, Mozambique, Namibie et Zimbabwe) ont vu, à partir de décembre 2020, le nombre des cas et des morts monter d'une façon importante, tout en étant moindre que celui de leur puissant voisin. Peuplés au total de 39 millions d'habitants, ils ont vu, entre le 9 décembre 2020 et le 3 février 2021, passer le nombre de cas de 67 662 à 152 552 et de morts de 818 à 2 841 ; la mortalité par million d'habitants montant de 21 à 73.

Notons que le même phénomène s'est étendu vers l'est en Zambie (16 millions d'habitants) : de 18 274 cas à 55 042 et de 367 morts à 780 et au Malawi (20 millions) : de 6 066 cas à 24 365 et de 187 morts à 712. Depuis, le phénomène s'est amplifié. La Namibie est, avec plus de 1 000 morts par million d'habitants, le 3e d'Afrique.

L’Océanie

L’Océanie forme un ensemble d’îles dont la plus grosse, l’Australie avec ses 7,7 millions de kilomètres carrés, est un continent. Après elle, la Nouvelle-Zélande, avec ses 600 îles dont deux principales et ses 269 000 km^2, est beaucoup plus petite. Les autres sont encore moins étendues (Nouvelle-Calédonie, 18 500 km^2). La plupart sont anglophones et conservent les langues qu’elles pratiquaient avant l’arrivée des Européens.

Le Covid-19 a touché l’Australie et la Nouvelle-Zélande mais la réaction précoce des gouvernants a permis d’en contenir l’importance. Même après une deuxième poussée, l’Australie a su faire face et limiter le nombre de cas qui reste faible par rapport à la population : 28 000 cas, 909 morts en janvier 2021 pour 26 millions d’habitants. Quant à la petite Nouvelle-Zélande (5 millions d’habitants), elle a aux alentours de 2 000 cas et 26 morts.

La situation est similaire en Nouvelle-Calédonie (près de 2 millions d’habitants) : quelques dizaines de cas et 0 mort.

Ce n’est pas le cas à Guam, 164 000 habitants et près de 140 morts, en Polynésie française (300 000 habitants et plus de 140 morts) ; et en Papouasie-Nouvelle-Guinée (8,8 millions d’habitants : plus de 15 000 cas et de 160 morts).

Et les îles Fidji, relativement préservées jusqu’au printemps 2021, ont vu le nombre de cas bondir fin juin pour atteindre 11 000 le 14 juillet avec 58 morts, 30 000 cas et 240 morts le 4 août.

III

Enjeux, défis et décisions

Comment tuer un maximum de personnes

I. Passer inaperçu

Pour tuer beaucoup de monde, il y a plusieurs méthodes. La première, qui au XXᵉ siècle a été une des plus efficaces, est de disposer d'un appareil d'État fort, de concentrer tous les pouvoirs, d'éliminer toute opinion divergente et de faire marcher l'ensemble en écrasant tout ce qui se trouve devant soi, à l'extérieur comme à l'intérieur de son pays.

La deuxième est de disposer d'armes biologiques ou chimiques capables d'exterminer rapidement un très grand nombre de gens. En fait l'histoire ne retrouve pas – même en incluant les victimes de l'ypérite pendant la Première Guerre mondiale – d'exemple de ce type dans les interventions humaines, l'agresseur sachant qu'il peut en devenir la victime.

Par contre certaines pandémies ont été terrifiantes. La peste a tué un pourcentage extrêmement élevé de malades à tel point que des régions ont été vidées de toute population. La variole a été presque aussi mortifère. De plus, l'exposition brutale à de très nombreux agents pathogènes inconnus jusqu'alors est la raison principale – n'en déplaise à Bartolomé de Las Casas – de l'extermination des peuples amérindiens lors de l'arrivée des Espagnols. Une anecdote à ce sujet. L'auteur, invité à soigner le chef d'un État du Moyen-Orient, rencontra l'autre praticien qui avait été appelé. Ce dernier, un gentleman très britannique, lui raconta qu'après la Seconde Guerre mondiale il avait, avec quelques amis, pénétré dans un village d'Amazonie qui était resté jusque-là étranger à tout contact. Ils furent très bien accueillis et quelques jours plus tard la moitié des villageois mourut de la varicelle, une maladie qui, en Europe, est quasi toujours bénigne.

Ainsi les grosses épidémies peuvent-elles tuer en masse.

Mais il y a une manière plus subtile de le faire. Imaginons une maladie infectieuse qui brutalement tue 100 % de ceux qu'elle atteint. Le résultat est simple : comme il n'y a plus personne pour la propager, elle s'arrête.

Et si on en suppose d'autres de plus en plus contagieuses et de moins en moins mortelles, le nombre total de morts, paradoxalement, sera le fait de celles qui, étant les plus aisément transmissibles, toucheront le plus grand nombre et de ce fait entraîneront les plus grandes mortalités. La plus terrible des pandémies des temps modernes a été la grippe espagnole dont la mortalité, supérieure à celle du Covid-19, était de 3 à 5 %. Résultat, 70 millions de morts.

Aujourd'hui le Covid-19 avec ses 0,5 à 1 % de morts, du fait de sa diffusion, a tué officiellement plus de 4 millions de personnes (en fait entre le double et le triple). Comme quoi un germe « pas si méchant que ça » peut être un tueur en série plus efficace que, par exemple, la fièvre d'Ebola pourtant autrement dangereuse.

II. Savoir durer

Supposons que le Covid-19 ait un cerveau. Et qu'il ait un objectif : se répandre le plus possible et, çà et là, tuer. Il va sans dire que, habitué à l'homme, s'y trouvant bien, son but serait, comme toute espèce vivante, de durer. De se reproduire et de durer. Supposons qu'il ait voulu tuer tous les humains et qu'il y ait réussi. Le résultat serait évident : il disparaîtrait avec ses victimes. Bénéfice zéro. Supposons également, sans tuer beaucoup de monde, que d'un seul coup, grâce à une contagiosité exceptionnelle, il touche la totalité de l'humanité. Résultat, à part ceux qui seraient morts, les autres développeraient des anticorps. Et, pour d'autres raisons mais aussi efficacement il serait rayé de la planète. Là encore, mauvaise idée.

Car il a un ennemi et un seul : puisqu'il n'existe pas de médicament capable de l'éliminer, qu'il soit en petite ou en grande quantité, la seule chose qui puisse s'opposer à lui est l'immunité. Dans certains cas, elle est naturellement suffisante. Mais le plus souvent elle semble acquise.

Ainsi donc, pour pouvoir survivre, son meilleur atout est de ne pas frapper trop de monde, de ne pas paraître trop méchant afin qu'il puisse aller et venir à sa guise. Et puis si l'humanité s'habituait à lui, il pourrait profiter du renouvellement des générations pour durer, durer, durer.

Évidemment il court toujours le risque qu'une drogue soit efficace contre lui. Bon, à l'horizon on n'en voit se profiler aucune, mais... Et s'il est assez malin pour se réserver des millions d'hôtes potentiels, son futur est assuré.

Il n'a donc qu'un seul ennemi ; mais il a des alliés. Son ennemi est très simple : c'est un produit qui fait fabriquer par les sujets sains tout un arsenal de cellules, de messagers, de missiles qui, dès qu'il voudra s'installer, vont non seulement l'en empêcher mais le tuer. Autrement dit le vaccin. Ça pour lui c'est la mauvaise nouvelle – la bonne c'est l'existence de ces milliers de personnes qui le refusent, et qui, lui permettant de garder une large base de manœuvre, sont ses alliés, ses collaborateurs même.

III. Se trouver des alliés

Lorsqu'un ennemi attaque une population, il y a deux cas de figure. Soit il trouve face à lui un front uni prêt à se battre et à le détruire, soit il y a des flottements de l'indécision, des contradictions et alors il va s'appuyer sur ceux qui lui semblent les moins convaincus, les moins déterminés pour perturber l'ensemble de la société qu'il assaille. On l'a vu pendant les pandémies antérieures comme la peste, mais ceux qui réagissaient de façon aberrante avaient une excuse : on ne savait rien de la cause de la maladie ni de son mode de transmission et la théorie de la pollution de l'air héritée d'Hippocrate aveuglait tout autant le corps médical. Dans un autre domaine, politique celui-ci, Hitler a su profiter des pacifistes de l'entre-deux-guerres, aveuglés par leur crainte de voir se renouveler les massacres de la Première Guerre mondiale et qui, lui cédant à chaque fois qu'il avançait, l'ont aidé dans sa dévastatrice folie meurtrière. Aujourd'hui, comme toujours auparavant, il y a ceux qui comprennent le danger d'un virus qui, sans muter, s'il touchait la totalité de la population française, tuerait au moins 500 000 personnes. Et ceux qui par idéalisme, refus d'affronter le réel, illusion, manipulation, et surtout ignorance et aveuglement refusent d'accepter une vérité simple. Il faut l'empêcher de nuire. Il faut l'empêcher de tuer. Ces derniers, en s'opposant à la distanciation, aux masques, au confinement, à la vaccination, *volens nolens*, sont les alliés, les amis et les collaborateurs du virus. Indifférents ou inconscients, ils l'aident dans son œuvre mortifère.

IV. *La stratégie Fantômas*

En février 1911 parut dans la célèbre collection des 65 centimes Arthème Fayard, vendu exceptionnellement 35, *Fantômas*, œuvre de Pierre Souvestre et de Marcel Allain, avec une couverture dont l'auteur resté anonyme n'était pas Gino Starace[1], l'illustrateur attitré des couvertures de la collection. S'ensuivirent 31 volumes des deux compères. La mort de Souvestre en 1914 interrompit la série, reprise par Allain seul pour une dizaine de romans échelonnés entre 1926 et 1963. Mais Allain, auteur entre autres d'une version féminine *Fatala* qui alterne remplissages et passages éblouissants, n'y retrouva pas vraiment le ton qui avait fait le succès des précédents.

Car Fantômas c'est l'esprit du mal, la volonté de détruire, le goût du crime, l'instinct de mort. Et pour ce faire il a une technique : il change de visage, devient magistrat, gentleman, noble, etc.

Alors, pour le Covid-19, encore plus que de se cacher, quoi de mieux pour tuer que de changer de tête, en bref de muter. Se sentant déjà moins à l'aise avec toute la série de mesures barrières appliquées de façon plus ou moins efficace de par le monde, sentant venir le vaccin, et avec ce dernier le risque de ne plus trouver d'hôte et donc de disparaître, brusquement, en quatre pays différents, de façon quasi synchrone, il mute : et ces différents variants ont comme caractéristique d'être plus contagieux. Plus contagieux, même avec la même dangerosité individuelle, cela fait beaucoup plus de morts.

Et puis il peut se mettre à rêver : et si tout à coup surgissait une nouvelle série de mutants qui ne seraient pas arrêtés par les anticorps contre la première version, spontanés ou après vaccination, tout serait à recommencer. Un futur radieux de super Fantômas s'ouvrirait devant lui.

1. À ne pas confondre avec Achille Starace, fusillé à la suite de Benito Mussolini.

V. Multiplier les repaires et les réservoirs

Virus venu d'un autre animal, le SARS-CoV-2 s'est installé chez l'homme. Où il se sent à l'aise et a contaminé des dizaines de millions de personnes. Autrement dit son réservoir actuel est humain. Il faut cependant constater que ce dernier a contaminé plusieurs espèces, des félins (chats, tigres, lions), des mustélidés (vison, furet), des canidés (chiens).

Le vison mérite un intérêt particulier. En effet, dans les élevages concentrationnaires où s'entassent des milliers de visons d'Amérique (*Neovison vison*), le SARS-CoV-2 a contaminé plusieurs centaines d'animaux. Qui plus est, une mutation a, en retour, en l'effet de contaminer des humains à partir des animaux – c'est ce qui a amené à enthanasier l'essentiel des élevages européens. Ainsi donc le vison d'Amérique a-t-il la capacité d'accueillir le virus, de lui permettre de prospérer, de se multiplier et de muter.

Pour le virus, disposer non pas d'une espèce-réservoir mais de deux ou plus est une stratégie lui permettant de s'implanter durablement.

Originellement le vison d'Amérique a une aire de répartition allant du cercle polaire au nord du Texas et de la Floride. Il a été introduit en Europe (îles Britanniques, France, Pays-Bas, Danemark, etc.) et en Sibérie à des fins d'élevages et il s'en est échappé et constitué des populations sauvages classées comme envahissantes, voire nuisibles. En décembre 2020, la découverte d'un vison sauvage positif au SARS-CoV-2 dans l'Utah aux États-Unis laisse craindre une diffusion de la maladie qui pourrait toucher non seulement cette espèce mais ses prédateurs (renards, coyotes, loups, lynx, couguars). Ou bien cette découverte est anecdotique ou bien elle annonce que le virus a trouvé un repaire nouveau dans une nouvelle espèce – qu'il dispose désormais de deux réservoirs. Et peut-être d'autres, chez ses prédateurs.

Le Covid
et la société

Le Covid-19 et la société

En frappant la société, le Covid-19 en perturbe le bon fonctionnement. Touchant surtout les jeunes et tuant les vieux, il est en soi un facteur de fracture. Venant par définition d'un pays étranger, il offre aux démagogues la possibilité de se dégager de leur incompétence pour stigmatiser « les autres ». Il crée le désordre, fait de l'autre un ennemi potentiel. L'économie est touchée, la culture effondrée, les relations amicales, familiales et amoureuses sont des lieux de contamination. Et au milieu de tout cela, ceux qui souffrent d'autres maladies risquent de ne pas recevoir les soins auxquels ils ont droit.

C'est évidemment le rôle des pouvoirs publics de s'assurer que ces facteurs de discorde soient éliminés ou au moins limités.

Il est donc important : 1) de définir ce que sont les éléments d'une stratégie contre le virus ; 2) de rappeler ce que nous proposions en 2005 dans *Pandémie. La grande menace* pour une situation qui ressemble étrangement à celle que nous vivons ; et 3) de faire le bilan de ce qui a été fait.

Quelques leçons des pandémies

Au cours de l'histoire, les pandémies ont été caractérisées par l'arrivée brutale de maladies à forte mortalité pour lesquelles il n'y avait pas de traitement. Et les descriptions faites par ceux qui nous en ont laissé la trace, depuis Thucydide pour la peste d'Athènes (de 430 à 426 av. J.-C.), en plus des signes cliniques de chaque affection, comportent également les réactions des populations, des gouvernants et leurs résultats. En fait, quelles que soient les mesures prises, il n'y a jamais eu de « victoire ». Autrement dit, l'intervention humaine n'a eu jusqu'ici, dans le meilleur des cas, qu'un effet de retardement (qui donne du temps pour mieux se préparer) et d'écrêtage, c'est-à-dire une diminution, non une disparition des cas.

Il y avait autrefois une raison intellectuelle : à part de très rares auteurs, il y avait un consensus : c'était la pollution (corruption) de l'air qui était responsable des maladies – d'où l'idée que le traitement était de s'y opposer avec des parfums. La notion pasteurienne, c'est-à-dire que les maladies infectieuses étaient causées par des êtres vivants invisibles à l'œil nu, a éradiqué cette conception et transformé la compréhension non seulement de la pathologie mais aussi de sa transmission.

Indépendamment de cet aspect majeur, on trouve, dans l'histoire de ces maladies, des traits qui restent d'actualité. Au début il y a négation. À la fois parce qu'en général on a tendance à refuser une mauvaise nouvelle et puis, comme on l'a constaté lors de la peste de Marseille en 1720, parce que c'est mauvais pour le commerce. Un deuxième effet est de chercher des boucs émissaires. Lors de la Grande Peste de la fin du Moyen Âge, ce furent les « empoisonneurs de puits » puis les Juifs et malgré l'encyclique papale *Sicut Judaeis* qui frappait d'excommunication (peine qui équivalait alors à la mort sociale) toute personne qui maltraitait un Juif, ces derniers payèrent un lourd tribut. Tout comme aujourd'hui les propagateurs de *fake news* désignent à la vindicte publique ceux que dans leur fantasmagorie ils rendent responsables de tous les maux de la planète.

Une autre caractéristique des pandémies est la négation du danger. Et de faire la fête, plus ou moins protégé par des remparts comme on le voit dans *Le Masque de la mort rouge* de Roger Corman (1964) où le seigneur Vincent Price s'est enfermé dans son château pour éviter l'inévitable mort rouge. Un autre élément est l'éclosion du charlatanisme avec sa cohorte d'illuminés, de malades psychiatriques, de sorciers et de farceurs proposant à la fois une explication fantaisiste du phénomène et des traitements dont l'efficacité affirmée avec force n'a d'autre résultat que de propulser la renommée et la richesse de leurs thuriféraires.

Quant au confinement, apparu sous le nom de quarantaine en 1377, car à Venise, on isolait les navires pendant quarante jours, c'est le moyen que les autorités ont opposé aux pandémies. Il a diminué le nombre des cas et des morts mais ne les a jamais arrêtés : il y a toujours un fou ou un marchand obsédé par l'or pour trouver un moyen de le briser et de diffuser le virus ou le microbe qui en est la cause.

On le voit, l'exemple des pandémies antérieures permet de constater la permanence de certains comportements dans l'histoire du Covid-19. Et il est évident que si les autorités avaient pris en compte le savoir des historiens de la médecine, beaucoup d'erreurs auraient pu être évitées. Mais c'est tellement plus chic d'avoir une spécialiste des violences sexuelles en cas de crise sanitaire…

La vie à distance

La vie à distance

Il existe une seule fonction vitale qui est en permanence en danger, la respiration. En effet c'est elle qui fournit l'oxygène nécessaire aux cellules de l'organisme pour fonctionner et même simplement vivre. Or l'organisme humain ne dispose que d'environ 1 litre de réserve, c'est-à-dire ce qu'il consomme en quatre minutes au repos. Quatre-cinq minutes c'est évidemment très court.

La ventilation (c'est-à-dire les échanges de gaz entre le poumon et l'extérieur) fait entrer de l'air, donc de l'oxygène, et expulse du gaz carbonique et de la vapeur d'eau.

Les virus respiratoires colonisent le rhinopharynx et, dans le cas du Covid-19, le poumon. Autrement dit, et en dehors même de ce qu'il peut expectorer, un sujet atteint de ce virus en élimine dans l'aérosol que forme la vapeur d'eau dans l'air expiré.

Ce qui signifie qu'il peut contaminer de deux façons : par les crachats et postillons qui ne vont pas plus loin que 2 m et par la vapeur qu'il émet. Du fait d'une moindre concentration, cette dernière n'est en fait dangereuse qu'en atmosphère confinée et au bout de quinze à trente minutes.

En l'absence de traitement, la seule façon d'empêcher la contamination à partir d'un sujet atteint est de se tenir à distance et de se protéger. En faisant cela on s'éloigne du produit de ce qu'il y a de plus vital et de plus critique en lui.

Le Covid-19, indépendamment de son caractère dangereux, a donc créé, au moins en Occident, un traumatisme fondamental : l'autre est un danger potentiel dont il faut rester à distance. Alors à distance l'amitié, à distance la famille, à distance les collègues de travail, à distance les spectateurs de cinéma, de concerts, d'événements culturels et sportifs, à distance quasiment tout. Et c'est d'autant plus traumatisant que la très grande majorité des contaminations sont le fait justement de proches et que l'une des activités les plus dangereuses est de manger ensemble, activité sociale si l'en est : on respire face à face, on s'envoie des postillons en parlant.

Une des raisons invoquées par les Iraniens pour expliquer leurs mauvais résultats est l'habitude qu'ils ont de se serrer dans les bras pour se saluer et il serait intéressant de connaître la responsabilité, chez les Russes, des baisers sur la bouche dont l'utilisation est beaucoup plus large qu'en Occident.

Si le Covid-19 est vaincu grâce à la résilience de la population et au vaccin, ce sera un souvenir à la fois désagréable et étrange. Mais s'il continue à sévir, que sera la vie de demain ? Est-ce que nous adopterons la façon de se saluer des Japonais qui consiste à se courber sans se toucher ? Est-ce que nous devrons demander à nos interlocuteurs un certificat selon lequel, ayant survécu à la maladie ou ayant été vaccinés, ils ne semblent pas dangereux ?

Dans les familles en sera-t-on à s'espionner pour, dès les premiers signes de la maladie, isoler le contaminé pour qu'il ne devienne pas contaminateur ?

Quels seront les rapports professionnels, amicaux, etc., à distance ? Tombera-t-on dans une méfiance paranoïde ou acceptera-t-on, de guerre lasse, de se laisser contaminer ?

On le voit, cette vie à distance, si elle devait durer, n'est guère attirante et on se doute qu'elle n'améliore pas la santé mentale, ni l'optimisme de nos concitoyens.

Et la vie masquée

Alors à distance, pas terrible la vie. Mais masquée en plus ? Certes on voit en apparaître quelques-uns qui sont transparents. Et si la majorité est bleu clair, d'autres affichent des couleurs et des dessins ; quant aux noirs on a l'impression qu'ils sont en deuil. Deuil du sourire, deuil de la tête des autres. Deuil d'un monde où tout le monde se reconnaissait.

Là encore jusqu'à quand faudrait-il le porter ? Ou alors aurait-on une dispense pour les guéris et les vaccinés, désignant les autres à la réprobation ? Avec des faussaires qui fabriqueront des faux certificats de non-dangerosité, la distanciation c'est désigner l'autre comme ennemi potentiel. Avec le masque c'est se diluer dans une mer d'anonymat.

Les malédictions de l'âge

Le Covid-19, avec sa particularité et sa singularité de tuer avec d'autant plus de vigueur qu'on vieillit, amène à s'interroger sur la façon de vivre pour le 3e et le 4e âge. Une étude des plus de 70 ans à Stockholm ne fait que renforcer l'impression de vulnérabilité. En effet, vivre avec quelqu'un de plus jeune et qui continue à travailler augmente de 60 % le risque de mortalité. En maison de retraite c'est bien pire : 310 % de plus.

Et comme de vivre dans un endroit habité augmente de 70 % comparé aux zones dépeuplées, on peut en déduire que la situation la plus sûre est de rester tout seul dans un endroit désert. C'est gai !

La vie à distance : le télétravail

L'exemple d'une PME : Getraline

Le télétravail, c'est-à-dire le travail à partir de son domicile, existe depuis de nombreuses années. La brutalité du confinement a obligé nombre de sociétés à l'adopter. Plutôt que de faire une analyse générale pour laquelle les données manquent, il nous a semblé plus utile de faire le bilan d'une société familiale, Getraline[1], fondée en 1988 par Jean-Patrick Azpitarte et animée par ses deux enfants Tristan Azpitarte et Adélaïde Descoqs. Son métier, dédié aux technologies avancées, consiste à inventer et à développer des concepts innovants dans le domaine des nouvelles technologies de l'information numérique et de l'immobilier connecté. Entreprise de pointe, son activité est couverte par des brevets (importance de la sécurité). Elle est en forte croissance et emploie au 1er janvier 2021 67 personnes réparties en 3 secteurs : administratif et financier ; recherche et développement par des ingénieurs et des techniciens informaticiens et électroniciens ; production avec des techniciens itinérants (quelques-uns installés en province) chargés de l'installation et de la maintenance.

Le télétravail n'existait pas avant le confinement et a été mis en place en deux jours en mars 2020. Chacun a reçu un ordinateur portable cependant qu'était installé un système permettant le travail en réseau. Toute la société y a été mise sauf les techniciens itinérants qui ont été autorisés pour la maintenance uniquement.

Personne n'a été mis au chômage partiel.

Lors du premier confinement, il y a eu une différence de vécu entre ceux qui ont des enfants, surtout des petits (car ce sont surtout des jeunes), qui ont eu des difficultés, et les autres, mais dans l'ensemble la qualité du travail a été très bonne.

Lors du déconfinement, une charte du télétravail a été élaborée et, même lors de la reprise des activités normales, une journée par semaine est restée en télétravail.

1. 15 rue d'Angiviller, 78000 Versailles.

Dans l'ensemble, le retour au travail normal s'est bien passé : les gens avaient besoin de se revoir et, pour le pôle recherche, la manipulation du matériel localisé sur le lieu du travail était une nécessité. En bref, ils étaient las de cette situation.

Un autre élément très important est la formation des nouveaux venus dans une société en expansion qui ne peut évidemment pas se faire à distance.

Le deuxième confinement a été plus compliqué (sauf pour les itinérants en raison de la possibilité d'acheter une restauration à emporter) pour les raisons précédentes.

Le télétravail – dont les horaires sont les mêmes que pour le travail normal – marche mieux chez ceux qui maîtrisent parfaitement leurs activités et sont autonomes.

L'ensemble du personnel, tout en acceptant la continuation partielle du télétravail, souhaite se retrouver dans des espaces conviviaux pour se réunir et échanger. Cette demande est particulièrement nette chez les plus jeunes.

Ainsi la crise du Covid-19 a-t-elle changé le mode de fonctionnement de la société Getraline et mis en avant, en plus d'une activité partielle en télétravail, le désir de travailler physiquement en commun.

L'exemple de Getraline, avec sa description précise, rejoint de nombreux témoignages dont le maître mot est lassitude. Passé les premiers jours où on est débarrassé des contraintes du trajet, du temps perdu, des dépenses pour le déjeuner, peu à peu s'installe une insatisfaction. Comme quoi, l'homme n'est pas fait pour vivre tout seul. Il a besoin des autres, du contact direct, physique avec les autres. La vie à distance ne saurait être une solution au long cours sur le lieu du travail comme dans la vie affective, culturelle et sentimentale.

Comme le dit Aristote au début de sa *Politique* : « L'homme est un animal politique ». Autrement dit, l'homme vit dans la cité ; l'homme vit avec les autres. Et, sauf rarissime exception, il n'aime pas rester seul, comme le lui conseille d'ailleurs l'écrivain américain Lawrence Block : « ne restez jamais seul car vous êtes en mauvaise compagnie ».

Conséquences économiques et sociales

Récession

Il est évident que l'épidémie touche l'économie d'une façon triple. D'une part, en raison de l'absentéisme des sujets malades ou simplement contaminés ou chargés de s'occuper de leurs proches atteints par le virus. Ensuite, par la mise en place de procédures de sécurité pour protéger les personnels et éviter la diffusion de la maladie. Enfin, en cas de confinement partiel ou total, dans divers secteurs à l'arrêt soit directement (par exemple les restaurants), soit indirectement (leurs fournisseurs, les entreprises du bâtiment qui travaillent pour eux, etc.).

Dans une économie qui est à la fois interconnectée à l'intérieur du pays et à l'extérieur, les effets les plus pénalisants peuvent venir de l'extérieur. Un exemple le Bangladesh, dont 80 % du commerce extérieur est lié à l'industrie du vêtement, arrêt quasi complet des achats par ses clients habituels. On devine les conséquences sur un pays où le revenu moyen par habitant est de 4 200 $.

Aux États-Unis, la première vague s'est accompagnée d'une poussée historique du chômage à 14,5 %, qui s'est progressivement améliorée pour revenir à un taux (haut pour les États-Unis) de 6,7 % en novembre, pour plonger à nouveau en décembre 2020 suite à la flambée des cas de la fin de l'année. Mais grâce aux mesures de soutien, la baisse du PIB n'a été que de 3,5 % avec la perte de 9 millions d'emplois.

En dehors de la Chine et des pays du Sud-Est asiatique et d'Océanie peu touchés par la maladie, la récession frappe partout. Soit directement en raison de l'importance de l'épidémie et des mesures prises pour la limiter, soit parce que les clients ou les fournisseurs habituels font défaut.

En juin 2020, avant la deuxième vague, la Banque mondiale prévoyait une baisse du PIB de 5,2 % (7 % dans les économies avancées), soit la plus forte récession depuis la Seconde Guerre mondiale. Baisse revue un peu plus tard à 4,4 % mais avant la deuxième vague.

La situation s'est aggravée depuis, et le 9 novembre 2020, François Villeroy de Galhau, gouverneur de la Banque de France, prévoyait une chute sur l'année comprise entre 9 et 10 %. En fait ce fut 8,3 %. Il va sans dire que cela affecte la dette et le 18 novembre 2020 la Zambie s'est retrouvée en défaut de paiement. Du coup le G20 a décidé d'un moratoire pour 46 pays qui court jusqu'en juin 2021 et ouvert la porte à l'annulation de dettes pour les plus pauvres.

Tous les pays ont mis au point des plans de relance qui, après l'effondrement d'avril, ont permis de refaire une partie du chemin. Néanmoins, le solde reste négatif et ce d'autant plus que l'épidémie est toujours active aux États-Unis, en Europe, etc.

En décembre 2020, le chômage atteignait 8,3 % en Europe contre 7,4 % en décembre 2019.

La faillite des riches…

La richesse est distribuée de façon très inhomogène autour de la terre et les pays qui en disposent le plus par habitant sont presque tous occidentaux, avec quelques monarchies pétrolières.

Qui plus est, non seulement l'argent est disponible en plus grande quantité que dans le reste du monde mais les systèmes permettant l'accès aux soins y sont aussi plus développés, même si dans certains cas comme aux États-Unis pour certaines parties de la population il est partiel, voire absent. Et enfin, la qualité de la médecine et des hôpitaux et cliniques est dans l'ensemble très supérieure.

Disposant en outre d'organes de presse et de médias, l'arrivée d'une maladie infectieuse transmissible de sujet à sujet devrait, la surprise initiale passée, entraîner une réaction de la part des autorités sanitaires et politiques et une mobilisation de la population qui arrive à la quasi-extinction de la contagion et de la maladie et en conséquence une faible mortalité.

Or il n'en est rien. Certes plusieurs pays d'Amérique du Sud où la richesse est loin d'être le lot commun (Bolivie, Brésil, Colombie, etc.) ont des mortalités élevées. Mais dans l'ensemble, c'est paradoxalement parmi les nations les plus riches, disposant des services de santé et d'une médecine très au-dessus de la moyenne, que les résultats sont les moins bons.

Et dans ces pays, la mobilisation du corps soignant a été dans l'ensemble exemplaire, sauvant des vies par milliers.

Certes on peut penser qu'en Afrique subsaharienne tous les cas et tous les morts ne sont pas recensés. Mais, par exemple en Afrique du Sud où existe un réseau médical et sanitaire efficace et où les données épidémiologiques sont fiables, la mortalité est inférieure à celle de la France et plus encore à celle de la Belgique.

Alors que penser de la gestion de cette crise par les autorités du monde occidental ? Et que penser d'une partie de la population qui, par aveuglement, joue de façon systématique contre toutes les mesures qui permettraient d'anéantir ou au moins de contenir la pandémie meurtrière ?

« Incompétence », « indécision », « aveuglement » sont les mots qui caractérisent, avec quelques exceptions (Jacinda Ardern en Nouvelle-Zélande, Scott Morrison en Australie, Angela Merkel en Allemagne et quelques autres), les dirigeants occidentaux. Quand on pense que le pays le plus important, les États-Unis d'Amérique, qui dispose (à défaut d'un système d'accès aux soins démocratique) d'un formidable arsenal médical, scientifique et pharmaceutique, sans équivalent au monde, représente à lui tout seul entre 12 et 20 % des cas et des morts pour une population qui fait moins de 5 % de celle du globe, on se rend compte de l'ampleur du drame, de la crise profonde, de la confusion qui est celle de ce pays. Mais qui est aussi la nôtre. Car nous avons un des systèmes de protection sociale parmi les tout premiers au monde, une médecine qui, non seulement dans ses services hospitaliers de pointe, mais dans le réseau des généralistes qui quadrille notre territoire, est elle aussi parmi les toutes premières. Et malgré cela, les résultats sont mauvais, pires que des dizaines de pays dix fois moins favorisés que nous.

Alors que s'est-il passé ? Certes, lorsqu'on voit l'ex-président Donald Trump à l'œuvre, on n'est que modérément surpris. Mais près de la moitié des votants américains ont avalisé une gestion cataclysmique et meurtrière. Et que dire de Boris Johnson en Grande-Bretagne, claironnant, tintinnabulant au tout début, à tel point qu'il a failli mourir de la maladie dont il se moquait quelques semaines auparavant ? Mais que dire aussi de l'immense majorité des dirigeants des pays occidentaux, dont le nôtre ? On le voit, les riches se sont retrouvés parmi les plus mauvais élèves. Mais il est vrai qu'en leur sein, ce sont les parties les plus pauvres et les plus démunies de leurs populations qui paient le prix fort. Et peut-être que ceci explique – au moins en partie – cela.

Et la malédiction de leurs pauvres

Les États-Unis d'Amérique ont de nos jours une population bigarrée quant à ses origines ethniques. Pour environ 330 millions de personnes (estimation 2018), il y a 72 % de Blancs, 13 % de Noirs, 5 % d'Asiatiques, 0,9 % d'Amérindiens. Non comptés parmi ces derniers en raison de leur hétérogénéité ethnique, les hispaniques étaient estimés à 16 % de l'ensemble. Le CDC, sur un relevé épidémiologique de près de 6 millions et demi de cas, retrouvait : Blancs 53,6 %, hispaniques 23,3 %, Noirs 13,3 %, Amérindiens 1,1 %, Asiatiques 3,2 %. Pour les morts : Blancs 59 %, Noirs 17,5 %, Asiatiques 4 %, hispaniques 14 %, Amérindiens 0,1 %.

On le voit, tant pour le nombre de cas que de morts, il y a une sous-représentation des Blancs et des Asiatiques et une surreprésentation des hispaniques pour les cas et des Noirs pour les morts. Ces deux dernières catégories sont les moins favorisées. Et représentent à elles deux 36,6 % des cas et 31,5 % des morts[1].

Ainsi, chez les riches, ce sont quand même les plus pauvres qui sont atteints et meurent.

1. Le même constat a été fait au Royaume-Uni.

Stratégie de lutte contre la pandémie de Covid-19

Stratégie de lutte contre la pandémie de Covid-19

La lutte contre le Covid-19 doit tenir compte d'éléments différents. Tout d'abord identifier l'ennemi. C'est simple, un nouveau virus contre lequel il n'y a pas de traitement, assez infectieux, qui touche surtout les jeunes et qui tue les vieux.

Il va sans dire qu'à moins de considérer qu'il faut lui permettre de s'installer tranquillement pour que la population soit immunisée, ce qui signifie de 500 000 à 700 000 morts, avec de plus le risque de mutation, les seules façons de le contrer sont 1) le vaccin et 2) la découverte d'un traitement efficace.

Face au virus, plusieurs éléments sont à considérer :

1 – Les pouvoirs publics. Leur rôle est double, d'une part informer en temps réel et en toute transparence la population de l'état tant de la connaissance scientifique que de l'épidémie, de sa progression, des moyens mis en œuvre, etc. D'autre part, définir une politique, c'est-à-dire, de façon coordonnée, avec une personne ayant pleine autorité sur l'ensemble des administrations et travaillant à plein temps sur le Covid-19 à recueillir les informations sur la progression de la maladie, à mobiliser les acteurs impliqués dans la lutte et à rechercher les moyens matériels nécessaires à l'accomplissement des différentes tâches de prévention, à la limitation des contaminations, au traitement des malades.

2 – La population. Elle doit être informée et, se sentant protégée à la fois par la franchise des déclarations des autorités et par la mise à disposition de moyens de prévention, doit adhérer à la politique définie, comme cela a été le cas en Nouvelle-Zélande, malgré le manque de moyens dont disposait la Première ministre.

3 – Les médecins. Ils ont à faire un choix : aider à la connaissance et à la lutte contre la maladie ou chercher par tous les moyens à semer le trouble pour attirer des gogos.

Il va sans dire que si le pouvoir politique se trompe de maladie, ment, donne l'impression qu'il ne sait pas où il va, ne connaît pas les moyens dont il dispose et est incapable de les mobiliser, il ne peut en résulter que le chaos pour le plus grand bien du virus. Il en est de même si l'absence d'un responsable à plein temps coordonnant l'ensemble des forces crée une cacophonie. Et que plus rien n'est compréhensible.

Stratégie opérationnelle

La stratégie à employer n'est pas la même selon le niveau d'importance de l'épidémie. Prenons une analogie militaire. Supposons qu'un ennemi attaque la France. Il envoie tout d'abord des petites unités chargées de recueillir des informations, de saboter, de semer le désordre. Les moyens face à lui sont de le repérer, d'évaluer sa capacité de nuisance, de le cerner afin de l'anéantir. Supposons maintenant qu'il pénètre sur le territoire avec les régiments, les équipements, etc., d'une armée classique. C'est la mobilisation des unités lourdes de la Défense nationale qui va s'en occuper. Et les moyens utilisés lors de la première phase sont alors secondaires, voire marginaux.

Un exemple, qui a choqué beaucoup de monde, illustre ces propos. Au tout début de l'épidémie, les cas proviennent par nature de l'étranger. Contrôler et repérer là où c'est possible les éventuels contaminateurs sont un élément majeur de la stratégie. Cela peut s'effectuer facilement dans les aérodromes et dans les ports, plus difficilement sur les routes. Mais quand l'épidémie bat son plein, les contaminations supplémentaires par les passagers des avions sont très secondaires (sauf si c'est un nouveau variant qu'ils amènent), ce qui explique que l'ECDC (European Center for Disease Prevention and Control) ait recommandé de ne pas gâcher les moyens de lutte pour quelque chose de non prioritaire.

La stratégie face au début de l'épidémie repose donc sur le repérage des cas et des sujets contacts et leur isolement pendant la période de contagiosité. Selon les situations et en fonction des informations recueillies, la fermeture plus ou moins complète des frontières et la mise en quarantaine des nouveaux arrivants peuvent se discuter. Il faut à ce propos clarifier une donnée. Supposons qu'un foyer se déclare dans une commune. Il serait aberrant de fermer l'ensemble du département, voire de la région. Et en fonction des caractéristiques socio-économiques, la nature des mesures à prendre différera si par exemple tout le monde vit et travaille au même endroit ou si les employés d'une entreprise qui se rendent dans cette ville habitent à 50 km de là.

Comme par nature au début de la pandémie, il y a entrée à partir d'ailleurs de personnes qui vont créer des foyers là où elles vivent et là où elles travaillent, il faut à la fois des décisions centralisées et une large autonomie des acteurs de terrain.

Lorsque l'épidémie n'est plus maîtrisable en empêchant des foyers de s'étendre, la lutte va être menée au niveau des forces « lourdes » de défense : hôpitaux, cliniques, etc. En effet, en dehors des mesures de distanciation, seules capables de la limiter, l'important est de pouvoir traiter les malades tout en assurant des soins à ceux qui souffrent d'une autre affection.

Une façon utile est de trier les malades : ceux qui ne semblent pas en danger mais qu'il faut simplement surveiller et ceux qui sont en danger, voire en détresse. Il est logique et raisonnable d'hospitaliser les premiers dans des locaux adaptés où on puisse s'assurer que leur état ne s'aggrave pas et mettre les autres en réanimation et dans des locaux contigus où les soins appropriés leur seront donnés.

Cette séparation, que nous recommandions avec François Bricaire dans *Pandémie. La grande menace*, permet une efficacité beaucoup plus grande de l'ensemble du système de soins, comme l'exemple de Wuhan l'a montré.

Il va sans dire que, même si l'épidémie fait rage, la limiter par tous les moyens reste un impératif majeur et que les mesures de protection individuelle, le port des masques, etc., doivent être au premier plan des préoccupations. De même que des mesures plus sévères (couvre-feu, confinement) peuvent être prises en cas de besoin.

Stratégie générale

Elle est très simple. Elle consiste :

1 – à limiter l'épidémie ;

2 – à protéger les plus faibles ;

3 – à traiter les malades, particulièrement les formes graves.

1 – Limiter l'épidémie en l'absence de traitement se résume à une simple phrase : « Ne pas l'attraper, ne pas la transmettre. » Les mesures

élémentaires, distanciation et port de masques avec, si on est atteint, isolement pour ne pas contaminer son entourage, sont faciles à comprendre par tout le monde. Savoir si on peut s'en contenter ou si on doit ajouter des contraintes supplémentaires (couvre-feu, confinement partiel ou total) dépend de l'appréciation des situations tant locales que nationales.

L'arrivée des vaccins relève du même objectif : ne pas attraper la maladie.

2 – Protéger les plus faibles, c'est-à-dire les personnes à risque. D'abord les plus vieux puisque la mortalité due au virus est, une fois n'est pas coutume, beaucoup plus liée à l'âge qu'aux pathologies associées. Cela veut dire en particulier que dans les résidences pour personnes âgées tout soit fait pour prévenir la contagion, ce qui concerne les visiteurs mais encore plus les personnels qui peuvent, par inadvertance, apporter la mort à celles dont ils s'occupent.

Les autres catégories (immunodéprimés, obèses, insuffisants respiratoires, diabétiques, etc.) doivent être identifiées, prévenues en particulier par tous les moyens de communication possibles, collectifs ou individuels.

3 – Traiter les malades consiste (en l'absence de thérapeutique efficace sur le virus) à surveiller les patients qui risquent, si la pneumonie est grave, de manquer d'oxygène et nécessitent un monitorage, l'administration d'oxygène et une ventilation assistée si nécessaire. Il va sans dire que le traitement et la prise en charge des autres pathologies et des complications doivent faire partie des prévisions logistiques.

En effet, tout cela nécessite une logistique :

- matérielle : saturomètres, moniteurs, ventilateurs, etc. ;
- et humaine, c'est-à-dire personnels médicaux et non médicaux capables de s'en servir.

Ce qui implique, comme nous l'indiquions dans *Pandémie. La grande menace de la grippe aviaire* (2005), une politique de formation en amont pour qu'en cas de multiplication brutale du nombre de malades, les personnels soient immédiatement adaptés et efficaces.

Stratégie vaccinale

La vaccination est, en l'absence de traitement spécifique du virus, la seule manière de diminuer, voire de supprimer la mortalité. Elle est donc un élément majeur d'une politique.

Cela suppose :

1 – une connaissance précise des caractéristiques, des résultats, des contre-indications et des risques des produits envisagés ;

2 – un choix entre ces produits ;

3 – une politique de communication franche et précise sur les propriétés des vaccins, leurs indications, leurs risques, les conditions d'administration et l'avancement du programme ;

4 – la détermination des priorités et donc de l'ordre dans lequel les différentes populations seront appelées à en bénéficier, ce qui signifie que pour chacune d'entre elles on a précisément analysé le but, recherché les enjeux et les risques ;

5 – la mise sur pied d'une logistique allant de la réception des vaccins et leur conservation à leur utilisation. Cela comporte système de transport, lieux de stockage et de vaccination, personnel chargé de l'accueil des sujets, analyse de la situation médicale, injection proprement dit et surveillance dans les minutes suivantes pour identifier et traiter aussitôt une éventuelle réaction allergique.

Logistique

Napoléon fut un des plus grands génies militaires. Mais il devait beaucoup de ses succès à un de ses maréchaux, lui-même médiocre chef de guerre, Alexandre Berthier. Ce dernier assurait la logistique. Autrement dit, s'il fallait des canons à tel endroit, non seulement ils y arrivaient à temps, mais avec eux les munitions du calibre nécessaire, le ravitaillement, les forces de protection, etc. Grâce à cet ensemble qui demande la coopération de plusieurs corps de métiers, la stratégie du chef pouvait être mise en œuvre.

Une politique décidée sans prendre en compte ses contraintes logistiques n'est qu'un exercice de style futile et, en cas de conflit grave, inutile et néfaste.

Définir une politique scientifique, thérapeutique, préventive, vaccinale face à une pandémie de Covid-19 sans se soucier de la logistique revient à accumuler les fautes, à désespérer les bonnes volontés, à multiplier les doublons, à faire stationner inutilement dans un endroit des moyens nécessaires dans un autre, à occuper les acteurs à régler dans des réunions chronophages des problèmes qui ne devraient pas exister. En bref, c'est accumuler les erreurs et les ratages.

Quel est le remède auquel on recourt ? On cherche une nouvelle voie. On crée une nouvelle structure.

Autrement dit on aggrave la situation.

Vérité et mensonges

Les faits, les faits, les faits

Dans un univers dominé par la communication, les mots prennent de plus en plus le pas sur le réel. Ils sont la meilleure et la pire des choses, comme le disait le fabuliste Ésope. Et dans le déferlement des mots, leur rapport au réel, aux faits, se perd souvent dans des méandres difficiles à comprendre. Et dès lors qu'on rentre dans les lieux communs qui servent de lingua franca à l'ensemble de la société (réchauffement climatique, biodiversité, écologie, etc.), les mêmes expressions recouvrent des réalités tellement différentes qu'elles sont sources de confusion générale où se télescopent vérités démontrées, élucubrations, manipulations, illusions, etc., le tout profitant à ceux qui sont les plus malins à l'utiliser.

Et ce d'autant que certains disciples conscients ou non de Joseph Goebbels ne considèrent l'information que comme propagande. Seuls les faits qui vont dans le sens de ce qu'ils veulent faire croire sont utilisés et mentionnés.

Mais ces expressions n'ont évidemment qu'un rapport aléatoire aux faits.

Lénine, le révolutionnaire russe à qui l'on doit la construction de cette merveilleuse société égalitaire, pacifique, souriante et amicale qu'a été la Russie communiste, a malgré cela écrit une ou deux phrases mémorables. L'une d'elles est : « Les faits sont têtus. » Têtus les faits. À la différence des mots qui les décrivent, ils ne changent pas. Ils s'obstinent.

L'activité médicale, juridique, historique, etc., a pour première tâche l'établissement des faits. Parfois c'est facile. Plus souvent on n'en appréhende qu'une partie soit parce qu'il y a un doute sur la nature des éléments dont on dispose, soit parce qu'on n'a pas les outils nécessaires.

Par exemple, le grand savant Galien avait, au IIe siècle après Jésus-Christ, approché de très près la compréhension de la respiration. Mais il ne disposait ni de la physique ni de la chimie.

Résultat, il a fallu attendre seize siècles pour que Lavoisier invente les outils nécessaires. Et les exemples fourmillent en médecine de culs-de-sac du savoir qui n'ont pu être franchis que grâce à l'apparition d'une nouvelle science, d'une nouvelle technique, d'un instrument nouveau.

Un exemple : l'arrivée des empreintes digitales puis de la biologie moléculaire a bouleversé les méthodes d'investigation criminelle.

Établir les faits doit donc être l'objectif de toute activité. Et il va sans dire que c'est d'autant plus complexe que l'événement est proche, plus encore quand il est en cours. Le Covid-19 a suscité un intérêt sans précédent dans la communauté scientifique et médicale. Et le travail de cette dernière a permis en un temps record d'identifier le virus en cause, d'en établir la structure, de décrire sa pathologie, d'imaginer les traitements, de créer des vaccins.

Bien entendu, ce n'est pas le fait de quelques Professeurs Frankenstein qui, seuls au milieu d'un fatras d'instruments pseudoscientifiques, auraient trouvé ce que les autres n'auraient pas réussi à faire. La démarche scientifique n'a rien à voir avec ces personnages romanesques puis cinématographiques. La recherche est celle d'équipes et les résultats de leurs travaux passent sous les fourches caudines de la « Lecture anonyme ». C'est-à-dire qu'un article envoyé à un journal ou à une revue n'est publié qu'après que deux (ou plus) experts « anonymes » l'ont jugé de qualité et d'originalité suffisantes. Dès lors, ils l'acceptent avec éventuellement des modifications ou le refusent. De plus, il y a une hiérarchie entre les publications. Un article dans le *New England Journal of Medicine* a plus d'aura et est (statistiquement) meilleur qu'un autre publié dans *La Presse médicale*, excellente revue cependant.

Suivre l'évolution du savoir qui se construit peu à peu à propos du Covid-19 n'est pas chose aisée. Il va sans dire que l'essentiel de ce dernier et son noyau dur scientifique se trouvent dans la littérature scientifique. C'est de là que provient l'essentiel de ce qui est décrit dans cet ouvrage.

Fake news

Avec le Covid-19, on a assisté à un mouvement contradictoire.

D'un côté, on n'a jamais vu une telle mobilisation de la communauté scientifique – les articles se chiffrent en dizaines de milliers. Et, initiative sans précédent, tous sont en accès libre et gratuit sur le site des différents journaux. De l'épidémiologie la plus élémentaire à la recherche biologique la plus complexe, tout est disponible pour tout le monde. Et c'est sur cette base (les principaux journaux de médecine) que l'auteur de ce livre en a écrit les différents chapitres. Ah oui, mais ça ne fait pas l'affaire de toute une série de personnages qui, sachant tout avant que quoi que ce soit n'arrive, balancent sur les réseaux sociaux une série d'affirmations qui seraient comiques si elles n'induisaient dans une partie de la population une incertitude, un trouble qui fait le jeu de la maladie.

Car ces collaborateurs de la maladie ne lisent aucun travail scientifique sérieux. Ils piochent çà et là des bouts d'informations non vérifiées qu'ils assemblent dans un discours qui non seulement affirme sans vergogne des contrevérités flagrantes, mais qui aboutit quasi toujours à dénoncer qui l'industrie pharmaceutique, qui l'Institut Pasteur, qui tel ou tel homme politique, etc., pour terminer dans une tonalité apocalyptique où des forces obscures – mais dont on dessine qu'elles sont juives, musulmanes, etc. – manipulent le peuple pour affirmer leur pouvoir.

Ces propos dont beaucoup relèvent de la psychiatrie et en particulier d'attitudes délirantes pourraient être anodins. Ils ne le sont plus à partir du moment où face à eux le pouvoir politique ne semble maîtriser ni sa stratégie, ni les événements qui émaillent la crise sanitaire, ni sa communication.

« *Fake news, fake news* », affirme l'ex-président Trump dès qu'on lui oppose un fait indiscutable. Et il fait partie de ce petit groupe de dirigeants et d'ex-dirigeants qui utilisent tous les complotistes, psychopathes, hurluberlus et charlatans pour créer une atmosphère particulièrement délétère et violente.

Ces *fake news* sont d'ailleurs de nature diverse. Certaines relèvent probablement de la plaisanterie, comme cet excellent article « scientifique » paru au début de l'épidémie, soi-disant rédigé par trois savants chinois et qui proposait, de manière très rigoureuse, une physiopathologie du Covid-19 basée sur une hypothèse plaquettaire. Plusieurs ont failli s'y faire piéger et cette farce sans méchanceté rappelait les publications du *Journal of Irreproducible Results* qui, avec son contenu d'articles pseudo-scientifiques, avaient pour objectif de divertir ceux qui connaissaient le domaine en question. Plaisanterie probable aussi cette soi-disant recommandation de l'AMA (American Medical Association) d'utiliser l'hydroxychloroquine et que, face à l'avalanche d'articles démontrant son inefficacité, un chercheur de plus en plus isolé avait immédiatement mis sur son site internet... avant de l'en expulser.

Mais rares sont ceux qui peuvent écrire de tels articles car il faut connaître le sujet. La grande majorité des auteurs de *fake news* sont ignares et paresseux. Ils veulent faire le mal, montrer à quel point ils sont importants, veulent accéder au vedettariat, se montrer. Pour cela ils sont prêts à tout. Et surtout au pire.

Trump news

Il y a les *fake news*. Il y a les nouvelles qui reflètent la réalité ! Et puis il y a les *Trump news*. En effet l'ex-président Trump a ancré dans la certitude que la réalité est simple : tout ce qui est à sa gloire est vrai ; tout le reste est faux, a une façon très personnelle de raconter les faits. Pour lui ils n'existent pas en tant que tels. Seule compte leur relation à sa toute-puissante et infaillible personne. Et donc il les arrange : un petit peu de sauce ceci ; un petit peu de mélange de cela ; utilisant sans vergogne toute une série d'arguments allant de l'insulte à la glorification de tout ce qu'il peut utiliser pour construire un monument à sa propre gloire. Parmi la communauté scientifique, il y a quelques tricheurs : ils arrangent les résultats de leurs expériences pour en faire des articles. On dit d'eux en anglais qu'ils *cook the data* (« cuisinent les résultats »). Leurs tricheries ont un temps et peuvent illusionner. Mais généralement le pot aux roses est découvert. Et tout à coup on apprend par exemple que 12 ou 15 articles de ce célèbre spécialiste de l'asthme sont *retracted* (« retirés ») des revues dans lesquelles ils ont été publiés. Il va sans dire qu'un tel événement marque la fin de la carrière du tricheur.

L'ex-président Trump *cook the news*, cuisine les faits. Ce sont les *Trump news*.

En 2005, avec François Bricaire,
nous avions décrit la situation
actuelle et fait des propositions

En 2005, avec François Bricaire, nous avions décrit la situation actuelle et fait des propositions

En 1997 quelques cas humains de grippe aviaire H5N1, maladie jusque-là réservée aux oiseaux aquatiques, ont été observés à Hong Kong. La maladie a disparu et est réapparue entre 2003 et 2005, touchant le Sud-Est asiatique puis un certain nombre de pays, au premier rang desquels l'Égypte, avec plusieurs centaines de cas, une mortalité très élevée (proche de 100 % en l'absence de traitement). Qui plus est, plusieurs cas de transmission interhumaine ont été observés. Les virologues spécialisés annonçaient quasiment tous une mutation de virus qui, en le rendant moins mortel mais plus infectieux, aurait créé une pandémie particulièrement redoutable étant donné l'antécédent de la grippe espagnole, elle aussi passée directement des oiseaux à l'homme, qui entre 1917 et 1920 a tué, selon les estimations les plus récentes, 70 millions de personnes, c'est-à-dire 5 % de la population mondiale.

Avec François Bricaire nous étions à Paris responsables des deux services hospitaliers qui auraient été en toute première ligne en cas de pandémie. Il nous a semblé de notre devoir d'écrire un ouvrage pour 1) pouvoir soigner les malades et 2) protéger la vie des soignants.

En 2005, alors que l'inquiétude était à son paroxysme, nous avons donc publié *Pandémie. La grande menace* (Fayard) dont la totalité, sauf la page de titre, avait été rédigée par nous. L'éditeur Claude Durand est responsable du titre et surtout de l'ajout : « Grippe aviaire : 500 000 morts en France ? ». Non pas par goût du sensationnel mais, convaincu de l'importance de notre propos, il voulait taper un grand coup pour imposer un débat et pour obliger les pouvoirs publics à réagir et à mettre au point un plan adapté à la menace. Un plan opérationnel et réel et non un de ces textes remplis de ce que le Pr Pierre Coriat appelle justement des « mots verbaux », c'est-à-dire des mots qui ne représentent que le bruit qu'on fait en les prononçant. Sans rapport avec la réalité. Mais qui satisfont ceux qui les prononcent.

Une pandémie de grippe aviaire H5N1 aurait eu des différences avec celle causée actuellement par le Covid-19. Mais pour l'essentiel, et au moins pour la période initiale de l'actuelle pandémie, la similarité entre ce que nous décrivons en 2005 et ce qui a été observé en 2020 est frappante. De même que les solutions et propositions.

Du point de vue strictement médical, et en dehors des traitements spécifiques de la grippe, nos propositions étaient les suivantes :

L'Europe

Tout d'abord, du fait de l'espace Schengen et de la libre circulation des personnes, une politique commune européenne était nécessaire.

En dehors de considérations strictement liées à la grippe, les recommandations que nous faisions étaient les suivantes :

L'hôpital

- Constitution de stocks de solutés, pansements, tubulures, etc., nécessaires.
- Constitution de stocks de médicaments nécessaires pour prendre en charge les malades graves et les complications usuelles dans ces cas : antibiotiques, antalgiques, anesthésiques pour les malades ventilés, etc.
- Prévision de l'organisation de l'hôpital en deux secteurs distincts : pour les patients atteints par la pandémie et pour les autres.
- Création de lits supplémentaires.
- Affectation à la réanimation de lits supplémentaires : « cela est d'autant plus important que les possibilités actuelles, basées sur le nombre de lits agréés pour exercer la réanimation et déterminés par les DRASS, seront dramatiquement inférieures aux nécessités en période de pandémie ».
- En ce qui concerne la réanimation, « un équipement minimal est nécessaire. Cela concerne principalement les respirateurs... il s'agit de faire un état des stocks... y compris de ceux considérés comme

obsolètes, et de s'assurer de leur état de marche. Des commandes complémentaires pourront être envisagées ».

- « Lorsque la ventilation assistée est nécessaire, cela requiert une compétence particulière qui est l'apanage des réanimateurs, des anesthésistes et des pneumologues. L'installation de structures transitoires dédiées… devra se faire sous l'autorité de ces disciplines et… être localisées en contiguïté avec les structures déjà existantes. »
- « Une étude précise, établissement par établissement… doit être menée à l'échelon national afin de déterminer les capacités réelles d'accueil dans les conditions exceptionnelles et dramatiques de la pandémie. »

La médecine de ville

« Au moins autant que les hôpitaux et les cliniques, les médecins et paramédicaux privés seront au premier rang dans la lutte contre la pandémie. » Avec comme corollaire libre accès aux soins et lettres clés uniques (même prix pour les mêmes actes pour tout le monde).

Avec, si l'afflux de malades est tel que les hôpitaux sont débordés, création de structures temporaires, « mi-hôpitaux de campagne, mi-infirmeries, ces structures permettraient une meilleure surveillance et une meilleure prise en charge », en particulier : « mesurer leur saturation en oxygène, s'assurer que les médicaments sont correctement pris, pratiquer d'éventuels aérosols et administrer de l'oxygène en cas de besoin »…

Elles permettraient de limiter les déplacements des soignants et d'éviter la diffusion de la maladie. Elles constitueraient une solution intermédiaire, l'hôpital étant alors destiné aux cas les plus sérieux[1].

« Les complications… sont surtout respiratoires… L'utilisation d'un oxymètre, qui permet d'effectuer une estimation raisonnable de la quantité d'oxygène dans le sang d'une manière parfaitement anodine, non douloureuse et non invasive, devrait être systématique. »

1. Notons que c'est exactement ce que les Chinois ont fait à Wuhan.

La médecine du travail

« La médecine du travail se trouvera au premier rang de la lutte contre la pandémie… Son rôle est de s'assurer que les conditions d'exercice des différentes professions ne mettent pas en jeu la santé et la vie de ceux qui sont amenés à les exercer. » En cas de pandémie ils doivent veiller à ce « que les conditions d'exercice du métier n'amènent pas à tomber malade ».

Et, dans ces conditions exceptionnelles, ils doivent aussi exercer une fonction soignante.

Sécuriser les soins

Dans un contexte d'afflux brutal de malades, grand est le risque d'insécurité aux urgences. Ce qui nécessite une sécurisation qui « comporte deux volets : communication et gestion de l'information d'une part, et d'autre part protection par les forces de l'ordre ».

« Ce qui implique une politique de communication et de consultation de l'ensemble de la nation par le biais des médias, des élus, des instances représentatives, des syndicats et des associations impliquées dans la santé. »

Formation

« L'arrivée brutale de patients présentant en grand nombre des signes cliniques respiratoires inquiétants doit susciter une vaste campagne de formation… de tous les personnels soignants. Il est indispensable que chacun soit capable d'évaluer la sévérité de l'état respiratoire et… de pratiquer les gestes élémentaires de réanimation : ventilation au masque, intubation, etc., de connaître les règles, les modalités à l'oxygénothérapie… Avec les médecins le personnel soignant non médical doit également être formé… aux machines de ventilation assistée, de délivrance d'aérosols, aux seringues électriques…, etc. »

Confinement

Dans notre ouvrage nous ne proposions pas le confinement tel que, à la suite, et dans une version moins rigoureuse, des Chinois, un grand nombre de pays ont utilisé. Nous proposions, après une négociation avec les partenaires sociaux, les associations représentatives et les diverses autorités locales et nationales, deux ordres de mesures. Tout d'abord, les activités dont on sait qu'elles sont, avec la transmission au sein des familles, particulièrement impliquées dans la diffusion des virus (en l'occurrence celui de la grippe) devraient être interrompues : crèche, école, université, restauration, rassemblements festifs, bar, boîtes de nuit, etc. D'autre part les transports en commun, qui, là encore, sont des lieux de contagion, seraient suspendus.

Les activités nécessaires au maintien de l'économie seraient maintenues, en assurant la sécurité sanitaire des personnes (masques, gels…).

Du coup, les moyens de transport individuels seraient favorisés, diminuant ainsi les risques de contagion, au prix de possibles embouteillages. Cette proposition, à contre-courant de la doxa qui veut chasser les voitures des villes, avait comme conséquence la diminution du risque de contagion et le maintien à un niveau acceptable de l'activité économique.

Un corollaire de la fermeture des crèches et des écoles était de trouver des moyens de garder les enfants. Il va sans dire que nous pensions que ce serait de l'ordre de la solidarité nationale et de la solidarité entre les générations.

En ce qui concerne l'activité économique, nous écrivions : « Cesser toute activité économique est donc risqué, voire dangereux. C'est au sein même des entreprises que les conditions concrètes du travail par temps de pandémie doivent être débattues, et les solutions trouvées. »

Enfin nous insistions sur l'importance du maintien de l'ordre public, condition nécessaire pour assurer la circulation des biens et des personnes et la sécurité de tous.

Pour une stratégie sécuritaire

Notre conclusion était d'appeler à une stratégie sécuritaire. Mot qui a mauvaise presse et qui évoque coups de matraque, expulsions vers le tiers-monde, individus en gabardine et lunettes noires, écoutes et délation, en bref, l'insécurité.

La sécurité c'est le contraire : c'est partir du constat que le plus beau des programmes a ses failles, ses imperfections ; les machines leurs limites et leurs pannes, les hommes leurs défaillances.

Un exemple de politique sécuritaire, celle des compagnies d'aviation : grâce à un système de vérifications rigoureuses et complexes, l'objectif est de minimiser au maximum les risques courus par les passagers. Quel est celui qui, montant dans un avion, préférerait le prix ou la performance s'il risquait de ne jamais arriver à destination ?

Enfin, un ensemble de mesures n'ont de sens que si elles sont cohérentes et concrètes. Ce qui « nécessite une condition forte et disposant de l'autorité requise. Sinon les meilleures intentions… ne seront que fétus de paille face à l'arrivée de la pandémie ».

Les limites de notre livre

Si dans l'ensemble l'analyse que nous faisions de ce que seraient les conséquences d'une pandémie de grippe aviaire H5N1 peut être utilisée pour décrire ce qui s'est passé et se passe avec le Covid-19 avec très peu de différences (la seule est que, pensant que l'activité économique devant continuer, la circulation automobile aurait risqué de mettre en danger le travail des secours alors que le confinement a vidé les voies de communication), cette similarité a des limites.

Tout d'abord, et à la différence du coronavirus, il y a des traitements efficaces contre la forme humaine de grippe A (H5N1). L'expérience égyptienne (un des pays les plus touchés) est de ce point de vue significative : *grosso modo* tous ceux, en général des enfants, qui ont reçu de l'oseltamivir (Tamiflu) dans les premières quarante-huit heures ont guéri ; tous ceux qui n'en ont pas eu, des adultes, souvent des femmes, sont morts. Cette efficacité aurait été une des bases de la stratégie à adopter. De la même manière, l'expérience de l'industrie pharmaceutique en matière de vaccin antigrippal permettait d'être sûr qu'une telle thérapeutique aurait été disponible à brève échéance, même si la méthode traditionnelle de culture sur œuf embryonné posait un problème inhabituel : le virus tuait l'œuf. Mais d'autres techniques pouvaient être utilisées.

En ce qui concerne le Covid-19, on sait depuis le début avec l'échec en Chine de l'essai des thérapeutiques antivirales comme la chloroquine qu'il n'y a pas de traitement curatif.

Une deuxième différence est due au rythme de la maladie. Cyclique dans le cas de la grippe – elle dure trois mois et revient une fois, exceptionnellement deux fois par an. En ce qui concerne le Covid-19, l'expérience iranienne montre un comportement complètement différent : pays parmi les premiers touchés en raison de ses liens économiques – blocus oblige – avec la Chine, l'Iran a vu monter très rapidement le nombre de malades – le ministre de la Santé en tête – et de morts, dont de nombreux dignitaires du régime. Puis il y a eu une baisse mais jamais d'arrêt. Et une remontée progressive. Ainsi depuis le mois de février 2020 l'Iran est-il confronté à la persistance d'une épidémie permanente que rien n'a pu endiguer et qui ne ressemble en rien à la situation en cas de grippe.

Il va sans dire que les conséquences sur la société de ces différences sont majeures. Tout d'abord l'absence à court terme de traitement curatif ne laisse qu'une seule possibilité : ne pas attraper la maladie et ne pas la transmettre. Le vaccin en faisant partie.

Cette seule solution, défensive, n'a évidemment comme objectif que de limiter l'expansion de la maladie en attendant un traitement. Dans le cas contraire, position adoptée au début par certains, on espère que 60 % de la population sera atteinte pour bloquer la pandémie. Un petit calcul : 60 % de 67 millions de Français égalent environ 40 millions. La mortalité étant de l'ordre de 1 %, cela signifie 400 000 morts (et en fait beaucoup plus car devant un tel déluge de cas graves, les réanimations seraient totalement débordées). Est-ce que la société est, pour vivre normalement, prête à un tel prix ? En dehors de certains milieux, c'est très peu probable. Et c'est heureux !

Les conséquences doivent donc être analysées en prenant en compte l'ensemble des domaines concernés, c'est-à-dire l'essentiel de l'activité humaine. La prolongation au-delà des trois mois « usuels » des épidémies hivernales cause beaucoup de troubles. Pour ne prendre qu'un exemple : la levée, après deux mois, du confinement en 2020 a eu pour conséquence un relâchement brutal chez un grand nombre des mesures de protection. Les vacances permettant des rassemblements et une transmission accrue du virus, les conséquences ont été simples (et malheureusement prévisibles), une explosion de cas et surtout de morts sans précédent à l'automne imposant des reconfinements successifs. Comment analyser et décrire les implications de cette persistance du virus est l'objet du présent ouvrage.

Les pays qui ont réussi

Les succès

Il y a peu d'exemples de pays ayant fait face à l'épidémie de Covid-19 avec succès. De plus, lorsqu'on observe quotidiennement le nombre de cas et de morts déclaré par les diverses nations de la terre (ce qui a été le cas de l'auteur), on voit que la situation de chacun est souvent temporaire, avec des améliorations ou des aggravations imprévisibles.

Si on avait rédigé un tableau d'honneur des pays ayant le mieux résisté au virus, au mois de juin 2020, il y aurait eu entre autres la Slovaquie, la Tunisie et la Jordanie : faible nombre de cas, infime nombre de morts : moins de 10 en Slovaquie et en Jordanie, une cinquantaine en Tunisie. Et puis l'automne est venu, particulièrement sa deuxième moitié. Et le nombre des cas et des morts a très vite explosé. Pourtant la politique est restée la même mais le virus, rusé et sachant prendre les défenses à rebours, est passé en force. Et on a vu à quel point les Balkans se sont embrasés à l'automne.

C'est la même chose au Myanmar. Alors, les pays qui annoncent avoir contenu la maladie et qui affichent des résultats semblables à ceux de ce dernier pays à l'été 2020, Taïwan, Laos, Cambodge, etc., que sont-ils ou seront-ils ? Est-ce que les autorités politiques et sanitaires contrôlent réellement la situation comme cela semble être le cas en Chine (si tant est que les informations en provenance de ce pays soient fiables) ou n'est-ce qu'un trompe-l'œil ?

Des pays comme la Corée du Sud et le Japon, souvent cités en exemple, sont loin d'avoir éliminé la maladie. Ils la contiennent avec plus ou moins de succès avec beaucoup de cas et de morts.

Car ce dernier dépend de plusieurs facteurs : une ligne claire, déterminée et pédagogique de la part des autorités, une action prenant en compte les moyens dont dispose le pays et l'adhésion de la population dans son ensemble ou dans sa très grande majorité.

L'exemple de la Nouvelle-Zélande est révélateur : sans tests en quantité suffisante, sans les moyens de suivre les premiers cas, le confinement total a été un succès car la négociation avec les différents secteurs d'activité a permis d'éviter une catastrophe économique et sociale, et a donc renforcé le lien entre le pouvoir politique et la population.

Un taxi pour Qingdao (Tsingtao)

Le 11 octobre 2020, 3 cas de Covid-19 ont été signalés dans cette ville portuaire de plus de 8 millions d'habitants que beaucoup en France connaissent à cause de la bière de Tsingtao servie dans tous les restaurants chinois (témoin de la colonisation par les Allemands qui construisirent la brasserie en 1903). Une enquête a permis d'en identifier quelques autres. Et comme le premier sujet était un chauffeur de taxi, une cellule de crise fut constituée, la ville divisée en 4 090 unités, chacune avec un centre de test. Tous les habitants furent convoqués pour être testés : recherche du virus dans les voies aériennes supérieures. De plus, d'autres équipes furent envoyées dans une partie de la province du Shandong. Le 16 octobre, 10,9 millions de personnes avaient été testées. Le nombre total de sujets positifs fut de 12. Sans confinement, en isolant les sujets atteints et grâce au port du masque, aucun autre cas n'a été constaté.

Nouvelle-Zélande

La Nouvelle-Zélande est un pays constitué principalement de 2 grandes îles (+ 600 petites) dont la surface totale est la moitié de la France. Située aux antipodes de notre pays, elle est à 2 000 km de son plus proche voisin l'Australie. Avec près de 5 millions d'habitants, elle est essentiellement peuplée d'Européens (près de 80 %) avec d'importantes minorités maorie (15 %) et asiatique. Pays d'immigration, donc jeune et dynamique, la Nouvelle-Zélande a été frappée par le Covid-19 le 26 février 2020. Au milieu du mois de mars, il apparut qu'une épidémie se développait.

Ne disposant pas de stocks de tests ni de la capacité de suivre les cas, le gouvernement a opté pour un confinement strict de sept semaines, en sorte qu'au début du mois de mai il n'y eut plus de contamination. Les nouveaux cas recensés sont importés par des voyageurs qui sont mis en quarantaine et confinés pendant quatorze jours.

Le résultat, fragile car à la merci de l'intrusion clandestine du virus, est impressionnant : nombre de cas quotidiens extrêmement faible, mortalité de cinq par million d'habitants, sans aucune commune mesure avec celles des pays occidentaux (de 25, le nombre des morts, près d'un an et demi après, est passé à… 26).

Grâce au clair leadership de la Première ministre Jacinda Ardern qui sut trouver les mots et mobiliser, l'adhésion de la population aux mesures proposées (compensées financièrement) a été et reste très élevée. Ce qui lui a permis d'être réélue avec une majorité fortement accrue.

Mais, comme partout, ce succès reste précaire.

Il est toujours là

En dehors de ses aspects virologiques proprement dits, il y a une différence fondamentale entre le Covid-19 et la grippe. Cette dernière est saisonnière, dure trois mois, disparaît et revient l'année suivante avec quelques variations sur sa date d'apparition. Rien de tel avec le Covid-19. À l'encontre de son frère aîné le SARS qui était arrivé, avait fait un petit tour de piste et s'en était allé, en même temps ou presque dans la trentaine de pays qu'il avait envahis, et alors que, sans traitement efficace contre lui, un avenir radieux s'ouvrait devant lui. Oui, mais cet avenir radieux ne lui a pas plu et il a disparu sans tambour ni trompette.

Le petit frère, le Covid-19, a retenu la leçon. Pas question de tuer sans discernement tous ceux qu'il rencontre. Non, il est plus malin, 1 %, 2 %. Pas plus. De la même manière que les gangs de yakuzas au Japon savent que le bruit, les assassinats spectaculaires, les guerres entre familles sont mauvais car ils suscitent des réactions hostiles et une intervention de la force publique, donc des éléments néfastes à leurs trafics et leurs bénéfices, le Covid-19 a compris qu'il fallait, pour durer, savoir se faire petit, tout petit. Savoir convaincre une partie de ses futures victimes qu'il n'est rien, pas plus qu'un petit rhume. Et pour cela il faut, étant donné sa nature infectieuse, qu'il sache se faire oublier. Car alors, les barrières se lèvent, on baisse la garde et il peut se multiplier à nouveau.

Car il faut bien en être conscient. Depuis janvier 2020 nous observons journellement (et nous écrivons sur des cahiers la totalité des cas et des morts de tous les pays de la planète). Il n'y en a aucun pays, en dehors de la Tanzanie, qui ne déclare pas de cas nouveaux. Partout ailleurs, même en Chine, même à Taïwan, même en Nouvelle-Zélande, etc., il y a de nouveaux cas. Qui ne semblent pas faire trop de mal, du moins si on croit les déclarations officielles, mais de nouveaux cas régulièrement, toutes les semaines dans certains cas, tous les jours dans d'autres. Même les pays communistes de l'ex-Indochine française reconnaissent du bout des lèvres qu'aujourd'hui n'est pas comme hier…

Ces faits expriment une vérité simple : on ne vainc pas le Covid-19 en l'absence de traitement, on le contient. Et il sait se coucher, faire le mort, en bon prédateur qu'il est, pour analyser le système mis en place contre lui et le contourner. Puis attaquer à nouveau. Il est là et bien là. Et n'en déplaise à tous les négationnistes, il ne pourra en être chassé que dans deux conditions possibles. Soit il aura rempli sa tâche, tué 70 à 140 millions de personnes de par le monde ; soit son projet aura été anéanti par le développement de la vaccination et la mise sur le marché de traitements qui le tuent. Évidemment pour que cela fonctionne, il faudra que les populations occidentales, retrouvant la raison, acceptent de se faire vacciner. Vaste programme, comme aurait dit le général de Gaulle.

De quelques solutions…

Le confinement, pour quoi faire ?

On le sait, notre proposition avec François Bricaire dans *Pandémie. La grande menace* (2005) n'était pas le confinement. En fait ce dernier, dans sa conception moderne, car il ne date pas d'aujourd'hui, a été inventé par les Chinois. Dans une version à la fois résolue, pensée, efficace et autoritaire. Et avec succès. On doit cependant ajouter deux éléments majeurs : 1) le confinement n'a pas été national, il n'a touché que les principales villes de la province du Hubei qui représente 4 % de la population du pays, plus quelques secteurs moins importants ; et 2) il a été mis en place avant même que le nombre de malades devienne significatif.

Autrement dit, il relève d'une stratégie nationale s'appliquant à une situation locale. Il n'a jamais été question de confiner l'ensemble de la Chine. D'autre part, sa mise en place s'est effectuée avec des moyens de persuasion et de coercition importants alors que le nombre de victimes était faible.

Regardons maintenant les autres pays. Lorsque le confinement a été décidé, 1) il a été national et 2) il a débuté alors que le nombre de malades, de cas graves et de morts était déjà élevé.

On le voit, le confinement chinois n'a pas grand-chose à voir avec celui des pays occidentaux, la France en tête.

Ce qui pose la question très simple de savoir quel est l'objectif d'une telle mesure. Chez les Chinois, il est clair. Ailleurs, beaucoup moins. Considérons maintenant l'hypothèse selon laquelle les pays européens ont été surpris par la première vague. Et qu'ils ont dû faire face à une situation qui les dépassait et qu'ils ont pris des dispositions brutales dans l'urgence. Soit. Mais ce n'est absolument pas vrai de la deuxième vague et de celles qui ont suivi.

Tableau 13.

	20 cas/ million d'habitants	50 cas/ million d'habitants	Pic (date)	Amplitude du pic (cas/million d'habitants)
Allemagne	01/10	21/10	30/12	251
Belgique	01/08	11/08	21/10	720
Espagne	21/07	11/08	27/01	756
France	21/08	01/09	11/11	690
Irlande	05/09	21/09	21/10	1 288
Italie	12/09	12/10	21/11	563
Pays-Bas	11/08	21/09	01/11	671
Pologne	21/08	11/10	11/11	599
Portugal	21/08	21/09	27/01	1 095
Royaume-Uni	11/09	21/09	13/01	916
Suède	21/08	11/10	01/11	971
Suisse	21/09	11/10	16/12	687

Sur le tableau 13 sont indiquées les dates auxquelles les moyennes (calculées sur dix jours) de cas journaliers ont atteint successivement 20 puis 50 cas par million d'habitants, et la valeur maximum (pic) en 2020. Sur la colonne de droite est indiquée la valeur moyenne de cas au niveau du pic. Vingt puis 50 cas par million d'habitants, puis la valeur maximale (pic). À droite est représentée la valeur moyenne quotidienne au niveau du pic.

Si on avait voulu faire comme les Chinois il aurait fallu, pour ne parler que de la France, confiner le 21 août, au maximum le 1er septembre.

Aurait-il fallu confiner tout court ? Confiner brutalement au milieu des vacances une population qui, grâce aux prédictions de certains prophètes autoproclamés, croyait qu'on était débarrassés du virus aurait posé quelques problèmes pédagogiques et logistiques. Mais, encore une fois, quel est le sens de confiner des zones où il n'y a que très peu de cas ?

Comme on le sait, la stratégie n'est pas la même dans cette dernière situation : il faut identifier les sujets positifs, retrouver ceux qui ont été en contact avec eux, les tester et les isoler.

Autrement dit, il faut s'adapter aux conditions concrètes de l'épidémie. Ce qui implique des décisions prises au niveau des départements et des métropoles. Et un système opérationnel dont on pourrait excuser l'impréparation à la fin de l'hiver 2020 mais certainement pas à l'été.

Le confinement est une mesure brutale qui, dans un but sanitaire, perturbe profondément l'activité économique, l'enseignement et la vie relationnelle, en particulier affective, sportive et culturelle. L'imposer nationalement dans des zones qui présentent des profils épidémiologiques très différents ne relève pas d'une grande intelligence.

Il s'y ajoute un autre élément. Autant une première fois il peut être considéré comme nécessaire par une grande majorité, autant sa répétition, c'est-à-dire l'aveu de son échec, entraîne un sentiment de lassitude et aussi de rejet. Et inexorablement aboutit à opposer les Français entre eux. Face à l'épidémie, il faut une vision claire des décideurs (et on ne peut pas dire que, en France comme dans la majorité des pays, les exécutifs aient été très brillants). Il faut aussi une conscience de chacun, dans sa singularité, des risques qu'il peut prendre et transmettre. C'est-à-dire dans sa vie familiale, affective, amicale et professionnelle.

Ne pas prendre en compte cette diversité, qui trouve une expression collective dans les associations, syndicats, élus, etc., c'est s'assurer d'un échec inévitable. En France, pendant le confinement du printemps, une vaste consultation tant nationale que régionale et locale aurait dû être menée. Il n'en a rien été. Occasion ratée dont on a vu les retombées.

Et qui amène aux échecs successifs des confinements, couvre-feu et autres mesures prises sans prendre en compte le vécu de chacun.

Confinement : la liberté et la mort

Il y a en Chine une longue tradition de stabilité des populations : dans la période impériale Ming il était simplement interdit à la grande majorité de quitter son pays, c'est-à-dire l'endroit où elle vivait, travaillait et faisait les quelques courses nécessaires. Seuls quelques privilégiés avaient le droit de voyager, là encore pour des raisons précises : déplacements d'autorités administratives, militaires, commerçants. Ce n'est évidemment pas la tradition européenne. L'édit du 3 juillet 1315 du roi Louis X le Hutin, en affirmant que « comme selon le droit de nature chacun doit naître franc (libre) », abolit le servage, et donc l'esclavage dans le domaine royal, et permit à chacun de bouger. Avec des limites bien entendu, essentiellement de ne pas troubler l'ordre public, comme le faisaient mendiants, chemineaux (vagabonds), voleurs, fous, prostituées, etc. Pour ces dernières catégories, plusieurs textes royaux essayèrent à Paris d'éliminer l'insécurité qu'ils créaient et aboutirent au début du XVIIe siècle à la création de l'Hôpital général (c'est-à-dire de prisons, ce que nous appelons hôpital aujourd'hui étant les hôtels-Dieu) avec la Salpêtrière à Paris pour les femmes et Bicêtre pour les hommes.

Le Covid-19 a frappé la Chine en premier. Il faut remarquer que, contrairement à ce qui est généralement raconté, la réponse du pouvoir communiste a été rapide et efficace. En effet le 20 janvier 2020, le Pr Zhong, pneumologue de Canton, a expliqué la situation devant le Comité central du Parti communiste chinois et exposé que les autorités locales à Wuhan étaient à côté de la réalité. Résultat, alors que c'est le 25 janvier que le nombre de cas a commencé une montée exponentielle, le confinement était institué depuis le 23. Ainsi les quelque 60 000 à 70 000 cas observés dans la province du Hubei ont-ils été le résultat 1) de contaminations antérieures et 2) familiales ou entre voisins. Et si, comme le pensent certains, le nombre est beaucoup plus important, cela indique clairement que soixante-seize jours d'un confinement quasi total mis en place dès le tout début de l'épidémie en sont venus à bout. Pas définitivement certes, mais assez pour recouvrer rapidement une vie normale.

Il va sans dire que pour mettre en œuvre une telle politique, il faut : 1) une grande clarté d'esprit chez les décideurs ; 2) les moyens d'imposer les contraintes (police, administration, parti communiste, drones de surveillance) ; et 3) une acceptation au moins passive de la part de la population.

Peu de liberté, peu de morts, et on imagine facilement ce qui se serait passé au niveau de l'ensemble de la Chine si une politique laxiste avait été suivie (dès le départ, plus de 300 foyers de par le pays).

En Occident, tout le monde a été surpris et on peut toujours discuter de la date du confinement lors de la première poussée. Par contre, lorsqu'on analyse la montée des cas qui a abouti à la deuxième poussée, on se rend compte qu'elle a nettement démarré début juillet en Ukraine, mi-juillet en Espagne, fin juillet-début août en France, Belgique, Pays-Bas, Suisse, pays baltes, août en Pologne et en Allemagne, fin août en Italie, Irlande et Royaume-Uni, fin septembre au Portugal et octobre en Suède.

En France, par exemple, il y avait autant de cas par jour début août que vers le 20 mars et fin août on avait dépassé les valeurs maximales de la première poussée. Même en considérant que ces dernières étaient sous-estimées, il est évident qu'en l'absence de restrictions, l'épidémie allait s'amplifier.

C'est donc début septembre et non en novembre qu'il aurait fallu reconfiner si on se place du point de vue de l'expansion de la maladie, donc des morts qu'elle cause.

Mais pour ce faire, il aurait fallu : 1) une position politique claire ; 2) la mise en œuvre de l'ensemble de l'appareil d'État puisque, à la différence de la Chine, il n'y a pas de parti pour faire relais et que ce qui aurait pu y suppléer en partie, la négociation avec les partenaires sociaux, n'a pas eu lieu ; et 3) l'accord de la population.

Il faut bien constater qu'aucune de ces trois conditions n'était acquise. Nous avons donc eu la liberté. La liberté et la mort, corollaires de l'expansion du virus.

Bienvenue dans le Luberon

Confinements et couvre-feu ont pour objectif de limiter les déplacements et les contacts. De ce fait le vécu n'est pas le même quand on dispose d'un logis confortable et assez vaste pour permettre des contacts entre ceux qui le partagent en même temps que d'espaces de solitude et quand au contraire on vit dans un logis peu agréable, exigu, soumis aux intrusions sonores des voisins et où on ne peut échapper à la promiscuité.

Et puis il y a ceux qui disposent d'une résidence secondaire et dont les activités professionnelles ne nécessitent pas la présence physique sur un lieu obligé et qui peuvent travailler à distance. Cette catégorie est souvent partie passer cette période au bord de la mer, à la montagne ou dans une campagne reculée. Parmi ces dernières, signalons le Luberon, cher à toute une série de non-pauvres parisiens.

Immunité collective (Herd immunity)

C'est une théorie défendue par certains épidémiologistes, qui consiste à favoriser le développement d'une épidémie pour atteindre un seuil (variable selon les auteurs) au-delà duquel le virus n'a plus assez de victimes à frapper et est amené, peu à peu, à disparaître.

Cette vision, *a priori* séduisante, présente de nombreux inconvénients. À commencer par le seuil : 60, 80 % ? Certains le mettent plus bas. Pourquoi ? Mystère de l'épidémiologie.

Et puis elle présente 2 conséquences néfastes majeures. Tout d'abord, laisser diffuser un agent infectieux dont l'Institut Pasteur chiffrait à 0,7 % la mortalité veut dire qu'il y a 7 morts tous les 1 000 cas. Ce qui signifie, pour prendre l'exemple de la France, la mortalité suivante. Si on prend le seuil de 60 %, cela signifie que 67,4 × 0,6 = 40,44 millions de sujets contaminés, et donc 40 440 × 7 = 283 080 morts. Étrange théorie qui (en prenant cette mortalité particulièrement basse) préconise de laisser mourir plus de 283 000 personnes pour arrêter la contagion.

La seconde, et on voit aujourd'hui à quel point ce risque est devenu réalité, est qu'à chaque infestation, les mutations peuvent se produire. Certaines sont peu dangereuses mais il suffit d'une ou deux plus agressives pour rendre la situation particulièrement critique.

Défendue au début par Boris Johnson, Premier Ministre du Royaume-Uni, n'est plus guère défendue que par quelques nostalgiques.

Bloquer les frontières

Le virus vient de l'étranger. Il n'y a qu'à fermer les frontières. Quoi de plus évident ? Oui, mais surtout quoi de plus stupide ? Tout d'abord, l'idée n'est pas nouvelle. Depuis le Moyen Âge on l'a essayée dans chaque pandémie et chaque fois ça a raté. Pourquoi ? Pour la raison suivante : il y a toujours quelqu'un qui passe au travers des barrières pour de multiples raisons (c'est ce qui s'est passé dernièrement aux îles Fidji) et quand, de plus, la force publique s'en mêle, il y a toujours quelqu'un qui, moyennant finances, se ménage un chemin qu'il peut emprunter à sa guise pour entrer et sortir.

Alors ça ne sert à rien ? Pour arrêter une épidémie, cela n'a jamais marché. Par contre, cela peut ralentir l'entrée de contaminateurs et de ce fait donner du temps pour se préparer. À condition bien sûr de savoir que la mesure prise n'empêche pas l'entrée du virus. Si la politique est par ailleurs sage et adaptée, cela permet de diminuer l'amplitude du phénomène. À l'intérieur d'une stratégie cohérente, cette mesure peut donc aider au début. Il va sans dire qu'une fois que le virus est installé, elle ne sert à rien. Et qu'en général il ne s'agit que d'un slogan que des politiciens incapables utilisent pour masquer leur absence de compréhension de la situation et de stratégie pour en sortir.

Et les masques, ça sert à quoi ?

Il y a à propos des masques une extrême confusion – et on voit fleurir toute une série de déclarations qui pourraient trouver leur place dans le petit dictionnaire des farces et attrapes. Du genre : c'est un nid à microbes (le changement de norme européenne répond justement à cette interrogation), on a moins d'oxygène (alors là, il faut retourner à l'école après avoir affirmé une telle stupidité), etc.

En fait rappelons quelques vérités simples.

Les *masques de protection* individuelle FFP2 qui filtrent plus de 95 % des virus sont peu agréables parce qu'on inspire et expire à travers eux. De fait, ils sont réservés à ceux qui doivent se protéger d'une contamination évidente (soignants, familles au chevet d'un malade, etc.).

Les masques dits « chirurgicaux » sont avant tout des *masques anti-projections* et ont pour fonction d'empêcher de projeter postillons et expectorations. Ils sont protecteurs des autres. Il se trouve qu'ils ont également un certain pouvoir filtrant – à condition bien entendu de respirer à travers le masque.

Malgré l'évidence pragmatique qu'ils diminuent la contagion, il n'y avait jusqu'en janvier 2021 pas de preuve. C'est chose faite par Rader et coll. dans le *Lancet* en janvier 2021. Dans une étude portant sur près de 400 000 personnes interrogées dans l'ensemble des États-Unis sur leur pratique du masque, une forte corrélation a été trouvée entre le port de ce dernier et le contrôle de la transmission : plus on porte le masque dans les conditions éventuelles de contamination (magasin, visites familiales et amicales, etc.) et plus cette dernière baisse. Et l'exemple du Kansas est édifiant. Du fait de la progression de l'épidémie, il y a eu obligation de porter un masque en public. Résultat : ces derniers avaient, avant cette mesure, 3 fois plus de cas, d'hospitalisations et de morts. Après ils en avaient 2,1 fois moins. À signaler un détail humoristique : c'est dans les États du Middle West – qui ont voté pour Trump aux présidentielles – que le port du masque est le plus élevé. Comme quoi les comportements humains sont imprévisibles, contradictoires et pleins de surprises.

Une dernière notion, fondamentale. Comme la plupart des êtres humains respire par le nez, ne pas le couvrir revient à ne pas en porter. Un masque doit contenir la bouche et le nez.

Pourquoi les pneumologues ?

Le SARS-CoV-2 est un virus. Il touche en premier le poumon. Relève-t-il de l'infectiologie, de la virologie ou de la pneumologie ? Et s'il y a discussion, est-ce que cela ne cacherait pas une sordide compétition corporatiste entre ces disciplines ? Regardons-y de plus près. Et prenons un exemple. Le sida, autre maladie virale, mortelle il y a quelques décennies, a, grâce à l'apparition de médicaments, changé de face. Certes on ne le guérit pas (encore) mais l'utilisation judicieuse des drogues permet dans la grande majorité des cas une vie presque normale. Et ceux qui connaissent la maladie et les effets à court et moyen terme des traitements possèdent un savoir spécifique qui est tout à leur honneur et qui, en particulier, fait des spécialistes français des leaders mondiaux.

Mais pour le Covid-19 il n'y a à ce jour pas de traitement. Autrement dit, le plus brillant des infectiologues et des virologues n'en sait pas plus que n'importe quel médecin. Il n'a aujourd'hui rien à apporter.

Alors, s'il n'y a pas de traitement, faut-il désespérer ? Certainement pas. Car, lorsque la maladie s'aggrave, d'autres savoirs interviennent, avec une très importante conséquence sur le pronostic de la maladie.

Ce dernier est lié principalement à l'éventualité d'une défaillance du poumon. Cette dernière peut s'exprimer par la nécessité d'administrer de l'oxygène. Tout médecin convenablement éduqué doit en connaître les règles.

Mais lorsque la maladie touche le poumon de telle manière que le diaphragme et les autres muscles respiratoires sont débordés et demandent de l'aide, il faut suppléer en partie ou totalement. C'est-à-dire ventiler les malades soit de façon non invasive, soit en les intubant (en plaçant un tube dans la trachée). Ceux qui maîtrisent cette technique sont les pneumologues, les réanimateurs et les anesthésistes. Les deux derniers prennent en charge les malades les plus graves, avec défaillance de plusieurs organes. Les pneumologues s'occupent de ceux – les plus nombreux – qui n'ont de défaillance que respiratoire.

Pourquoi les pneumologues ? C'est simple : ils sauvent les malades parce qu'ils savent les ventiler. Les autres spécialistes, et en premier lieu ceux qui s'occupent du sida n'ont en général pas cette compétence. Et font partie de l'ensemble du corps médical qui prend en charge avec ferveur les malades qui ne requièrent qu'une surveillance et des soins symptomatiques, avec bien sûr la prise en charge d'éventuelles autres pathologies.

Bonne
et mauvaise gouvernance

De la perte de mémoire

> Les maladies infectieuses sont les compagnes constantes de notre vie
>
> Charles NICOLLE, 1933[1]

De tout temps l'homme a été confronté aux maladies infectieuses. Vivant dans un environnement avec des milliers de virus et de bactéries, sans compter les parasites et les champignons, il est facile de comprendre que ces êtres ne lui veulent pas tous du bien. Doté d'un solide système de défense (ou immunitaire), il peut en contrôler la plus grande partie. Mais pas tous. Et en ce cas il tombe malade.

Ce que nous appelons maladie infectieuse, c'est-à-dire causée par des micro-organismes, était connu depuis longtemps. Mais l'explication était que l'air était pollué, ou corrompu. Et que cette pollution en était la cause. D'où la recherche d'antidotes dont le plus connu pour la peste était l'utilisation de parfums.

Avec la révolution pasteurienne dans la seconde moitié du XIXe siècle, tout change : les maladies sont causées par ces petits êtres invisibles que pressentait l'encyclopédiste romain Varron dans son *Économie rurale* au Ier siècle avant Jésus-Christ. Et, du coup, c'est toute la pensée médicale qui a été bouleversée, avec ses conséquences thérapeutiques : vaccins, antibiotiques, etc. Résultat : la mortalité par maladie infectieuse qui représentait 85 % de l'ensemble au XVIIIe siècle s'est effondrée. Mais tout succès a ses conséquences négatives. De se savoir à l'abri de nombreuses maladies amène à se penser immunisé contre toutes. Qui plus est, au lieu de considérer qu'un traitement, un vaccin par exemple, doit être évalué en tenant compte des bénéfices et des complications, un certain courant ne prend en compte que ces dernières.

Avec l'ère pasteurienne, les différentes pathologies prenaient une identité bien définie, même avant la découverte de leurs agents causaux. À Paris fut construit en 1884 un hôpital pavillonnaire mettant en

1. Prix Nobel de médecine en 1928.

pratique les mesures d'hygiène et de prévention qui s'appela quelques années plus tard hôpital Claude-Bernard, et fut un grand lieu de traitement mais aussi de recherche, où naquit en France la réanimation médicale. Cette école prestigieuse fut fermée en 1988 par un de ces génies administratifs dont la France peut s'enorgueillir, pour cause d'archaïsme…

Détruisant au passage un des rares centres lourds de notre pays.

Ainsi partit la mémoire des épidémies antérieures.

Et cette perte de mémoire a subsisté répétitivement malgré les différentes pandémies grippales, le sida et les menaces potentielles qu'ont représentés le SRAS, la grippe aviaire A (H5N1), le MERS, la fièvre d'Ebola.

Chaque fois, il y a eu coalition entre des administratifs ayant perdu la mémoire et des populistes ayant perdu la raison.

Alors qu'il y avait un plan Pandémie, alors qu'il y avait des stocks stratégiques datant de 2005, pas du XIVe siècle avant Jésus-Christ, à l'arrivée du Covid-19, qu'a-t-on vu ? Rien. Tout était oublié. Et le rapport du Sénat montre à propos des masques comment incompétence, ignorance, mensonges se sont exprimés. Car perte de mémoire + perte de raison, chez un homme, cela s'appelle maladie d'Alzheimer.

Réactions des gouvernements

L'expansion de la maladie et l'importance de la mortalité dépendent de plusieurs facteurs. Tout d'abord de l'importance de la pénétration initiale. La situation n'est pas la même quand un ou deux cas isolés apparaissent ou quand, par exemple après une rencontre de centaines de personnes qui se sont côtoyées, touchées, réconfortées pendant de longues heures dans une atmosphère confinée, des dizaines, voire des centaines de contaminateurs s'égayent aux quatre coins d'un pays, d'un continent. Un deuxième élément est en rapport avec les moyens d'en faire le diagnostic. Un troisième est, de la part des autorités sanitaires et politiques, le temps qui s'écoule entre l'arrivée de l'information initiale et l'acceptation puis l'intégration de cette nouvelle déplaisante (la réaction initiale est partout la même : rejet et dénégation de la réalité). Un quatrième la nature des décisions prises et la façon dont elles sont présentées. Un cinquième est lié aux réactions de la population. Par nature une maladie pandémique est une mauvaise nouvelle et les mesures pour la contrer ont toujours eu et auront toujours un aspect, au moins partiellement, de restriction des libertés. L'acceptation ou au contraire le rejet des mesures proposées est un élément majeur du succès ou de l'échec de la politique proposée. Un sixième est lié à l'évolution dans le temps puisqu'il s'agit non d'une situation aiguë durant quelques semaines, mais de l'installation sur le moyen terme et peut-être plus d'un état de vulnérabilité et de risque en rapport avec la rémanence du virus et la permanence de cas qui augmentent dès que les mesures prises pour s'en garantir se relâchent.

Comme on peut s'en douter, les réactions tant des autorités que de la population ont été très diverses. Car, outre les aspects habituels retrouvés au cours des diverses pandémies, celle du Covid-19 a inventé une maladie secondaire : la désinformation systématique par certains réseaux sociaux souvent relayés par quelques télévisions motivées par le spectacle qu'elles produisent en promouvant complotistes, farceurs, gourous de tous genres, ignares de toutes sortes. Le tout entraînant de la part de la population confusion, incertitude, anxiété, perte de confiance généralisée. Qui sont, on le sait, les terreaux qui permettent aux extrémistes antidémocratiques de prospérer. Dans de tels pays, l'inconséquence des gouvernants a pour corollaire la montée de tout ce qu'il y a de pire.

Leadership

Dans un éditorial cinglant du *New England Journal of Medicine*, du 8 octobre 2020, le plus important journal de médecine, avec le *Lancet* et le *British Medical Journal*, intitulé « Dying in a Leadership Vacuum » (« Mourir dans le vide de leadership »), se pose le problème du leadership, c'est-à-dire de la capacité à diriger un pays en temps de crise, en l'occurrence d'une crise sanitaire qui met en cause la vie de centaines de milliers de personnes. Visant spécifiquement la présidence de Donald Trump : « L'amplitude de l'échec est stupéfiante. » Analysant les résultats catastrophiques des États-Unis : « Nous avons raté quasiment chaque étape. » Malgré le temps pour se préparer, les tests ont été inadéquats et l'équipement de base pour protéger le personnel de santé absent, comme pour le public. Les mesures de quarantaine et d'isolement ont été tardives, incohérentes et molles. Elles ont été levées bien avant que la maladie ne soit contrôlée. Les masques, mesure de protection individuelle, ont été traités comme des objets politiciens. Le gouvernement fédéral s'est déchargé sur les États dont la réponse a été liée non à leur appartenance politique, mais à leur compétence. Et ils ne disposent pas des outils fédéraux : le CDC (Center for Disease Control), organisme leader mondial pour le contrôle des maladies qui « a été éviscéré ». Le NIH (National Institutes of Health) a été exclu des décisions gouvernementales et la FDA (Food and Drug Administration) honteusement politisée. « Au lieu de s'appuyer sur l'expertise, l'administration s'est tournée vers des "leaders d'opinion" incompétents et des charlatans qui rendent la vérité incompréhensible et facilitent la diffusion de mensonges éhontés. » Les effets sociaux (surreprésentation des minorités ethniques parmi les morts), économiques (emplois perdus dans des entreprises incapables de fonctionner à cause de la maladie) avec la perte de centaines de milliards de dollars et de millions d'emplois, et les morts dont des dizaines de milliers sont dues à l'incompétence des gouvernants.

« Quiconque avec légèreté aurait dilapidé autant de vies et d'argent en supporterait les conséquences légales. Nos leaders ont exigé l'immunité pour leurs actions… »

Ils « ont démontré leur dangereuse incompétence. Nous ne devons pas les réélire afin de sauver de la mort des milliers d'Américains ».

Publié un mois avant les élections américaines, cet éditorial, qui s'adressait au corps médical américain connu pour son conservatisme, a, en dehors de cet aspect, un contenu plus général. Il appelle chaque pays à faire de même, c'est-à-dire à dresser un bilan de l'action de son gouvernement, de ses réussites et de ses échecs, et à déterminer si le pouvoir politique a exercé son leadership avec compétence ou a échoué.

Donald Trump et la vie des Américains

Si nous devons choisir entre détruire un monument célèbre et sacrifier la vie de nos hommes, la vie de nos hommes compte infiniment plus[1]

Général Dwight D. EISENHOWER
ordonnant de bombarder le monastère de Monte Cassino fondé en 529 par saint Benoît (mai 1944)

Au moins depuis la Seconde Guerre mondiale, une des constantes de la politique américaine a été de protéger la vie de ses soldats et de ses citoyens. Et la stratégie militaire durant cette dernière a donné la priorité à cet objectif, quelles que soient les pertes des populations civiles. Ainsi, sur l'ensemble du front européen, les Américains ont-ils perdu 140 000 hommes, moins que les Français (150 000) et sans commune mesure avec l'Union soviétique (9,5 millions) et l'Allemagne (5,5 millions). Cette conception a été appliquée depuis dans tous les conflits et l'existence de pertes inacceptables, même si elles étaient peu importantes, a été l'une des raisons du retrait des États-Unis de Somalie en 1993 après l'échec de l'opération Restore Hope. On sait l'émotion et la mobilisation qui ont suivi la destruction du World Trade Center en septembre 2001, avec ses plus de 2 000 morts, et comment l'émotion populaire a été utilisée par le président George W. Bush pour attaquer l'Iraq et faire assassiner Saddam Hussein, le dictateur sanguinaire qui dirigeait ce pays d'une main de fer. Avec le président Donald Trump, virage à 180°. Qualifiant la pandémie de petit rhume, obsédé par sa volonté d'être réélu, il a, en permanence, fait passer au premier rang de ses préoccupations l'activité économique et les bénéfices qu'en tirent certaines entreprises. Son bilan économique étant jusque-là positif, l'arrivée de la maladie, avec ses conséquences négatives sur l'emploi, a mis l'argent et l'économie en péril – et en particulier menacé sa réélection (et comme on le sait, il a été battu). Malgré la présence à ses côtés d'Anthony Fauci, directeur du CDC d'Atlanta, il a en permanence essayé de freiner les dispositions

1. Cité dans le film *The Story of G.I. Joe* de William A. Wellman (1945).

destinées à contrer la pandémie. À tel point que, méprisant le port du masque, il a lui-même contracté la maladie.

Il a encouragé la réouverture de tous les établissements recevant des personnes, menacé les gouverneurs démocrates qui confinaient, etc. Et en permanence il a minimisé l'ampleur des contaminations et les centaines de milliers de morts qui ont fait, et de loin, des États-Unis le pays le plus atteint de la planète en nombre absolu et un des premiers si on prend en compte le nombre d'habitants au cours de sa présidence.

Pour la première fois en quatre-vingts ans, la vie des Américains est passée au second rang des préoccupations, la recherche du profit ayant la priorité. À la différence des 19 morts de Mogadiscio qui avaient amené le président Bill Clinton à se retirer de Somalie, les quelque 400 000 morts survenus pendant la dernière année du mandat de Donald Trump n'ont été pour lui qu'un épiphénomène dont la seule importance a été qu'ils ont empêché la réélection qui lui était due. Une sorte de complot du Parti démocrate, avec le « trucage » des élections pour lui voler sa victoire. Que près de la moitié des Américains aient soutenu ce discours implique une très profonde cassure au sein de cette nation. Dont les conséquences ne peuvent entraîner qu'un affaiblissement non seulement des États-Unis, mais de l'ensemble du monde occidental dans un contexte qui voit monter la puissance de la Chine.

États totalitaires

Il existe de multiples formes de gouvernements dont les bienfaits, les excès et les tares ont été examinés et discutés en Occident depuis les travaux des philosophes grecs Platon (428-348 av. J.-C.) et Aristote (384-322 av. J.-C.). Avec le monde moderne, ses progrès, ses retours en arrière, son mélange d'humanisme et de barbarie, sont apparues des formes antérieurement inexistantes : les dictatures civiles. Auparavant, et c'est encore le cas aujourd'hui, les dictatures étaient essentiellement militaires – même si dans certains cas des factions civiles s'opposaient (comme les guelfes et les gibelins au Moyen Âge italien). Mais il n'existait pas de partis au sens moderne du terme. Un parti peut venir au pouvoir par les urnes et, ayant perdu des élections, en être chassé. C'est la règle des démocraties. Il peut aussi profiter de cette élection pour monopoliser l'ensemble des pouvoirs, infiltrer les services de l'État de ses membres et de ses sympathisants, modifier peu à peu les règles pour pouvoir s'y maintenir le plus longtemps possible (on en a actuellement un exemple avec la Pologne, la Hongrie et la Turquie). Il peut aussi éliminer toute possibilité d'expression alternative : c'est ce qu'Adolf Hitler et les nazis ont fait en 1933. Élus de façon démocratique, six mois plus tard, ils ont fait de l'Allemagne une des dictatures civiles les plus totalitaires, cruelles et barbares de l'histoire. Il existe d'autres types de dictatures civiles en particulier, celles d'un parti prenant le pouvoir par les armes. Comme ce fut le cas du Parti communiste en Russie, devenant Union des républiques socialistes soviétiques (URSS) en Europe en 1917, ou de la Chine où le Parti communiste de Mao Tsé-Toung (Mao Zedong) élimina *manu militari* les troupes du Kuomintang en 1949. Malgré l'influence des militaires (qui firent les frais de l'échec de la révolution culturelle, avec la mort de leur chef, le maréchal Lin Biao, en 1971), le Parti communiste chinois est bien une entité où les civils décident de tout, y compris de ce que les militaires doivent faire. L'Iran, après la chute du Shah (empereur) en 1979, est devenue une République islamique contrôlée par toute une série d'institutions religieuses où pour être candidat il faut être agréé par des commissions de dignitaires, eux-mêmes désignés sur l'ordonnance du guide suprême, un ayatollah (évêque musulman chiite de rite duodécimain). Il s'agit donc d'une dictature civile où les milices religieuses (en particulier les Pasdaran) jouent un rôle important.

La Chine et l'Iran sont donc deux dictatures civiles d'une nature et d'une histoire différentes. Il est intéressant d'étudier l'efficacité de leur action devant l'arrivée du Covid-19. Dans les deux cas, comme partout, se succédèrent surprise, volonté de cacher, dénégation. Mais dans les deux cas, les autorités du pays ont dû reconnaître la situation et s'y adapter. En Chine, c'est le président Xi Jinping qui a pris les affaires en main. En Iran, l'ayatollah Khamenei, guide suprême, n'apparaît à la télévision qu'avec un masque.

En Chine, la politique du gouvernement a été relayée non seulement par l'administration et les forces de l'ordre, mais par les 91 914 000 membres du Parti communiste. Ainsi, ce réseau « capillaire » a assuré la transmission des consignes et l'acceptation de mesures coercitives, en particulier dans les grands ensembles immobiliers des métropoles chinoises – au premier rang desquelles Wuhan, et les principales villes du Hubei. Et ces mesures ont été drastiques : confinement total, avec interdiction de sortir de chez soi, arrêt quasi total de l'activité industrielle d'une des régions les plus stratégiques du pays – apport de la nourriture et des besoins élémentaires à domicile (ce qui ne semble pas avoir été partout une réussite). On le sait, un certain nombre de médias ont accusé, à tort ou à raison, les autorités chinoises de mentir sur le nombre des morts. Cela est possible, mais un fait n'est pas contesté : la Chine a stoppé la progression de la maladie dès la fin du mois de février et le nombre de cas, au cours des quinze derniers mois, est de quelques dizaines par jour (c'est-à-dire, rapportés à la population, très faible).

En Iran – et en considérant que l'embargo contre ce pays décidé par le gouvernement des États-Unis a concerné également les moyens de prévention contre la maladie (masques en particulier) – le nombre de personnes contaminées depuis le février 2020 n'a jamais vraiment diminué, est resté stable aux alentours de 2 000 par jour pour, depuis le mois de mai 2020, augmenter progressivement pour dépasser 13 000 début décembre ; et depuis, osciller entre 6 000 et plus de 25 000. Dictature civile de nature religieuse, ne disposant de relais dans la société que répressifs, la République islamique iranienne – même lorsqu'elle est dirigée par un modéré comme Hassan Rohani – s'est révélée incapable d'enrayer l'épidémie.

Deux styles, deux natures de dictature civile, l'une efficace, l'autre défaillante. Ces exemples montrent donc que l'existence d'un pouvoir fort et autoritaire ne suffit pas en soi à lutter contre une pandémie. Savoir si – en considérant l'exemple de la Chine – le jeu en vaut la chandelle est une autre histoire.

Les démagogues au pouvoir

Face à l'arrivée du Covid-19, la réponse des gouvernements démocratiques a été diverse, mais généralement médiocre – impréparation, mauvaise appréciation de la nature du danger, dilution des responsabilités en ont été les principales manifestations. Ce qui a permis à la tribu des « y a qu'à » et surtout des « y avait qu'à » de prospérer en toute tranquillité – et sans vergogne. Comme cette personne qui voulait traduire en Haute Cour de justice une ministre de la Santé coupable d'avoir acheté des masques en quantité – horrible dépense délétère et impardonnable – et qui, aujourd'hui, se permet de donner des avis et surtout de critiquer tout et n'importe quoi.

Car tous ces populistes, quand ils sont au pouvoir, que font-ils ? Sont-ils meilleurs que les autres ? Regardons-y de près – les plus insignes sont Jair Bolsonaro au Brésil, Andrés Manuel López Obrador au Mexique, Viktor Orbán en Hongrie, Jarosław Kaczyński et Andrzej Duda en Pologne, Miloš Zeman en Tchèque[1]. C'est très simple. Leur bilan est catastrophique. Tchèques et Hongrois se partageaient la première place pour la mortalité avant la « révision » des Péruviens. En Brésil et au Mexique, la négation de la maladie a fait de ces pays où le décompte des cas et des morts n'est que partiel parmi les tout premiers pour la mortalité par habitant. Quant à la Pologne, elle marche à grands pas sur les traces de ses « amis ». Avec en outre des politiques répressives, la menace de licencier ceux qui disent le contraire de leurs positions, etc. Il y a une solution à la médiocrité des résultats des démocrates : faire franchement pire. Pour cela les populistes d'extrême droite, de droite, de gauche et ex-communistes sont engagés dans une compétition dont l'enjeu est d'être les plus grands tueurs de leurs concitoyens.

1. Sans compter l'ex président Donald Trump aux États Unis.

La faillite de l'Europe

Dans *Pandémie. La grande menace* nous écrivions : « Du fait de la libre circulation dans l'espace Schengen, une politique de lutte contre l'installation et la diffusion d'une pandémie grippale ne peut être menée au seul niveau national ; une position commune européenne est nécessaire. Ce qui impliquait lors de la phase initiale de la pandémie une surveillance des ports et des aérodromes, avec des moyens de détection de la maladie et des lieux de quarantaine pour isoler ceux qui, susceptibles de l'avoir contractée, pourraient diffuser la maladie : détecteurs thermiques, isolement des personnes en provenance de zones touchées, organisation des lieux, logistique médicale, approvisionnement et protection. Dans les ports, la quarantaine pourrait se faire à bord des navires concernés. »

Qu'a-t-on vu ? C'est très simple, rien. Les différents pays ont décidé, chacun de leur côté, de leur propre politique qui est allée du protectionnisme quasi complet au refus de mesures d'éloignement et de confinement. Ce qui a permis aux démagogues de tous bords de dénoncer les pays d'où venaient les cas suspects. On a bien vu, lors de la première poussée, que les mesures préventives n'étaient pas les mêmes dans le Haut-Rhin où la structure hospitalière a été confrontée à une charge qui a failli la briser et dans le Cantal ou l'Ariège où il n'y avait guère de cas. La même chose existait au niveau européen avec des différences de taux d'attaque et de sévérité extrêmement inégales entre les pays et au sein de chacun. Une politique cohérente avec des objectifs communs et des moyens mutualisés aurait fait de l'Europe un ensemble cohérent et crédible, alors que l'émiettement des moyens et la définition chauvine pays par pays d'une maladie identique dans chacun d'eux ont montré que, dans un espace défini essentiellement par la libre circulation des biens et des personnes, il en était de même du virus : libre circulation puisque les restrictions à sa liberté de mouvement ont été locales, variables dans le temps et dans l'espace, erratiques, incohérentes.

La Commission européenne, le Parlement et le Conseil de l'Europe ont été incapables de définir une politique, d'organiser la logistique et la solidarité entre les pays.

Par son absence de politique commune face à un danger commun, l'Europe a montré de façon cruelle la faillite de ses institutions et de ses dirigeants.

Le seul domaine dans lequel une politique commune a été définie est celui des vaccins puisque les institutions européennes en ont investi et préacheté six. Et par ailleurs il semble que la Commission européenne et en particulier Thierry Breton aient poussé à l'extension des usines de fabrication des vaccins. Savoir si les prix auxquels se sont faites les transactions ont été honnêtes (AstraZeneca a vendu le sien au prix coûtant) ou si des arrangements avec le ciel ont été trouvés pour les plus chers ne relève pas de ce livre. Notons cependant l'étrange achat à un prix exorbitant du remdesivir effectué quasiment en même temps que l'étude Discovery (et plusieurs autres) montrait son efficacité soit nulle, soit minime[1].

Bizarre, bizarre, comme aurait dit Louis Jouvet.

1. La France est le seul pays de l'Union européenne à ne pas avoir acheté de remdesivir.

Conseil scientifique

Arrive une nouvelle maladie. C'est une pneumonie virale, c'est-à-dire 1) une affection du poumon, domaine de la pneumologie 2) dont le diagnostic repose sur le scanner thoracique qui est celui des radiologues.

Logique, le Parti communiste chinois invite le plus prestigieux des pneumologues, Zhong Nanshan, à exposer la situation devant son Comité central le 20 janvier 2020.

Le 11 mars 2020, alors que le journal *Le Monde* fait état d'une situation critique en Italie, du fait du manque de ventilateurs avec sélection de malades, les plus mal en point étant abandonnés à leur sort et qu'en France la montée brutale du nombre de cas graves s'amorçait, qui allait mettre en danger le système de soins à la fin du mois pour culminer le 8 avril avec 7 148 malades en réanimation, spécialité qui ne disposait que d'environ 5 000 lits, et qui avait nécessité de récupérer un maximum de ventilateurs, le président Macron a annoncé la création d'un conseil scientifique.

Alors, dans ce conseil, combien de pneumologues ? Zéro. De radiologues ? Zéro. D'historiens de la médecine ? Zéro. De spécialistes du coronavirus ? Zéro. De spécialistes des vaccins ? Zéro.

Ce conseil, déséquilibré de par sa composition mal adaptée, alors que les soignants, sans protections, étaient assaillis de malades dont un très grand nombre de graves et de sévères cherchaient désespérément lits et matériels adaptés, a eu comme tâche première d'autoriser la tenue du premier tour des élections municipales, mais par le second, sept jours plus tard !

On comprend facilement les ratés de ce groupe de personnalités par ailleurs compétentes mais dans d'autres domaines, pour beaucoup du sida.

Un conseil scientifique doit être composé de membres reconnus pour leur compétence dans le domaine considéré et de spécialistes des interventions nécessaires pour que leurs recommandations se traduisent en actions adaptées.

Bis repetita. Conscients de ne pas être assez représentatifs, les membres du conseil scientifique en février 2021 se sont adjoint une infectiologue et un gériatre. Avec un vétérinaire indispensable pour une maladie qui ne touche pas les animaux et une pédopsychiatre elle aussi incontournable pour une affection qui n'affecte que très peu les enfants.

Décidément…

Première vague : rapport des pompiers

Avec leurs 250 000 soldats de l'urgence, les pompiers sont en première ligne et leurs services d'incendie et de secours SIS tout particulièrement actifs pendant les différentes phases de la pandémie de Covid-19. Le 12 novembre 2020, la Fédération nationale des sapeurs-pompiers de France (FNSPF) a fait le bilan de la première poussée. Première surprise. Alors que le *Livre blanc* de la Défense et la Sécurité nationale de 2008 confie la conduite opérationnelle d'une crise sur le sol national au ministère de l'Intérieur, le pilotage a été confié à celui des Solidarités et de la Santé, ce qui est en contradiction avec tous les textes réglementaires.

Deuxième surprise. La gestion de crise repose sur trois grands principes : 1) un commandement unique ; 2) une déclinaison unique dans les territoires ; 3) la mobilisation de toutes les forces qui font la résilience des territoires.

Au contraire, il y a une « multiplicité et succession des décideurs et commandants de crise ». Du 27 janvier au 17 mars 2020, la gestion a été uniquement du ressort de la Direction générale de la santé (DGS) avec une succession des décideurs de crise : le Pr Salomon, puis le préfet Thirion, et à leur suite le préfet Degos, M. Castex, M. Ribadeau-Dumas et le préfet Robin.

Résultat : opacification du lieu de décision stratégique, travail « en silos » des administrations et non en interministériel, complexification de la communication.

La gestion par le ministère de la Santé a mis en évidence 1) son absence de culture interministérielle et 2) son manque de culture d'anticipation.

Les sapeurs-pompiers (4,13 millions d'intervention par an) ont été tenus à l'écart.

La Direction générale de la sécurité civile et de la gestion des crises a elle aussi été largement mise de côté.

Énumérant les diverses conséquences fâcheuses de cet état des lieux, les pompiers regrettent que le pilotage territorial ait été confié aux agences régionales de santé (ARS) qui n'ont pas cette culture entraînant « une mobilisation hétérogène, partielle et non coordonnée des moyens territoriaux, source de lourdeurs, de dysfonctionnements et de perte d'efficacité ». Mais, après le déconfinement, le pilotage est passé au niveau des maires et des préfets de département, ce qui a amélioré la situation qui doit être centrée sur quatre principes : proximité, anticipation, interministérialité et territorialisation.

L'affaire des masques[1]

On sait qu'entre 2005 et 2007 ont été constitués par le ministre de la Santé Xavier Bertrand et le directeur général de la Santé Didier Houssin des stocks stratégiques de près de 2 milliards de masques, moitié FFP2 et moitié chirurgicaux. Soutenu par le président de la République Jacques Chirac, Bertrand avait constaté que « Le ministre de la Santé chinois m'avait dit… que si l'épidémie les touchait nous passerions après eux », en avait conclu : « Nous avons voulu nous doter de capacités de production pour nous mettre à l'abri de la dépendance vis-à-vis des Chinois. » Ainsi s'est constitué un stock de 700 millions de FFP2 et de 1 milliard de chirurgicaux.

Les FFP2 ont une date de péremption et doivent donc être renouvelés périodiquement. Aucun n'a été acheté depuis 2011, de 700 millions en 2016, on est passé à presque rien : en février 2020, il y en avait… 962 300, moins de 1 million.

Les masques chirurgicaux n'ont pas de date de péremption. Mais une nouvelle norme sanitaire (vérifier qu'ils ne sont pas contaminés) est introduite en 2014. Ce n'est que le 19 avril 2017, trois ans plus tard, qu'une demande de vérification de 613 millions est transmise au directeur général de Santé publique France. Finalement, un accord est trouvé le 19 février 2018 avec la société d'expertise belge Contexbel dont les conclusions sont rendues le 4 septembre 2018. Ainsi, « la conformité des masques chirurgicaux acquis en 2005-2006 aura été contrôlée environ quatre ans après l'introduction de la norme ». Ces retards pour lesquels il n'a pas été donné d'explication convaincante « interrogent franchement sur le niveau d'attention porté par les autorités sanitaires (DGS comme Santé publique France) à la qualité effective d'un stock stratégique ». Le directeur général de Santé publique France déclare : « Les résultats obtenus… ont montré une non-conformité des masques aux tests exigés dans la norme européenne. » En conséquence, la DGS ordonne le 30 octobre 2018 la destruction de 613 millions de masques.

1. Ce chapitre est le résumé du rapport déposé par Catherine Deroche, Bernard Jomier et Sylvie Vermeillet le 8 décembre 2020 au nom du Sénat.

Fin 2019, il restait 360 millions de masques non conformes, 100 millions conformes et 72 millions arrivés à péremption. Parmi les causes de non-conformité, il y aurait la présence de moisissures. Les deux ministres de la Santé ayant exercé entre 2013 et 2019 se renvoient la balle.

Les masques FFP2 sont les seuls à même de protéger les soignants en cas d'exposition à un agent infectieux hautement pathogène. Des achats devaient être effectués à partir de 2014 pour assurer la pérennité des stocks. En fait, il n'y a eu aucune commande jusqu'en janvier 2020. En effet : « L'avis de 2011 du Haut Conseil de la santé publique (HCSP) circonscrit l'usage du masque FFP2 mais préconise le maintien d'un stock stratégique d'État, à rebours des choix opérés par les autorités publiques. » De plus, le HCSP recommandait la création de stocks tournants, les masques proches de la péremption devaient être fournis aux établissements de santé et remplacés par de nouveaux. L'absence d'achats depuis 2014 est responsable de la non-conformité des 613 millions de masques chirurgicaux.

Il va sans dire que ce n'est pas aux auteurs de ce livre de rechercher la responsabilité d'éventuels coupables. C'est celui d'instances officielles de la République.

Il est par contre de notre devoir de rappeler des faits dont le moins qu'on puisse en dire est qu'ils sont regrettables.

Alors que Xavier Bertrand avait constitué un stock de 700 millions de masques FFP2 en 2005-2007, il en restait moins de 1 million fin 2019. Quant aux masques chirurgicaux, on est tombés de 1 milliard à 100 millions.

Les maires, la sécurité et le Covid-19

Une des préoccupations principales des français concerne leur sécurité. Et c'est bien naturel. Peut-il d'ailleurs y avoir démocratie si certains imposent par la violence des comportements qui ne dépendent que de leur bon vouloir. Sans sécurité il ne peut y avoir de liberté, ce qui implique que cette dernière a une limite : c'est quand elle menace celle des autres. La liberté ne peut donc être absolue et sans limites. Elle est un compromis qui prend en compte l'intérêt de chacun.

Il y a en France chaque année aux environs de 880 meurtres et assassinats. En un an et demi le Covid-19 a tué plus de 112 000 personnes. Et toutes ces morts, sur un plan théorique, auraient pu être évitées. Ce qui veut dire que chaque mort est un échec pour la société et en particulier pour ses dirigeants. Ce qui ne veut pas dire qu'ils en soient responsables car les contaminations se font principalement dans le cadre amical ou familial. Mais il y a la transmission dans les endroits publics. D'où la recommandation des gestes barrières.

Les maires ont en charge, au moins partiellement, la sécurité de leurs communes. Laisser l'épidémie se propager sur la voie publique va à l'encontre de cette mission. Soyons concrets : dans combien de communes les agents des collectivités locales ont-ils été s'assurer que tout le monde portait un masque et que ce dernier couvrait le nez et la bouche sur la voie publique ?

Sur les grands boulevards de Paris, il y avait pourtant place pour la pédagogie (pas pour la répression). Combien de malades, d'hospitalisations, de séquelles, de morts aurait-on pu ainsi éviter ? Quand on voit la médiocrité des résultats de notre capitale, on peut raisonnablement penser qu'il y avait la place pour des améliorations. Mais pour cela il fallait le vouloir. Et faire de la sauvegarde de la vie de nos concitoyens une priorité…

Pourquoi tant de morts ?

Pourquoi tant de morts ?

Léon Tsévery, qui travaillait avec Serge Klarsfeld, avait échappé de peu à la rafle du Vél' d'Hiv avec son frère Jacques. Mais leur petit frère Maurice, âgé de 9 ans, avait été enlevé par la police parisienne qui l'avait emmené pour un voyage d'où il n'est jamais revenu. Léon, avec Jacques, parcoururent tous les lieux où il aurait pu trouver un abri. Et dans un local de l'UGIF (Union générale des israélites de France), ils ne le trouvèrent pas. Mais un petit garçon leur dit : « Emmenez-moi avec vous. » Ils répondirent : « Mais non, tes parents vont venir te chercher. » Et ils l'abandonnèrent à un sort dont ils ne savaient pas que c'était la mort. Depuis, Léon, obsédé par la perte de son frère et du petit garçon dont il se reprochait de ne pas l'avoir sauvé alors qu'il ne le connaissait pas, et qu'il ignorait, bien sûr, l'horreur qu'a été l'extermination des enfants juifs par les nazis, a passé sa vie à faire une seule chose : donner aux morts une identité, une réalité. C'est ainsi qu'après des dizaines d'années, il a pu faire enlever la plaque que le Parti communiste français avait fait mettre au mont Valérien en l'honneur « des 4 000 fusillés » quand il n'y en avait qu'un peu plus de 1 000. La différence était que ces derniers avaient un nom, un prénom, une date de naissance et une adresse. Les autres n'étaient que les produits de l'enthousiasme des auteurs de la plaque. Et puis Léon s'attaqua à Balard, où environ 150 juifs ou résistants (dont les 5 du lycée Buffon) avaient été exécutés. Et puis il est mort, comme son frère Jacques.

Lorsqu'il s'agit d'une maladie, d'un accident, d'un crime, d'un hasard, la première chose que l'on dit aux morts est le respect. Et la première obligation morale est de savoir ce qui leur est arrivé.

En médecine, il est parfois simple, parfois délicat, voire difficile, de savoir pourquoi et de quoi tel ou tel est mort. Il y a toutefois, lorsqu'on étudie une maladie et qu'on veut en trouver la cause, deux cas de figure qui s'opposent. Dans le premier, on part de faits indiscutables – par exemple les morts d'accidents de la route – et on les relie à divers facteurs : alcoolisme, vitesse (si tant est qu'on ait sa mesure), etc. Pas de discussion : au-dessus de 0,20 g d'alcool par litre dans le sang, le risque existe d'accident grave, qui augmente avec ce taux. Dans le second, on part d'un concept, par exemple tel ou tel critère choisi – généralement pour des raisons idéologiques ou à la demande d'un généreux commanditaire –, et on cherche comment on peut arriver à mettre en relation ce que l'on veut démontrer avec les faits que l'on choisit, façonne, arrange, présente pour qu'ils justifient l'idée de départ. Cela se fait en enlevant, ajoutant, changeant les données élémentaires de façon qui peut être honnête, ou simplement idéologique.

Il y a des maladies dont le diagnostic réel, comme la grippe, est virologique mais qui, dans la pratique courante, recouvrent toutes les viroses respiratoires. Alors, comparer le Covid-19 dont on ne retient l'existence que lorsqu'on l'a identifié de façon formelle et des « grippes » qui rassemblent tout et n'importe quoi relève au mieux d'une légèreté regrettable, au pire d'une confusion très inquiétante.

Il y a des morts du Covid-19. À la différence de la grippe saisonnière (ce n'est évidemment pas le cas des pandémies graves), les malades meurent du virus peu de temps après en avoir été infestés.

Et alors ces morts, ces vrais morts, ces morts avec un nom, un prénom, une date de naissance et une adresse comme l'aurait exigé Léon, ces morts par dizaines de milliers. Pourquoi ? Pourquoi ? Pourquoi ont-ils contracté le virus ; sa maladie, la forme la pire de sa maladie ? Qui la leur a transmise ? Qui, par indifférence, égoïsme, aveuglement, ignorance, la leur a apportée ? Oh, il est vraisemblable que ce n'est pas volontairement. Mais le fait est là. Et comment se fait-il que dans le pays dont l'OMS avait salué le plan Pandémie de 2005, on en soit là ? Comment se fait-il que dans un pays où la solidarité sociale est garantie par la Sécurité sociale, dans un pays qui a un corps médical et soignant exceptionnel, il y ait tant de morts ?

Les morts, les vrais, c'est-à-dire ceux qui ont un nom, un prénom, une date de naissance et une adresse, ont le droit de dire : pourquoi et à cause de quoi sommes-nous morts ? Était-ce inéluctable ? Ou aurait-on pu ou dû éviter ce dénouement fâcheux ?

Il ne s'agit pas de profiter d'une crise qui met en cause de nombreux aspects de notre société pour se prendre pour des commissaires du peuple réclamant des têtes. Mais il ne s'agit pas non plus de faire comme si rien ne s'était passé. Un état réel des lieux, l'établissement des faits et des responsabilités est une nécessité pour faire le bilan des erreurs et des réussites et pour définir une ligne stratégique et tactique afin que ceux qui sont morts et n'auraient pas dû ne soient ni oubliés, ni négligés, ni méprisés.

Qu'on ne se trompe pas. Une pandémie cause des morts quoi qu'on fasse et il n'existe dans l'histoire aucun exemple où l'intervention humaine en ait arrêté une (les bons résultats des Chinois avec le Covid-19 nécessitent une vérification de ce qu'ils affirment et doivent de toute façon être analysés avec réserve, personne ne sachant quand la pandémie finira). Depuis, la maladie a frappé de façon particulièrement inhomogène. Prenons l'exemple de l'Inde : la mortalité a été trente fois plus forte à Delhi que dans le Bihar. Et en Europe, lors de la première vague, l'essentiel des décès s'est retrouvé dans les pays de l'Ouest où se trouve la meilleure infrastructure médicale et hospitalière avec celle des pays du Nord. Mais face à cette agression de la nature, on ne peut pas rester passif. Et c'est l'analyse critique de l'ensemble de la réponse sociétale, politique, médiatique, sanitaire et médicale qu'il faut effectuer précisément. Car l'homme est en permanence confronté à l'agression infectieuse et il est vraisemblable, sinon certain, que la pandémie du Covid-19 n'est pas la dernière. Il faut donc savoir faire son autocritique pour améliorer l'ensemble de la réponse. En bref, que d'un mal sorte un bien.

Familles en deuil

En Grande-Bretagne, plus de 2 000 familles ayant perdu un être cher du Covid-19 ont constitué une association (Covid-19 Bereaved Families for Justice) dont la déclaration d'intention a été publiée dans le *British Medical Journal* du 3 décembre 2020. Réfutant la déclaration du Premier Ministre Boris Johnson qui affirmait qu'une enquête publique immédiate sur la conduite du gouvernement face au Covid-19 serait une distraction ou une diversion des ressources contre la maladie, les membres de ce collectif, reprenant d'ailleurs une demande du *Financial Times* du 20 juillet 2020, font les cinq propositions suivantes : 1) comparer le système de tests, traçage des cas d'isolement en fonction des recommandations de l'OMS ; 2) analyser les décisions et la communication du gouvernement ; 3) identifier les actions pour diminuer l'impact du virus dans certaines communautés[1] ; 4) vérifier l'adéquation du National Health Service avec la demande, y compris les moyens d'éviter la transmission hospitalière du virus ; 5) identifier les moyens de protéger résidents et personnels des maisons de retraite.

Les familles concluent en proposant un nouveau slogan : « Une analyse rapide dont on tire des leçons sauve des vies ».

1. Une méta-analyse portant sur plus de 19 millions de patients américains et britanniques a retrouvé 85 % de plus de risques pour les Noirs et 50 % pour les Asiatiques que les Blancs de faire une forme grave.

Les Confinis

Chanson de Pierre Perret

Comment aider ces pauvres gens qui agonisent
Qui attendaient qu'on leur vienne à la rescousse
Pendant que les infirmières mouillaient la chemise
Qu'les infirmiers faisaient suer l'burnous
Pendant qu'ils couraient tous dans la panade
Dans les couloirs encombrés d'macchabées
Les cherchez pas pour soigner les malades
Tous les docteurs étaient à la télé
Ils nous ont tant confinés
Puis déconfinés puis reconfinés
Qu'on redoutait d'être in fine
Des cons finis

Ils décrétèrent un jour qu'les vieux d'la vieille
Faut les achever à 70 balais
Disant l'contraire de c'qu'ils disaient la veille
Quand cette grippette les faisait bien marrer
D'un air savant y v'naient faire des tirades
Remplies d'avis et d'conseils ampoulés
Pendant qu'l'hosto croulait sous les malades
Nos braves docteurs étaient à la télé
Ils nous ont tant confinés
Puis déconfinés puis reconfinés
Qu'on redoutait d'être in fine
Des cons finis

Y avait l'Raoult cui qui les enquiquine
Qui les traitait tous comme des Diafoirus
D'après lui y a guère que sa chloroquine
Qui pourra fout' les chocottes au virus

La porte-parole elle s'appelle Sibeth
Y en a qui pensent qu'elle porte bien son nom
On sent bien qu'la moindre idée qui se pointe
Lui déclenche un ouragan dans l'citron
Ils nous ont tant confinés
Puis déconfinés puis reconfinés
Qu'on redoutait d'être in fine
Des cons finis

L'soir aux infos y a l'tondu, l'aut' sadique
Qui compte les morts et puis y a le défilé
Des professeurs, des stars, des scientifiques
Et puis l'rouquin, l'Amerloque, le cinglé
Et en fin d'compte on a su pour les masques
Qu'ils étaient gérés par une bande de couillons
Qu's'il en restait plus du tout c'était parce que
Ils en avaient détruit six cents millions
Ils nous ont tant confinés
Puis déconfinés puis reconfinés
Qu'on redoutait d'être in fine
Des cons finis

Les infirmières qui gagnent des clopinettes
Même pas au SMIC galèrent à tour de bras
En récompense nos courageuses Cosettes
D'applaudissements, d'médailles en chocolat
Mes p'tits marquis vous devriez avoir honte
La dignité chez vous elle est en deuil
Pas une seule de vos promesses à la gomme
Ont un jour consolé leur portefeuille
Vous nous avez confinés
Puis déconfinés puis reconfinés
Mais vous vous rest'rez pour la vie
Des cons finis

Héroïsme des médecins
Héroïsme des soignants I

> Les cherchez pas pour soigner les malades
> Tous les docteurs étaient à la télé
>
> Pierre PERRET – *Les Confinis*

Pierre Perret a vu des docteurs, et des docteurs et des docteurs à la télé. Et il a raison. Et il ajoute que pendant ce temps les infirmières « mouillaient la chemise ». Et il a encore raison. Avec un bémol. Elles mouillaient la chemise avec d'autres médecins, étudiants, internes, chefs de clinique, praticiens de grades divers.

Ah oui, tous ceux-là, on ne les voyait pas à la télé. Parce que c'est cet ensemble qui a mobilisé les hôpitaux d'une manière exemplaire. Pas ceux qu'on a vus à la télé. Du moins pas beaucoup de ces derniers. D'ailleurs, un simple constat. Lors de la conférence de presse commune des deux principales organisations syndicales de médecins hospitaliers (le SNAM et le CMH), le Dr Norbert Skurnik, psychiatre, a déclaré : « L'hôpital a été sauvé par les réanimateurs et les pneumologues. » Alors combien a-t-on vus à la télé ? Entre zéro et pas grand-chose. Ils soignaient les malades, eux.

Héroïsme des médecins Héroïsme des soignants II

Les héros sont ceux qui font ce qu'ils doivent faire. Les autres non.

L'auteur de ce livre appartient à une génération de médecins bien particulière. À la fois nourrie de la tradition hippocratique héritée de leurs ancêtres et témoin et acteur de la formidable révolution qui a transformé la médecine depuis les années 1950. Qui se souvient de ce qu'était l'hôpital dans ces années[1] et ce qu'il est devenu de nos jours peut mesurer l'ampleur du chemin parcouru. Nous avons vécu l'arrivée de la réanimation, l'explosion de l'imagerie, le dénombrement des maladies avec l'apparition ou l'identification de centaines d'affections nouvelles, l'incroyable développement des différentes techniques biologiques et des traitements pharmacologiques ou non. Dans ce foisonnement, des situations sans issue trouvaient brusquement une solution. Des maladies constamment mortelles ne l'étaient plus. Et tout cela, nous l'avons vécu dans l'enthousiasme, ne ménageant pas notre peine, rentrant chez nous quand il n'y avait plus rien d'urgent à faire, ne comptant ni nos heures ni nos jours.

Nous étions tous pareils. Personne ne pensant à se plaindre, à revendiquer, à gémir sur les dizaines d'heures que nous faisions en plus de ce qui était alors les quarante puis les trente-neuf heures.

Et puis sont arrivées les trente-cinq heures. Voulues par Dominique Strauss-Kahn et décidées en médecine par Martine Aubry en 2002 avec tout son attirail de repos compensateur, de RTT, etc. Et tout à coup, brutalement, ceux qui, pleins d'ardeur, passaient soixante à soixante-dix heures à l'hôpital, contents et heureux de leur sort, ont commencé à compter leurs heures et à se plaindre. Du temps passé. De l'utilité. De l'argent. De la misérable condition des médecins. Etc. Et moins ils en

1. Pour s'en rendre compte, on peut voir le film La bonne tisane d'Hervé Bromberger (1957) qui relate de façon très fidèle la vie hospitalière de cette époque.

faisaient, plus ils se sentaient fatigués, déprimés, sans but. Et revendiquaient auprès des plus âgés qui, n'ayant aucun pouvoir, ne pouvaient leur accorder ni leur refuser quoi que ce soit. Mais qui, responsables de la continuité des soins, ne pouvaient que les obliger à respecter ce principe élémentaire.

Il va sans dire qu'une équipe soignante est un tout et que du plus gradé des médecins au moins diplômé du personnel non médical, il y a un lien dû à la nécessité de s'occuper, chacun à sa place, des malades. Et on se doute que lorsque ceux qui impulsent le mouvement, font des diagnostics et prescrivent examens et traitements sont dans le doute et le manque de foi en l'avenir, c'est l'ensemble de l'équipe qui est touchée, troublée, déconcertée.

Et déjà certains voyaient dans ces jeunes générations des égoïstes indifférents, fatigués avant d'avoir travaillé, adeptes de cet hédonisme bas de gamme qui assaille une grande partie de la jeunesse.

Et puis est arrivé le Covid-19. Et alors, tout à coup, tout s'est renversé. Les mêmes qui pleuraient la veille alors qu'ils avaient les moyens de traiter leurs malades se sont retrouvés mobilisés, actifs, travaillant non seulement avec ceux de leurs services mais, dans un élan commun, partageant temps, travail, ressources avec des praticiens d'autres disciplines et constituant ainsi un ensemble soudé, solidaire et efficace que l'absence des moyens de protection qu'ils auraient dû recevoir ne rebuta pas, heureux, ne comptant pas leurs heures. Soldats de l'an II de l'hôpital public. Entraînant avec eux tous les personnels y compris administratifs. Médecins héros. Soignants héros.

Gouvernance hospitalière

Qui doit diriger l'hôpital ? Les médecins ? Les autorités locales ? Les directeurs d'hôpital ? L'État ? Les usagers ? Les puissances financières à but lucratif et non lucratif ? Les syndicats ?

On le voit, la liste est longue et chacun peut mesurer les différentes réponses possibles. Du médecin-roi au médecin-valet de chambre (comme c'était le cas dans certains hôpitaux des pays de l'Est), tout, ou presque tout, a été essayé.

En France, après quelques générations lointaines où de grands mandarins faisaient ce qu'ils voulaient dans leurs services, on a vu le pouvoir des médecins fondre plus vite que la banquise du fait du réchauffement climatique. Et à la place sont montés en puissance des directeurs d'hôpitaux qui, peu à peu, ont pris le pouvoir absolu sur le corps médical. Pouvoir illusoire d'ailleurs car leur marge de manœuvre est encadrée et fortement limitée par l'État.

Et comme par nature ils sont incompétents en médecine, les responsables de l'État ont inventé tout un charabia que seuls les génies technocratiques français sont capables de produire : incompréhensible, idéologique, rempli de ce que le Pr Pierre Coriat appelle les « mots verbaux », c'est-à-dire ces mots si magnifiques qu'ils ne veulent rien dire et ne représentent que le bruit qu'on fait en les prononçant.

C'est ainsi qu'un concept séduisant comme l'hôpital-entreprise a été réduit à une triste, pour ne pas dire minable, comptabilité dont les acronymes se sont succédé, le dernier en date étant la T2A[1]. Incapables d'imagination, d'innovation, de créativité. Et typiques de la bureaucratie étatique, se cachant derrière des règlements et incapables de diriger.

Car un chef doit non pas passer son temps à vérifier la feuille de présence et à compter ce que chacun a fait ou n'a pas fait. Ce n'est pas son rôle. Mais il doit impulser une politique, définir des objectifs, former, encadrer, motiver. C'est ce qu'on appelle en anglais le *leadership*. Sans leadership, un chef n'est qu'un petit chef.

---

1. Ce qui n'est pas un rejet de toute tentative d'évaluation et de quantification de l'activité soignante.

Alors qui doit diriger l'hôpital ? Le Covid-19 a montré la voie.

Tout à coup le personnel administratif a cessé de croire qu'il devait dire aux médecins ce qu'ils devaient faire. Il est redevenu ce qu'il aurait toujours dû faire : le gérant de l'appui logistique dont ils ont besoin pour soigner les malades.

Et, ô surprise, ils se sont rendu compte que, contrairement à leurs appréhensions, les médecins n'étaient pas des irresponsables utilisant les moyens mis à leur disposition par la collectivité sans réserve ni retenue. Mais qu'au contraire ils étaient responsables et que leur utilisation du bien commun était faite avec mesure et en sachant le rapport qui existe entre le coût d'un dispositif et son utilité.

Les médecins sont là pour soigner, pas pour faire semblant d'administrer. Les administratifs pour leur donner les moyens de le faire. Une gouvernance hospitalière raisonnable consiste à rechercher les moyens pour que cet ensemble fonctionne.

Ces remarques, on doit le préciser, ne font qu'indiquer dans quelle direction et sur quels principes la gouvernance hospitalière doit se réformer. Elles n'impliquent aucune solution précise dont la nature ne peut être que le résultat de négociations entre les représentants des diverses légitimités qui interviennent dans la pratique et la gestion de l'hôpital.

Union ou désunion

Mais qui a tué Harry ?

Dans le film réalisé par Alfred Hitchcock en 1953, la découverte d'un cadavre amène à une série de séquences où tout, petit à petit, est remis en question avec humour, mais où vie et mort, amour et haine, culpabilité et innocence, vérité et mensonges se chevauchent allègrement.

Culpabilité, vérité, mensonge, manipulations forment ainsi un écheveau dense et serré qui met en évidence certaines caractéristiques de la société (ici en Nouvelle-Angleterre).

Le Covid-19, maladie transmise entre personnes humaines, forme un écheveau complexe où se superposent ou cohabitent des situations contrastées. Les uns n'ont pas de symptômes et ne se rendent compte de rien. D'autres ne ressentent que l'équivalence d'une petite grippe. D'autres encore sont épuisés, fébriles, toussent, mais cette situation, pour désagréable qu'elle est, ne les inquiète pas plus que nécessaire. Et puis il y a ceux qui ont des manifestations sévères, qui nécessitent une hospitalisation, l'administration d'oxygène, parfois la ventilation assistée et éventuellement la mort.

A priori rien de commun entre ce trentenaire qui ne présente aucun symptôme et ce vieillard qui meurt – à part peut-être un lien familial.

En fait, c'est tout le contraire. Si on considère les quelque 112 000 morts en France, par définition il a fallu qu'au moins une personne leur ait transmis le virus et, dans leur cas, la mort. Et c'est probablement beaucoup plus.

Il est vraisemblable, si on considère qu'entre 2 et 10 personnes sur 1 000 meurent, qu'une chaîne de contamination beaucoup plus importante s'est constituée.

Prenons un exemple. À l'occasion d'une fête, un individu A est contaminé. Il transmet le virus à un ami B qui à son tour en fait bénéficier C, etc. Et chacun d'entre eux, A, B, C, etc., n'a que des formes mineures, voire minimes. Supposons qu'en bout de chaîne, le vingt-sixième individu Z meurt. Ce n'est pas seulement Y, le vingt-cinquième, mais toute la chaîne au moins depuis A qui a constitué un ensemble qui s'est terminé par la mort de Z. Culpabilité, innocence, responsabilité, irresponsabilité, solidarité, individualisme se mêlent ainsi dans un processus qui se termine par la mort d'un être humain.

Mais qui a tué Z ? Pourrait nous filmer, s'il était encore en vie, Alfred Hitchcock.

Malaise dans la société

On nous l'a annoncé il y a maintenant un an et demi. Et il est arrivé un ou deux mois plus tard. Et depuis ce temps, le Covid-19 est au premier plan des préoccupations non seulement des Français, mais de l'ensemble des peuples de la terre. Nouveau venu, il a joué tour sur tour. On a pu croire que comme son grand frère le SARS, il ferait un tour de piste et s'en irait définitivement. Ou encore que, comme la grippe, il se manifesterait à la mauvaise saison pendant trois mois et disparaîtrait jusqu'à l'année suivante. Et puis on a cherché dans tous les fonds de tiroir de la thérapeutique dans l'espoir d'y trouver un remède efficace.

Déception sur tous les fronts : il ne s'est pas enfui, il ne manifeste guère de préférence pour telle ou telle saison. Il est là, tapi comme une bête de proie guettant sa victime, profitant de toutes les failles dans le rempart qu'on construit face à lui. Il frappe là où on ne l'attend pas. Il transforme les pays considérés comme modèles en films catastrophe. Il perturbe aussi bien la vie affective, familiale, amicale que l'activité économique. Frappant de façon prioritaire ceux qui se rassemblent dans un but festif. Il oppose les générations, les jeunes qui le contractent et le transmettent et les vieux qui en meurent. Et comme aucun traitement disponible n'a d'efficacité, on n'a d'arme contre lui que de se tenir à distance les uns des autres.

Et pour parfaire le tout, alors que l'arrivée des vaccins laissait passer un rayon de soleil dans ce paysage de désolation et de tristesse, il en profite pour muter et augmenter sa dangerosité et le nombre de ses victimes.

Dans la grande majorité des pays, les gouvernants ont été incapables de comprendre la situation et d'expliquer à la fois le danger, l'absence de réponse thérapeutique et la nécessité des gestes barrières. Certains, comme le président du Brésil Jair Bolsonaro, en ont même rajouté dans la nuisance, l'incompétence et l'indifférence au sort de leurs peuples.

Dans un tel contexte, comment s'étonner de l'efflorescence de tout ce que l'on peut imaginer de déraisonnable, antiscientifique, complotiste, négationniste, hédoniste et surtout délirant qui a déferlé sur les réseaux sociaux et parmi un grand nombre de médias ? Cet ensemble est pour le moins peu enthousiasmant. Car au risque de maladie et de mort qui s'inscrit à tout le moins sur le moyen terme s'ajoute la perturbation profonde, continuelle de la vie relationnelle. Autrement dit, de ce qui fait la qualité du vécu de chacun. Qui est renvoyé dans une solitude pour certains, une réduction massive des contacts pour tous.

Et ça dure. Et quand on croit comme en France au cours de l'été 2020 que c'est fini, patatras, ça recommence et d'une manière plus pernicieuse qu'au printemps puisque le confinement de l'automne n'a fait que diminuer l'épidémie mais en aucun cas l'arrêter. Et à la suite de la lente reprise des cas, on a proposé des solutions dont on sait qu'aucune n'aurait eu d'efficacité indiscutable. Et comme les vaccins n'arrivent qu'en quantités limitées, pour la grande majorité qui n'est pas immunisée, c'est la grisaille, le malaise. Et on comprend pourquoi il y a tant de gens en souffrance. Qui s'exprime par une demande d'aide psychologique ou médicamenteuse lorsqu'elle est bien identifiée. Par des comportements aberrants dans les autres cas.

Solidarité et indifférence

Le monde occidental traverse depuis plus de cinquante ans une grave crise identitaire et morale. Auparavant, un certain nombre de paradigmes paraissaient établis pour longtemps – le progrès technique était une manière pour l'homme de le délivrer de la servitude liée aux conditions mécaniques de la vie : la bicyclette, puis l'automobile et l'avion lui permettaient de se déplacer à une vitesse et sur des distances sans commune mesure avec ce qu'il pouvait faire au mieux avec la traction animale, au pire à pied. Les travaux physiques du monde agricole étaient transformés par la mécanisation. Dans le foyer, l'eau courante, le gaz et l'électricité, l'électroménager avec sa maîtrise du chaud et du froid libéraient fortement les familles d'une grande partie du travail ménager et assuraient une température agréable. La médecine, les vaccins en premier lieu, puis toutes les découvertes permettant de lutter contre les maladies infectieuses, ces grandes tueuses (85 % des morts au XVIIIe siècle) avaient brutalement doublé l'espérance de vie. La mortalité des femmes en couches et des enfants (la moitié n'atteignait pas l'âge de 15 ans au début du XIXe siècle) s'était effondrée. Celle des intoxications alimentaires (15 % des morts du XVIIIe siècle) réduite à des cas anecdotiques. Malgré les errements idéologiques ayant amené aux massacres des deux guerres mondiales, l'humanité – au moins en Occident – était pleine d'espoir pour le futur. Un monde meilleur et pacifique semblait à portée de main.

Qu'en est-il aujourd'hui ? Le progrès est synonyme de danger sauf dans le domaine de l'information, chacun se jetant sur la dernière nouveauté d'ordinateurs puis de téléphones mobiles. Un nouveau médicament est accueilli comme le résultat d'un complot des compagnies pharmaceutiques pour amasser le plus de profit possible. L'automobile est une source de pollution qui extermine les populations avec les particules fines, causant une pourriture de l'air qui ressemble aux théories archaïques qui existaient pour expliquer les maladies infectieuses avant la découverte des bactéries, des virus et des prions. La nourriture, pourtant d'une qualité sanitaire bien supérieure à celle du début du XXe siècle, est synonyme d'empoisonnement. Les sources d'énergie sont accusées de détruire la planète, de causer des catastrophes nucléaires. Dans une société qui est brutalement passée de la pauvreté à la richesse dans les années 1950-1970, le culte de l'argent, le consumérisme effréné, la libéralisation des échanges qui s'est faite pour une seule raison, le profit, ont créé un univers sans vraies lois autres que celles de l'argent.

Par ailleurs, le développement de la science s'est fait par une parcellisation de plus en plus grande des méthodes et du savoir. Il en résulte qu'à la différence du XIXe siècle et du début du XXe, le discours des savants n'est plus toujours compréhensible et leur interdit de jouer le rôle de consciences qui était celui, par exemple, de Louis Pasteur et d'Albert Einstein.

Quant aux religions et aux idéologies, leur crise est encore plus nette. Le doute s'est substitué aux certitudes et, à part quelques groupes plus ou moins violents, la parole des religieux, tout comme celle de ceux défendant des positions philosophiques non religieuses, est de moins en moins audible.

La libération de la parole sur les réseaux sociaux où n'importe qui peut affirmer avec autorité des contrevérités flagrantes et avoir des milliers de fidèles, le remplacement à la télévision dans de très nombreux cas de l'information par le bruit, le buzz, le spectacle où on organise des débats qui, comme le disait Michel Serre, consistent à opposer des gens qui ont la légitimité d'intervenir à d'autres ignares et beaux parleurs. Résultat : le savoir des premiers apparaît comme une opinion et le bavardage des seconds comme une légitimité scientifique. Tout cela cause trouble, doute, désespoir.

Dans ce chaos idéologique, la vie politique qui auparavant était le résultat d'affrontements entre partis regroupant des citoyens mobilisés autour de croyances et de propositions n'est plus que celui de groupes de pression dont la principale motivation est de s'emparer des miettes de pouvoir qu'ils peuvent grappiller.

Le résultat est clair : pris entre des savants qu'ils ne comprennent pas, des religieux qu'ils n'écoutent plus, des manipulateurs de tous bords, des politiques dont ils soupçonnent les motivations, des institutions qui leur semblent étrangères et hostiles, des discours millénaristes et catastrophiques de certains, la plupart des femmes et des hommes sont désemparés. Et d'autant plus qu'à la différence des temps anciens, le nombre d'emplois où la fonction est immédiatement reconnaissable (agriculteur, médecin, ouvrier de la sidérurgie, etc.) est de moins en moins nombreux. À la place, de plus en plus sont déconnectés de la réalité physique et s'exercent devant un écran, cependant que l'évolution est telle que les « métiers » apparaissent et disparaissent, accentuant le sentiment d'insécurité.

Une dernière raison est à la fois commune à l'Europe et spécifique à la France. L'Europe, autrefois maîtresse du monde (c'était encore le cas il y a moins d'un siècle), est de moins en moins importante et manifeste une tendance très nette à ne s'unir que sur les sujets secondaires. Héritière des nations qui la composent et en particulier de celles qui ont joué un rôle majeur dans le processus qui du XVe au XXe siècle ont amené à la mondialisation, l'Europe n'est qu'une entité de façade ayant renoncé à organiser en profondeur le continent.

À cela s'ajoute en France un élément fortement sous-estimé. Le français a été reconnu depuis le milieu du XVIIIe siècle comme la langue de référence. Tous les traités, par exemple, ont été rédigés en français jusqu'à la Seconde Guerre mondiale et en Europe notre langue était encore référentielle dans les années 1970. Aujourd'hui, plus personne ou presque ne l'apprend et la communication se fait en anglais avec tout le monde sauf évidemment les peuples francophones.

L'ensemble de ces éléments amène à une fragmentation de tout : savoirs, idéologies, projets professionnels, objectifs de vie. À l'humanité unie se substitue un amoncellement d'individus, de groupes, de lobbys dont l'interaction, loin de travailler à la solidarité, pousse chacun dans sa condition individuelle, parfois étendue à un petit noyau familial, car la famille elle-même n'a plus de pérennité et d'identité bien claire.

Devant une maladie infectieuse, transmissible d'être humain à être humain, seule la solidarité peut assurer une réponse raisonnable, adaptée et efficace. L'individualisme forcené qui caractérise le monde actuel renvoie chacun dans son destin : alors que par définition on ne meurt du Covid-19 que parce que quelqu'un a transmis le virus qui tue, l'idéologie individualiste gomme toute responsabilité, comme s'il n'y avait que chacun pour soi. Du coup, les catégories les moins touchées par la mort, se sentant invulnérables, ne prennent pas toutes les précautions nécessaires. Comme le montrent les manifestations en Allemagne de jeunes « progressistes » qui, manifestant au coude à coude et sans masque, aident à la diffusion de la maladie et entraînent de ce fait des morts.

Dans *Le Crime de l'Orient-Express* d'Agatha Christie, l'homme assassiné dans un wagon l'avait été par la totalité des passagers et du personnel, chacun ayant délibérément participé à son exécution (en l'occurrence, c'était un criminel particulièrement ignoble). Les manifestants de Berlin font la même chose en toute inconscience et en toute tranquillité.

Cohabitation

Il y a dans le monde occidental, particulièrement dans une frange de la population qui a réuni à Berlin l'été 2020 20 000 manifestants[1] associant militants vegan, écologistes de toutes chapelles et néonazis, ensemble, bras dessus bras dessous, sans masque, au coude à coude ou même en se serrant les uns les autres pour protester contre les mesures de restriction de la liberté et même contre le fait de prendre au sérieux le Covid-19. Il est vrai que la mortalité en Allemagne était, comme dans le reste de l'Europe centrale et de l'Est, très inférieure à celle de l'ouest du continent. En partie grâce à ces protestataires, l'Allemagne a pu combler en partie son retard.

Cet exemple parmi d'autres – et ils fourmillent, du mariage de la fille du grand rabbin hassidique Satmar Aaron Teitelman de Brooklyn à l'intérieur d'une synagogue contenant 7 000 personnes sans masque aux célébrations clandestines de certains fêtards en France en passant par le Motorcycle Rally qui a rassemblé du 7 au 17 août 2020 dans la petite ville de Sturgis (7 000 habitants) dans le Dakota du Sud 460 000 personnes malgré la volonté des habitants d'annuler cette festivité annuelle. La gouverneure républicaine Kristi Noem a autorisé l'événement et interdit que le masque y soit obligatoire. Résultat, 266 796 contaminations entre le 2 août et le 2 septembre (19 % de l'ensemble des cas aux États-Unis).

En dehors de l'aspect épidémiologique (transmission du virus pendant un rassemblement festif de masse), ces exemples amènent à se poser une question fondamentale.

Il y a en effet deux populations dont les préoccupations sont inverses. D'une part, ceux qui respectent les consignes de distanciation et de protection et qui, à la fois, se protègent et, en évitant de tomber malades, protègent les autres (rappelons que la fonction principale des masques chirurgicaux est d'empêcher d'éventuelles gouttelettes contaminées de se répandre dans l'atmosphère). De l'autre, il y a ceux qui non seulement risquent de tomber malades mais qui, par indifférence, aveuglement,

---

1. Notons que leur leader, un complotiste niant la maladie en a contracté une forme sévère.

manipulation, inconséquences, ignorance plus ou moins volontaire, font bénéficier les autres des virus qu'ils peuvent transporter. Quelle est la logique de la cohabitation de ces deux catégories ?

Les premiers protègent, les seconds agressent. Les premiers acceptent les contraintes et la limitation de leurs libertés pour protéger non seulement eux-mêmes mais tous les autres. Quand c'est au nom de cette même liberté que les seconds répandent la maladie avec son cortège certes minoritaire mais malheureusement bien réel de cas graves et de morts.

La fracture au sein de la société est donc profonde entre ceux qui font le choix de la vie et ceux qui ne se soucient que de leur plaisir immédiat et méprisent la vie d'autrui. Le rassemblement de Leipzig indique-t-il un regroupement représentant le second choix ou s'agit-il d'un épiphénomène ? Le futur nous le dira. Et les manifestations hostiles aux mesures de vaccination obligatoire pour certaines catégories sociales annoncées en juillet 2021 par le président de la République, qui associaient des personnes se réclamant d'idéologies théoriquement opposées, laissent peser un doute sur la réalité de leurs différences réelles.

Religion

On le sait, aujourd'hui il y a dans le monde ceux, fortement majoritaires, qui adhèrent à une religion et ceux qui, croyants, agnostiques ou athées, n'en font pas partie. Il est évident que l'auteur de ce livre n'a aucune légitimité pour intervenir dans le débat qui oppose les différentes formes de philosophie ou de croyance. Il faut toutefois remarquer qu'elles ont en commun la préservation de la vie humaine. Une des caractéristiques de leurs pratiques est le rassemblement des fidèles, de façon régulière ou à l'occasion des fêtes – qui par nature, et en particulier lorsqu'il y a des chants collectifs, sont des situations favorables à la diffusion et à la transmission du virus.

Il y a ainsi un certain nombre d'événements à l'origine d'une contamination des fidèles et, à partir de cette source initiale, d'autres personnes – bien entendu la situation n'était pas la même au tout début de la pandémie quand l'information était fragmentaire et aujourd'hui quand tout le monde dans toute la planète est au courant de ce qui se passe.

Ont été rapportées des réunions religieuses responsables de nombreux cas lors d'événements évangéliques en Alsace et en Corée du Sud, israélite en Israel, musulman en Malaisie. Sans compter les rassemblements de millions de fidèles hindouistes dans le Gange, sans masque et sans distanciation physique, à l'origine, au moins partielle, de la flambée de cas observés en Inde au printemps 2021. Il est donc à la fois surprenant et choquant que deux religieux catholiques aient, dans une église du IXe arrondissement de Paris, organisé un office le 3 avril 2021 sans masque et avec le mépris des gestes barrières. Au nom d'une religion qui prône le respect de la vie humaine comme valeur fondatrice, la mettre en cause par bravade semble relever d'une invraisemblable perversion.

Le média, l'ignorance et la peur

Arrive tout d'abord une nouvelle lointaine : des cas d'une maladie, jusque-là non décrite, en Chine. C'est bien loin et surtout, c'est immatériel. Puis arrivent des nouvelles de France, un mort dans l'Oise, puis en Alsace, puis… Puis quoi ? Parce que le virus on ne le voit pas, parce que ceux qui en sont infectés la plupart du temps n'ont rien ou pas grand-chose. Et que malgré tout, il y a des morts. Bien difficile de relier tout cela.

Qui en est chargé ? Ceux qui sont censés savoir. Et en premier lieu les pouvoirs publics. S'ils ont une compréhension claire de la situation, s'ils s'appuient sur les personnalités compétentes (pour le Covid-19 en premier lieu les pneumologues) et s'ils prennent des décisions adaptées à la situation, la communication est (relativement) facile. Si au contraire ils hésitent, confondent une pneumonie avec autre chose, promeuvent comme experts des personnalités, par ailleurs estimables mais en l'occurrence incompétentes, oscillent de jour en jour, cherchent un vent favorable quand ils ne savent pas où ils vont, multiplient les déclarations aussi péremptoires que contradictoires, ils suscitent le doute, la réprobation, la méfiance. Et si tout à coup ils se corrigent, cela apparaît comme une volte-face guère plus crédible que les autres.

Il va sans dire que dans ce dernier cas s'engouffrent dans la brèche tous les hurluberlus, charlatans, prophètes à la petite semaine, complotistes, trumpistes et tout simplement malades mentaux plus ou moins graves.

Et cet ensemble n'a qu'un seul résultat, semer le doute, l'insécurité et la peur. La peur, mère de toutes les conduites les plus irrationnelles. Car, par nature, tout le monde est ignorant lorsqu'une maladie nouvelle s'invite sans qu'on l'en ait priée. Et c'est le rôle de ceux qui, du fait de leur formation et pratique professionnelle, en ont la compétence de rechercher et d'analyser les caractéristiques de cet intrus. Cela s'exprime dans les grandes revues médicales et scientifiques.

Que bien entendu ne lisent et ne comprennent guère tout un troupeau motivé par l'envie de se montrer ou de régler des comptes bien souvent imaginaires.

Et on comprend la difficulté dans laquelle peuvent se trouver ceux qui ont pour activité professionnelle de diffuser des informations. Ils ont, dans ces circonstances, une responsabilité toute particulière. En effet, à la différence des réseaux sociaux où tout circule sans quasiment aucun contrôle, les radios, télévisions et journaux sont des entreprises employant de nombreuses personnes. Ils ont des politiques qui vont de la recherche de la vérité à la manipulation systématique des faits dans une optique de pure propagande.

La voie est étroite entre ceux qui cherchent la vérité et ceux qui la manipulent. Et force est de constater qu'il n'y a pas de principes d'éthique élaborés par les médias (et non par les journalistes eux-mêmes) avec une commission chargée d'en vérifier l'application.

De ce fait, les médias apparaissent comme un ensemble fait de bric et de broc où le meilleur côtoie le pire. Ce qui, en définitive, profite aux complotistes et aux populistes de tous bords.

Par nature, les médias doivent être indépendants (mais le sont-ils ?) et il n'est pas question de les mettre sous tutelle. Mais tant qu'ils n'auront pas, tous ou en partie, défini une ligne éthique à laquelle ils puissent se référer, ils ne feront que participer au grand festival de la défiance, de l'ignorance et de la peur.

De la démocratie

« L'homme est un animal politique » est la première phrase de la *Politique* d'Aristote. On sait que, en grec, le mot Πολις (*polis*) signifie « la ville », « la cité ». Et la Grèce était divisée en cités-États indépendantes. L'homme vit dans la *polis*, dans la ville, dans la société. L'homme ne vit pas seul mais avec les autres. Et cette simple phrase permet d'inclure toutes les formes de rapport entre l'individu et les autres, en particulier ceux qui disposent du ou des pouvoirs.

Aristote n'aimait pas la démocratie, c'est-à-dire le gouvernement par le peuple, car il constatait que très souvent les revendications populaires étaient défendues par des individus qui peu à peu se transformaient en tyrans. Et c'est vrai que la démocratie n'est pas un système simple dont les bénéfices ou les erreurs seraient partout pareils. Winston Churchill, avec ce sens du tragique qui était le sien, disait : « La démocratie est le pire des systèmes, à l'exclusion de tous les autres. »

Il va sans dire que pour exprimer une opinion dans un système démocratique, de nombreuses conditions sont nécessaires sur lesquelles nous ne reviendrons pas. Mais la démocratie, c'est-à-dire le fait que chaque individu a les mêmes droits que tous les autres, suppose que le *dêmos*, « le peuple », ne fasse qu'un.

Autrement dit, en démocratie, quand la majorité a pris une décision, la minorité doit s'incliner et accepter de s'y conformer. Il y a bien sûr des limites. Mais ces dernières n'ont de sens que lorsqu'elles mettent justement en cause la notion d'égalité qui en est la base. Par exemple l'introduction de lois d'exclusion raciste ou la décision d'éliminer telle ou telle partie de la population en lui niant justement ce droit d'égalité.

La démocratie permet aux minoritaires d'exprimer leurs opinions à la seule condition de ne pas remettre en question les principes qui la fondent. Mais la démocratie, c'est le peuple, pas des petits morceaux éparpillés au gré des foucades de chacun.

Quand la majorité, confortée par le vote des citoyens, recule devant les décisions pour lesquelles on l'a élue par crainte de la réaction d'une ou de plusieurs minorités plus ou moins menaçantes, intolérantes et violentes, elle tue la démocratie.

Quand ce sont des lobbys, des groupes de pression qui, par la violence verbale ou physique, par le chantage qu'ils exercent en permanence, font reculer les élus du peuple, ce n'est plus la démocratie. C'est la dictature des clans, des petits groupes. C'est la dictature.

Ni vainqueurs
ni vaincus ou alors…

Vainqueurs et vaincus

Il y a les gagnants : ce sont ceux qui font du commerce par Internet, le géant Amazon en premier. Quand on est confiné, quoi de plus évident que de choisir sur un écran ce que l'on veut se faire livrer à domicile : quasiment pas de risque de contagion si on porte un masque quand le livreur arrive et si on utilise un soluté hydroalcoolique pour se laver les mains.

Il y a ceux dont l'activité n'est pas impactée de façon importante. Par exemple les magasins de nourriture. Ou les entreprises de nettoyage, sans mentionner celles qui travaillent dans les situations d'urgence.

Et puis il y a les perdants. Et il est facile d'en identifier les plus voyants : puisque le virus frappe par le biais de la respiration, toutes les activités collectives, en particulier culturelles, la restauration, les bars et boîtes de nuit, etc. En bref, tout ce qui fait le plaisir de la rencontre amicale, familiale, culturelle, sportive... Et avec eux tous ceux qui ont une économie liée à eux. La suppression ou la baisse du trafic aérien a des conséquences sur les fabricants et sur toute l'économie interne (personnels navigants et sédentaires), la publicité, etc. De même, le ralentissement du trafic routier a des conséquences sur la filière automobile au sens large.

Il ne s'agit pas ici de faire un bilan exhaustif de la situation mais plutôt de poser quelques questions.

Est-ce qu'on veut qu'Amazon remplace le commerce de proximité ?

Est-ce que l'on considère comme normal et souhaitable que des domaines majeurs de notre identité, en particulier tout ce qui a rapport à la culture et aux arts de la table, doivent passer à la trappe et être remplacés par des spectacles télévisés et de la nourriture industrielle amenée à domicile ?

Est-ce que les activités relevant des sociétés à but non lucratif où s'exprime la diversité des intérêts de la population doivent être closes et remplacées par les avis d'agences gouvernementales ou internationales, lesquels reflètent le rapport de force entre « experts » anonymes et lobbys de tout poil ?

Est-ce que les produits stratégiques face à une crise sanitaire (médicaments, matériel de prévention, ventilateurs, scanners, etc.), dont les politiques ont (à part l'intermède Xavier Bertrand) tout fait pour que les entreprises qui les fabriquent disparaissent et soient achetés en Asie à bas prix, doivent faire partie du secteur lucratif à tout prix ou doivent-ils être manufacturés en France ou, à défaut, dans l'Union européenne ? Ce qui implique une volonté qui se traduit dans les faits de réindustrialiser ce secteur.

Ce sont quelques questions. Il est évident pour l'auteur de ce livre que les réponses doivent être autre chose que des mots, mais l'objet d'une planification ambitieuse et efficace.

Covax et Banque mondiale

À l'initiative de l'OMS, le projet Covax a vu le jour au printemps. L'idée, évidente, est de procurer le vaccin à l'ensemble de la planète, en l'occurrence aux pays les plus pauvres. C'est-à-dire 2 milliards de doses d'ici la fin 2021. En dehors de son aspect généreux, ce projet est aussi intelligent : comment peut-on lutter contre un fléau infectieux mondial sans justement prendre en compte son caractère mondial ? De ce point de vue, l'émergence de mutants en Afrique du Sud, au Brésil et en Grande-Bretagne montre le danger que pourrait représenter la libre circulation du virus chez des centaines de millions de personnes qui n'auraient pas été vaccinées faute de moyens.

Imaginons que tout à coup, une mutation « méchante » apparaisse qui change de cible et au lieu de tuer les vieux élimine les enfants !! Tout est possible avec cette sale bête et il faut l'éliminer le plus vite possible. Donc, dans l'enthousiasme, après avoir promis monts et merveilles à ce projet, les pays riches se sont précipités… pour en acheter pour eux, le champion étant, selon Cyril Simon (*Le Parisien* du 11 janvier 2021), le Canada qui a acheté 5 fois plus de doses que d'habitants contre 0,09 au Bangladesh…

Et parmi les donateurs, la Grande-Bretagne devance le Canada et l'Arabie Saoudite, la France étant sixième. À noter que la fondation Bill & Melinda Gates a donné plus que l'Arabie Saoudite ; les États-Unis ont court-circuité l'OMS dont ils sont partis en juillet 2020[1] et donné également une forte somme.

Covax sera-t-il un succès ou au contraire une cacophonie inefficace ? L'avenir le dira mais, une fois encore, en frappant l'humanité, le Covid-19 lui aura montré l'intérêt d'une réponse de l'ensemble de sa population. À ce jour, disons que le projet, sans être abandonné, semble se précipiter à la vitesse de l'escargot en marche arrière.

Quant à la Banque mondiale, elle a déclaré son intention d'acquérir de quoi vacciner 1 milliard de personnes dans les pays ne disposant pas des moyens financiers nécessaires.

---

1. Pour y revenir avec le président Joe Biden.

Et les autres malades ?

L'intrusion brutale d'un nouveau venu, le Covid-19, avec sa particularité, facilement transmissible, bénin en apparence mais de fait très efficace *serial killer*, bouleverse le fonctionnement des diverses spécialités médicales. Partout, on a vu, et personne ne peut le contester, des opérations ou des interventions thérapeutiques de tous genres remises pour laisser la place à l'arrivée de malades graves, urgents, nécessitant au moins une surveillance continue, au plus les soins qui sont ceux de la réanimation polyvalente. Et du coup les anesthésistes d'orthopédie, qui d'ordinaire veillent au bien-être de malades souvent âgés chez lesquels on implante diverses prothèses ou on traite des lésions traumatiques, fractures entre autres, deviennent réanimateurs et s'occupent d'une population âgée comme celle dont ils ont l'habitude mais qui vient non dans une atmosphère « froide » et paisible mais en urgence, leur vie étant en jeu, à très court terme. Et il est normal que des patients nécessitant des soins de réanimation soient prioritaires.

Au moins pendant un certain temps. Prenons un exemple. Un malade, fumeur, présente sur son scanner thoracique une image ronde, périphérique, située dans le lobe supérieur droit, sans ganglions visibles. C'est l'indication rêvée pour enlever un vraisemblable cancer et donner au patient des chances majoritaires de guérir (rappelons que c'est le cas pour seulement 5 à 15 % des malades atteints d'un cancer du poumon). Attendons un ou deux mois, le temps d'un confinement et d'un déconfinement. Pas de problème, pas de perte de chance. Mais si l'histoire dure plus longtemps et que, de mois en mois, l'intervention salvatrice soit remise *sine die*, il est évident que les chances de guérir ne peuvent que diminuer. Prenons un autre exemple, moins dramatique. Une femme âgée a une lésion dégénérative d'un genou qui la fait souffrir et concrètement l'empêche de marcher. Peut-on penser que cette situation doive durer des mois et des mois – avec ses douleurs et son incapacité à se mouvoir ?

On le voit, il y a contradiction. Et cela évoque les trois principes de l'éthique médicale. Le premier, le principe d'égalité : tout le monde a droit aux mêmes soins. Le deuxième, le principe d'égalitarisme : oui, mais certains, pour diverses raisons (le Covid par exemple), ont droit à plus que les autres, et le troisième, le principe d'équité : oui, mais ils ne peuvent pas non plus exiger tout.

Avec le Covid-19, on a un exemple particulièrement adapté : il arrive, on recule les interventions thérapeutiques des cas non urgents. Oui, mais les sujets atteints du Covid-19 ne peuvent réclamer que la totalité des ressources leur soit affectée. Et savoir qui doit être traité malgré cette situation d'urgence et qui doit attendre est le fait des soignants mais aussi des pouvoirs publics (trop souvent heureux de se décharger sur le corps médical des responsabilités qui sont les siennes).

Quoi qu'il en soit, pour prioritaire que soit la prise en charge du Covid-19, elle ne saurait se faire au détriment des autres sujets malades d'une affection moins bruyante et moins médiatisée.

Car il n'y a pas de hiérarchie entre les malades : tous ont droit aux soins adaptés à leur état.

Et les jeunes, au milieu de tout cela ?

Il y a quelques décennies, ce n'est pas si loin que cela, la jeunesse se sentait conquérante. Il y avait le plein emploi, les métiers étaient bien établis et les acquis des accords de Grenelle en 1968 garantissaient pouvoir d'achat, stabilité de l'emploi et possibilités de promotion. Et puis est arrivée la mondialisation, c'est-à-dire la revendication pour les pays jusque-là exclus de la richesse d'en avoir leur part. Et plus encore, les deux révolutions successives et complémentaires, informatique tout d'abord puis Internet, et, du coup, la conjonction de ces trois maelströms, le premier qui fixait le prix réel du travail bien au-dessous de ce que des décennies de luttes syndicales avaient obtenu, les deux derniers qui, tout à coup, rendaient inutiles et obsolètes nombre de métiers, de savoirs et de certitudes, tout en permettant à chacun de l'exprimer dans une cacophonie où le meilleur était généralement pulvérisé par le pire ; tout cela a créé un sentiment général d'insécurité. Insécurité des carrières. Insécurité des compétences. Insécurité des parcours professionnels. Avec comme corollaires repli sur soi, indifférence aux autres et aux projets collectifs. Et si les générations les plus âgées, héritières des conquêtes techniques et sociales de l'après-guerre, pouvaient penser qu'elles avaient mérité une retraite heureuse, le contraste avec l'insécurité du futur de leurs descendants rendait leur situation moins plaisante. Et chacun sait comment nombre de jeunes confrontés aux difficiles réalités, elles-mêmes changeant en permanence, ont été aidés par leurs parents et grands-parents.

Mais le rôle de la jeunesse n'est pas d'être maintenue en survie par les générations précédentes. Il est de créer un monde qui se renouvelle en permanence et où le nouveau dépasse l'ancien. Pour l'Occident, et surtout l'Europe, continent qui est à la base de ce phénomène de mondialisation, c'est-à-dire de la conception unifiée de la planète, la pilule est amère. En effet, là où elle devrait être leader, guidant les autres peuples dans la voie et la direction du progrès, elle est dépassée et débordée non seulement par ses enfants américains, mais aussi par des nouveaux venus que sont les pays les plus anciens et traditionnels, Inde et surtout Chine en premier, suivis par de très nombreux autres, asiatiques, américains et maintenant africains.

À cette crise de nature économique s'en ajoute une autre culturelle. La crise des croyances traditionnelles, en particulier religieuses et philosophiques, la dictature des images éphémères qu'exercent les médias télévisuels, l'utilisation universelle de l'anglais comme moyen de communication entre les peuples avec l'idéologie matérialiste et marchande qu'il véhicule, la perte des repères culturels que représentaient les acquis de l'enseignement, tout cet ensemble renvoie chaque jeune dans la solitude, le repli sur soi, la recherche de satisfactions éphémères et médiocres. En bref, dans le désespoir.

Et arrive le Covid-19 avec sa perversité profonde : il frappe beaucoup plus les jeunes mais, par leur intermédiaire – contagion oblige –, il tue les vieux. Voici les jeunes devenus les fourriers de la mort. Et pour éviter le pire, les mesures de contrainte paradoxalement les touchent le plus. Les écoles et facultés sont fermées ou fonctionnent cahin-caha de manière hectique. Les lieux de loisirs, bars, restaurants, cinémas, boîtes de nuit, clubs sportifs sont fermés ou à tout le moins fonctionnent pour certains sur un mode mineur. Et puis, à l'âge où le contact physique, voire sexuel, est le plus nécessaire, on leur donne la consigne de se toucher à 1 puis à 2 m de distance. On devine le malaise général, la détresse de beaucoup, le désespoir de certains.

Et ce d'autant plus qu'ils sont les derniers dans la liste de ceux qui, grâce à la vaccination, pourront être affranchis – au moins partiellement – de ces contraintes. D'où une insatisfaction et un ressentiment profond. Car si ce sont les vieux qui meurent, ce sont les jeunes qui, directement et indirectement en raison des perturbations de la vie professionnelle, paient le prix fort des privations et de leurs conséquences.

On le voit, l'œuvre du Covid-19 a été particulièrement violente et perverse tant par le tribut en vies humaines qu'il prélève qu'en souffrances diffuses et polymorphes qu'il a créé chez les autres, les jeunes en premier.

Il y a cependant une raison de rester optimiste. En effet, les résultats des vaccins à ARN messager semblent particulièrement encourageants : 100 % de couverture immunitaire. Alors il y a une solution à ce malaise : vacciner massivement. Pour vivre sa vie de jeune, il faut se faire vacciner. Quoi de plus simple ?

Union ou désunion

Il y a deux façons de se comporter face à un virus qui, n'ayant pas de traitement curatif efficace, tue par millions. Certes, ce n'est pas la peste, la variole ni même la grippe espagnole. Mais c'est la pandémie la plus mortifère de ce siècle. Dès lors, deux cas de figure : le pouvoir politique fait une analyse réelle de la situation, prend comme conseillers des experts compétents dans les domaines concernés, mobilise ses ressources tant matérielles qu'humaines, communique avec honnêteté et franchise, est compris et accepté par la population que les médias sont obligés de suivre. Et, sans vaincre la bête, ce qui ne peut se faire qu'en disposant de traitements curatifs, l'ensemble limite considérablement grâce à la vaccination les pertes humaines et les conséquences sur l'activité, en particulier économique mais aussi culturelle, sportive, sociale, etc.

À l'opposé, lorsque les dirigeants ne comprennent pas ce qui se passe, s'entourent de courtisans incompétents dans le domaine, prennent des décisions contradictoires, un jour pour, le lendemain contre les éléments les plus simples et les plus indiscutables comme la distanciation, les masques, les tests, etc., il en résulte un trouble qui frappe la population qui ne sait à quel saint se vouer cependant que tous les pêcheurs en eaux troubles, les conspirationnistes, les délirants, les nostalgiques des temps d'intolérance raciale, les hurluberlus, les émules du Philippulus le prophète de *L'Étoile mystérieuse* d'Hergé, tous unis pour rendre incompréhensible une situation particulièrement simple, trouvent dans certains médias une écoute favorable. Dans cette configuration, la population, au lieu de s'unir face à un danger commun, se fragmente au gré des positions philosophiques de chacun. Le tout étant évidemment aggravé par l'égoïsme et l'hédonisme bas de gamme qui accablent certains avec la bénédiction de pseudo-philosophes de pacotille. Dans beaucoup de pays pauvres, où les infrastructures sont faibles et où l'accès au pouvoir est principalement motivé par l'appât du gain, on comprend qu'une telle situation existe. Mais dans les pays disposant d'un système d'accès aux soins et d'infrastructures sanitaires et médicales efficaces, un tel état de lieux en dit malheureusement long sur la grave crise identitaire et morale qui les frappe.

Le droit de tuer

Lorsqu'il n'existe pas de traitement curatif, la seule façon de lutter contre un virus qui se diffuse et se transmet par la respiration consiste à ne pas l'attraper. Pour cela on dispose de deux moyens : la distanciation physique (masques, mesures barrières, couvre-feu, confinement) et la vaccination. Grâce à eux, le nombre de contamination peut diminuer, parfois de façon considérable. Il serait cependant illusoire de croire que ce serait suffisant pour l'éliminer définitivement. N'en déplaise aux théoriciens de la Herd immunity (immunité de masse), tant que le virus circule, il peut muter et annuler au moins en partie les bénéfices des mesures préventives – car un sujet, même vacciné ou ayant eu la maladie, peut en tomber malade, en particulier avec l'arrivée des variants. Et même dans ce cas il faut se protéger, ce qui implique de protéger les autres. Porter un masque, sans être une toiture moyenâgeuse, est désagréable. Devoir se tenir à distance des autres, ne pas pouvoir se divertir, aller au restaurant, dans un bar, une boîte de nuit, ne pas pouvoir faire la fête, en bref ne pas pouvoir vivre normalement est une restriction des libertés. Et ne comporte aucun élément plaisant et réjouissant.

Mais c'est le prix à payer pour se protéger et protéger les autres. Refuser ces mesures au nom d'une revendication libertaire serait acceptable si le risque couru l'était pour soi et uniquement pour soi.

Refuser de se faire vacciner relève de la même attitude. Sur laquelle il n'y aurait rien à se dire si la maladie ne touchait que soi. Mais quand il s'agit comme dans le cas du Covid-19 d'une maladie que l'on peut transmettre à quelqu'un qui va en mourir ou à quelqu'un qui à son tour le donnera à un autre puis à un autre jusqu'à aboutir à tuer un être humain, cela s'appelle le droit de tuer.

Refuser les mesures barrières au sens large et la vaccination, c'est revendiquer une liberté, un droit : le droit de tuer. Et très généralement en toute inconscience.

L'heure des mutations et des variants

L'heure des mutations (variants)

Le Covid-19 a été relativement stable pendant une année. Certes, plus de 4 000 mutations avaient été observées mais sans conséquences cliniques. Et puis, brusquement, à la fin 2020, plusieurs mutants sont apparus quasiment en même temps en Grande-Bretagne, au Japon, en Afrique du Sud et aux États-Unis (celle du Japon venant du Brésil).

Ces mutations, toutes différentes, semblent caractérisées par une plus grande contagiosité. Ainsi, la mortalité sera d'autant plus grande qu'elles auront infesté plus de monde. De plus, c'est un fait généralement constaté que les variants les plus contagieux prennent peu à peu le pas sur les autres et en Europe, le mutant britannique, devenu le virus « normal ». On sait qu'il est à une capacité plus grande de contamination. Suivi quelques mois plus tard par un nouveau venu, le variant indien (Delta) qui l'a peu à peu supplanté.

Par ailleurs, la brutale tendance du Covid-19 à muter pose plusieurs autres questions :

1 – Est-ce que le vaccin sera toujours efficace ? En ce qui concerne le mutant britannique c'est certain, probable pour le variant indien.

2 – Est-ce que d'autres mutations s'annoncent, qui pourraient être plus agressives ou toucher d'autres tranches d'âge, les enfants en particulier ? C'est dans l'ensemble l'évolution actuelle des variants[1].

3 – Est-ce que les régions et pays actuellement relativement épargnés vont brutalement être confrontés à des situations critiques ?

On le voit, la simultanéité, en des lieux très éloignés les uns des autres, de mutation chez un virus jusque-là très stable est particulièrement inquiétante et amène à une extrême attention à l'évolution de la pandémie.

1. Au Brésil, les morts, entre janvier et juillet 2021 ont 13 ans de moins d'âge.

Les variants

Pour rendre plus facile l'identification des variants, l'OMS leur a donné un nom basé sur l'alphabet grec :

– Alpha = anglais ;
– Bêta = sud-africain ;
– Gamma = brésilien ;
– Delta = indien.

Vaccins et richesse

Les vaccins ont un prix. Certes ce ne sont pas les médicaments les plus chers mais on peut concevoir que, dans certaines économies particulièrement fragiles, les acheter puissent poser un problème.

Toutefois, le prix n'est pas la principale raison de l'absence ou du défaut de vaccination. Il y a tout d'abord la disponibilité. Et on comprend aisément qu'une des principales limites est liée aux délais de fabrication. Une deuxième dépend, dans un certain nombre de pays, du refus d'une partie de la population. Il y a ensuite les problèmes techniques, en particulier de conservation par le froid, qui n'ont pas toujours de solution simple dans certains pays. Il y a enfin les politiques gouvernementales.

Si on se place à la date du 4 juin 2021 et si on sépare les différents pays en fonction du produit intérieur brut par habitant, on peut les classer en 5 catégories.

Les très riches (PIB/H > 50 000 $) ont eu des politiques extrêmement diverses. L'Australie a administré 19 vaccins pour 100 habitants quand les Émirats arabes unis en ont utilisé 135, le Qatar 108 et les États-Unis d'Amérique 90.

Les riches (PIB/H compris entre 35 000 et 50 000 $) se séparent entre ceux qui vaccinent peu : Japon 12 pour 100 habitants, Nouvelle-Zélande 15, Corée du Sud 17, Oman 20 et ceux qui le font beaucoup : Israël 126, Bahrain 124, Royaume-Uni 100. Le reste se situe entre 50 et 68. La France, avec 55, se situe dans la moyenne.

Les moyens (PIB/H compris entre 20 000 et 35 000 $) ont un profil similaire au groupe précédent, avec des taux allant de 9 (Trinité-et-Tobago) à 106 (Chili) et 142 (Seychelles).

On le voit, il n'y a guère de différences entre ces 3 groupes.

Les pauvres (PIB/H compris entre 8 et 20 000 $) sont plus contrastés : la Mongolie (104 vaccins pour 100 habitants) et les Maldives (124) vaccinent beaucoup quand l'Algérie se contente d'un tout petit 0,18. Notons qu'il y a parmi ces pays des géants comme le Brésil (33), le Mexique (25) ou encore la Chine (51), alors que l'Afrique du Sud (2) fait partie avec l'Irak (1,4), le Vénézuela (1) ou l'Ukraine (3) de ceux qui n'utilisent guère ce traitement.

Les très pauvres (PIB/H inférieur à 8 000 $) ont, à l'exception du Cambodge (28 vaccins pour 100 habitants), du Salvador (33), et à un moindre niveau d'une série de pays compris entre 10 et 20 (Moldavie, Bolivie, Honduras, Inde, Népal, Palestine et Laos), des niveaux extrêmement bas.

On le voit, les politiques d'aide (Covax – Banque mondiale) doivent aider prioritairement ces 2 derniers, et en particulier les petits pays car les grands disposent d'une richesse qui peut aisément supporter l'achat ou la fabrication des vaccins (Chine et Inde en particulier).

E484K (et E484Q)

Identifiée au début de l'année 2021, cette mutation est l'objet d'attention et de crainte. Elle permet au mutant de passer à travers les défenses immunitaires, nécessite une augmentation des anticorps et pourrait réinfecter des sujets déjà touchés par la forme « classique » du Covid-19.

Présente sur le mutant sud-africain, elle a peu après été retrouvée dans le variant anglais (dont il existe deux formes).

Son action sur les vaccins est discutée, mais le gouvernement sud-africain a interrompu en février 2021 l'utilisation de celui d'AstraZeneca pour insuffisance d'efficacité. En effet, une étude sur 2 000 sujets vaccinés (moitié placebo moitié vaccin) n'a retrouvé qu'une efficacité de 10,4 % contre le variant sud-africain, c'est-à-dire quasiment nulle.

Quelques propositions
Quelques interrogations

Une nécessaire réflexion

En dehors de la Chine, aucun pays ne peut dire qu'il a réussi. L'échec est général. Nous pensons qu'en France nous aurions pu faire mieux en s'appuyant sur les propositions que nous avons faites en 2005 et sur le plan élaboré par Xavier Bertrand. Mais soyons humbles : nous ne pensions pas arrêter l'épidémie, nous proposions un moindre mal, un compromis entre les contraintes sanitaires et les nécessités de continuer à vivre.

En dehors des gestes barrières, le confinement et le couvre-feu ont montré leurs limites et il n'y a pas de solution miracle et universelle.

Il apparaît nécessaire à court terme d'engager une réflexion sur certains aspects et surtout, pour le futur, la création d'un service autonome de sécurité sanitaire dépendant, puisqu'il s'agit par définition d'une attaque venue de l'étranger, du ministère de la Défense nationale.

Pour une politique nationale gérée localement

La lutte contre une pandémie relève bien évidemment du pouvoir exécutif. C'est à lui de prendre les avis des personnes compétentes et de décider. Donc de mettre en œuvre.

On pourrait croire qu'il faut que cela s'exerce de manière hiérarchique et verticale. Dans ce cas, on sait ce que cela donnera : de multiples réunions inutiles pour mettre tout le monde d'accord et des conflits de compétence à n'en plus finir.

Le rapport du général Lizurey montre très précisément en quoi la décentralisation n'a fait que rendre l'ensemble le moins performant possible.

La solution est simple : définir un certain nombre d'habitants comme l'élément de base. Par exemple, et on peut parfaitement discuter ce nombre, 300 000 personnes. Cela fait du département le niveau concret de décision avec une individualisation d'un certain nombre de grandes villes et agglomérations. Il va sans dire que dans les plus importantes, Paris, Lyon ou Marseille par exemple, il ne serait pas raisonnable de les découper. Ainsi seraient définies 100 à 200 entités locales chargées à la fois du recueil des données épidémiologiques et de la gestion de la crise (identification et suivi des malades et de leurs contacts, quarantaine, traitements, mobilisation des soignants et de l'ensemble des administrations, cliniques et hôpitaux, etc.).

Pour une coordination médicale

La crise du Covid-19 a mis en évidence une incohérence entre hôpitaux publics, cliniques privées et médecine de ville. Dans certains endroits, il y a eu une politique intelligente comme l'a imposée Xavier Bertrand dans les Hauts-de-France où il a fait coopérer ces trois secteurs. C'est aussi le cas du Grand Est. Dans d'autres, les hôpitaux publics cherchaient désespérément des lits de réanimation dans d'autres régions quand ceux de cliniques privées situées tout à côté étaient vides.

Lors de la pandémie de grippe A (H1N1) de 2009, la ministre de la Santé Roselyne Bachelot avait exclu les généralistes de la vaccination. Résultats, alors que sans être aussi grave que la grippe espagnole, la maladie était plus sévère que d'ordinaire, il y a eu un peu plus de 4 millions de vaccinés contre 11 en temps ordinaire.

Une pandémie s'impose à tous. C'est le devoir des gouvernants de s'assurer que l'ensemble des médecins et des soignants y participe en coopération et en complémentarité, non en concurrence (ce qui pourrait être un modèle pour la distribution des rôles dans la vie courante).

Stratégies vaccinales

On le sait, la grippe saisonnière tue un certain nombre de personnes, souvent des sujets âgés. Il est donc recommandé de les vacciner. Quoi de plus logique ? En fait, il nous semble que le problème devrait être posé autrement. En effet, la vaccination face à une épidémie qui frappe une grande partie de la population devrait être pensée plus globalement. Il ne s'agit pas de notre part de faire un choix mais d'exprimer les arguments en faveur de telle ou telle solution.

Une étude japonaise avait, il y a quelques années, rapporté les conséquences de l'arrêt de la vaccination des jeunes contre la grippe qui, jusque-là, était pratiquée régulièrement. Le résultat fut clair : augmentation de la mortalité chez les plus vieux.

On voit aussi que d'autres stratégies sont envisageables : vacciner les plus jeunes ou seulement ceux qui côtoient régulièrement des sujets âgés, etc.

Le Covid-19 pose les mêmes questions mais de façon plus aiguë car, à la différence de la grippe, il tue directement au lieu d'entraîner une cascade d'événements qui, bouleversant un fragile équilibre chez les sujets atteints de multiples pathologies, se terminent quelques semaines plus tard par une issue fatale.

Quel est donc, pour le Covid-19, le choix ? Faut-il mettre en priorité les sujets très âgés, cibles de la mortalité, ou les plus jeunes, qui sont beaucoup plus fréquemment touchés ? Allons plus loin. Les mesures ayant pour résultat d'éloigner les sujets les uns des autres – quelles qu'elles soient – pénalisent en premier les jeunes. Les conséquences économiques et sociales (perturbation de l'enseignement, chômage plus ou moins partiel, etc.) touchent également prioritairement les jeunes. Ce sont donc eux qui, mortalité mise à part, sont les plus en souffrance. Or, c'est sur eux que reposent le futur et souvent le présent de notre société.

Il y a donc une autre stratégie qui, après avoir vacciné les soignants et les sujets très âgés ou porteurs de multiples pathologies, consiste à vacciner massivement les jeunes pour qu'ils puissent reprendre une vie normale.

De même en serait-il de ceux qui sont directement responsables de l'activité économique, de l'enseignement, des administrations, etc. ?

Le Covid-19 touche de façon particulièrement habile et perverse : il fait des jeunes des coupables ; il leur interdit de vivre normalement ; il bloque le fonctionnement de la société.

Reprendre les éléments d'une stratégie vaccinale consiste à faire des choix entre toutes ces données et considérations. Et nécessite une clarté dans les motivations qui président à ces choix. Et une pédagogie adaptée.

Passe sanitaire et vaccination obligatoire

Par un curieux renversement de tendance, l'apparition de la vaccination a fait basculer le rapport de force entre ceux qui s'y opposent et ceux qui la veulent. En effet, ces derniers sont (presque) à l'abri d'une contamination et ne voient pas pourquoi ils seraient traités comme les premiers. D'où l'apparition en France comme ailleurs d'un passe sanitaire qui est requis pour certaines activités, en particulier culturelles et festives. Et il est requis pour simplement entrer dans tel ou tel endroit. On devine les conséquences : ceux qui en sont exclus se retrouvent privés de ce qu'ils souhaitent.

Et comme la plupart de ceux qui refusent le vaccin n'ont pas une notion très précise des raisons de leur attitude, il est aisé de prédire que peu à peu ils se feront vacciner. Du coup, les récalcitrants seront de moins en moins nombreux et il est raisonnable de penser qu'à terme – et c'est ce qui est souhaitable – la vaccination deviendra obligatoire.

Le prix des médicaments

La mise en vente de traitements, quelle que soit leur efficacité, dans le cas du Covid-19, amène à se poser la question de leur prix. Pour ne prendre l'exemple que de deux d'entre eux, dont l'efficacité est considérée aujourd'hui comme nulle ou au maximum marginale, quelle est la raison pour laquelle l'hydroxychloroquine (Plaquénil) revient à 5,33 € pour un traitement quand celui du remdesivir est de 2 085 € pour les pays développés alors que certaines sources évaluent son coût de fabrication aux alentours de 6 € ?

Au-delà de ce dernier exemple, il convient de poser le problème de manière plus large. En général, la mise sur le marché d'un nouveau médicament revient à 1 milliard de dollars pour un laboratoire pharmaceutique. Cette somme correspond aux frais d'achat de la molécule, des différentes recherches, y compris celles qui n'ont pas abouti, des essais précliniques et cliniques, de la fabrication, etc. Il va sans dire qu'il est normal et nécessaire, si le produit est efficace et reconnu tel quel par les grands journaux scientifiques et les sociétés savantes, que le laboratoire rentre dans ses frais avec un bénéfice raisonnable pour lui permettre de continuer ses recherches.

Ce qui veut dire que, pendant un certain nombre d'années, le médicament est vendu au-dessus de son prix de fabrication.

Passé un délai défini par le « remboursement » des frais engagés, il devrait être vendu à prix coûtant ou presque.

Depuis plusieurs années, certaines start-up ont mis au point des thérapeutiques dites « ciblées » avec des anticorps monoclonaux ou d'autres produits dont la mise au point est bien moins chère que celle des médicaments classiques, mais qui sont vendues extrêmement cher. Autrement dit, moins grande a été la dépense pour les mettre au point et plus grand est le bénéfice exigé. L'idée de ceux qui les mettent sur le marché n'est pas de vendre un produit en fonction de ce qu'il a coûté mais de ce qu'ils pensent pouvoir en tirer. Ils prennent en otages les malades et ceux qui les soignent. Si tel anticorps est le traitement efficace de telle maladie : jusqu'où êtes-vous prêt à payer ?

Un tel comportement qui considère un médicament comme une stricte valeur spéculative est pour le moins contestable du point de vue éthique. Et ne saurait être accepté.

Comment l'ensemble des pays du monde et l'OMS peuvent-ils stopper ou au moins limiter de tels comportements est un enjeu majeur. L'accès aux soins pour tous est un impératif sur lequel il n'est pas possible de transiger. Les prédateurs qui y font obstacle doivent trouver leur juste rémunération.

Cinémas, théâtres, églises, transports en commun, etc.

On le sait, il y a deux manières d'être contaminé par le Covid-19. La plus commune est par le biais des postillons. La seconde par aérosol. Qu'entend-on par là ? Chaque fois qu'après avoir inspiré de l'air pour apporter l'oxygène nécessaire à la vie, on expire. Et dans l'air qui sort il y a non seulement du gaz carbonique mais de la vapeur d'eau. Cette dernière vient, comme le CO_2, des poumons. Il est facile de comprendre que s'il s'y trouve des virus, une partie va être émise avec cette vapeur d'eau. À 37 °C, température normale du corps, la pression de vapeur d'eau est de 47 mmHg, c'est-à-dire à peu près 6 % du volume total. La ventilation d'un homme au repos est d'environ 8 litres par minute, 480 par heure. On voit que le volume de vapeur d'eau est important : près de 30 litres par heure. En milieu ouvert, pas de problème, mais dans les espaces confinés on comprend pourquoi cet aérosol peut être contaminant.

La concentration de l'aérosol va dépendre de deux facteurs : le volume dans lequel il diffuse et l'éventuelle soustraction que constitue un système de ventilation à condition bien sûr qu'on amène de l'air venu de l'extérieur (et donc que ce ne soit pas une recirculation).

Prenons des exemples simples et en supposant que les personnes se trouvent à 1 ou 2 m les unes des autres. Dans une église ou un théâtre à l'italienne où la salle a plus de 10 m de haut, on n'est pas dans les mêmes conditions que dans une de ces petites salles de cinéma où on a l'impression de pouvoir toucher le plafond en levant le bras. Prenons le cas de l'opéra Garnier : 31 m de large, 32 de profondeur, 20 de hauteur, volume d'air dans la salle de représentation : près de 20 000 m^3, ou de la nef de la cathédrale de Rouen : 60 m de long, 11,3 de large, 28 de haut, volume environ 19 000 m^3. Peut-on penser que les quelques centaines de spectateurs ou de fidèles respectant les règles (masques, distanciation) prennent de grands risques ? Probablement non. Il n'en est pas de même dans les métros, RER, TER, et même autobus aux heures de pointe où on peut compter jusqu'à 4 personnes au mètre carré.

Arrêter l'activité culturelle et spirituelle d'une nation sous un prétexte sanitaire part d'une bonne intention pour aboutir à un non-sens. On pourrait par exemple définir le nombre de personnes en fonction du cubage d'air disponible et d'éventuels systèmes de ventilation (à condition qu'il ne s'agisse pas d'une recirculation simple).

Le Covid-19 n'est pas saisonnier. Il est installé et, tant que la totalité de la population de la planète n'aura pas été immunisée contre lui, il trouvera un moyen de s'adapter pour contaminer et pour tuer. Mais de la même manière qu'on ne peut interrompre le circuit alimentaire, il est indispensable de réfléchir aux moyens de préserver les activités cultuelles et culturelles qui sont indispensables à une grande partie de la population.

Les volontaires de l'an II du Covid-19

On sait que la maîtrise d'une pandémie à ses débuts (et c'est la même chose lors du début de chaque poussée) dépend de l'identification des sujets contaminateurs et de leur suivi. À cette fin, une application TousAntiCovid a été mise au point, qu'on peut charger sur son téléphone portable. De même, diverses institutions essaient-elles de tracer le parcours d'éventuelles contaminations.

Tout cela est positif, mais se heurte à la question suivante : pour quoi faire ? À quoi bon identifier un parcours si on ne peut le changer ?

À notre connaissance, il n'y a pas d'institution qui, à la fois, collecte les informations et fait une enquête systématique de terrain pour informer et conseiller les sujets atteints et surtout ceux qu'ils rencontrent.

On n'a pas le personnel suffisant. Certes, il ne s'agit pas de pérenniser une activité qui est par nature variable. Mais on peut aisément trouver ceux qu'il faut. Et proposer des CDD à des jeunes qui verraient qu'ils sont utiles, qu'ils aident les autres. Nul doute que ces volontaires de l'an II du Covid-19 trouveraient tout à coup un sens à leur existence et, sans doute, en entraîneraient d'autres avec eux.

Rôle des transports : quelques études

Une importante étude chinoise a concerné Wuhan. En effet, avant le confinement du 23 janvier 2020, 5 millions de personnes ont quitté la ville pour le festival du Printemps. Le 9 février, 330 autres villes étaient infestées. Et les auteurs ont analysé l'influence des transports en commun (trains, bus, avions) et trouvé une forte corrélation entre leur fréquence et le nombre de cas dans chaque ville.

Une autre étude basée sur les usagers du métro de New York (enregistrés chaque fois qu'ils franchissent le tourniquet) a montré une forte corrélation entre la mortalité et la fréquentation pour la période comprise entre le 1er mars et le 15 mai 2020 à tel point que la mortalité pouvait être prédite à partir de la fréquentation.

Une autre intéressante étude chinoise concerne des pèlerins qui ont pris 2 bus pour se rendre à une célébration. Le trajet a duré une heure et quarante minutes – 60 passagers dans le bus n° 1 n'eurent aucun cas de Covid-19. Un de ceux du bus n° 2 avait le Covid-19. Résultat, 23 des 67 autres passagers furent contaminés (plus 7 des 172 autres participants à la réunion).

Ces exemples, parmi d'autres, mettent en évidence le rôle des transports en commun dans la propagation de la maladie. Il est évident que, dans le premier cas, il n'y avait probablement pas ou peu de gestes barrières – la situation est moins claire pour le second (le masque y est obligatoire).

Par ailleurs, de nombreuses publications rapportées par « La voix du transport urbain et ferroviaire » ne montreraient pas de contamination significative dans les transports en commun. Espérons qu'ils ont raison…

Car il y a des raisons d'en douter. En effet, s'il semble généralement acquis que la transmission du virus par aérosol n'est pas la principale source de contamination, il existe plusieurs publications indiquant qu'elle peut, dans certains cas, pouvoir être significative.

Nous posons donc la question : peut-on garantir la sécurité du transport par exemple dans le RER aux heures de pointe où, même avec des masques, les passagers sont agglutinés pendant des dizaines de minutes dans des conditions de proximité sans commune mesure avec les recommandations (1 ou 2 m de distance) ?

Pour un service autonome de sécurité sanitaire

L'auteur de cet ouvrage, ancien chef de service très actif, avait lorsqu'il était en fonction une multitude de tâches qui l'occupaient bien au-delà des trente-cinq heures de Mme Aubry. Et, régulièrement, des empêcheurs de tourner en rond venaient perturber un emploi du temps surchargé. C'étaient les pompiers. Il lui fallait assister et éventuellement participer aux démonstrations de lutte contre le feu. Que n'a-t-il pesté contre ce temps perdu. Eh bien, il avait tort. Parce que le feu dans un hôpital met en danger la vie des malades et des personnels et, non maîtrisé, peut, du fait de l'importance de la population qui y vit et dont une partie est par nature handicapée, causer des dégâts et des pertes en vies humaines sans compter les séquelles chez ceux qui auront échappé à la mort.

Les pompiers nous indiquent la voie car ils sont par nature indépendants. L'histoire du Covid-19 en France (et, à quelques exceptions près, partout dans le monde) montre de façon cruelle que, même lorsque existe un plan à appliquer en cas de pandémie, la routine, la dilution des responsabilités, la dictature des économies à faire, l'indifférence, le refus d'admettre l'hypothèse d'un risque, tout cela fait que rien ne fonctionne, que les masques FFP2 n'ont pas été renouvelés, que les masques chirurgicaux sont moisis et tout à l'avenant.

Indépendamment des responsabilités individuelles qui ne sont pas de notre ressort, ce constat mène à des conclusions simples. Mélanger la sécurité sanitaire avec le reste de l'activité du ministère en charge de la Santé, de la Direction générale de la santé et de la Santé publique France revient tout simplement à la supprimer. Elle est la dernière des préoccupations. Elle n'intéresse personne ou presque. Elle ne valorise personne. En bref, c'est une épine dans le pied dont on se débarrasserait volontiers.

Imagine-t-on la même chose dans la prévention des incendies ? Dans la lutte contre le terrorisme ? Il s'agit pourtant d'enjeux dont le tribut à payer se chiffre par dizaines de milliers de morts et en économie par une diminution en 2020 de plus de 8 % du PIB. C'est autre chose que les économies de bouts de chandelles qui ont probablement été en partie à la base de la déshérence du système de protection.

Il convient donc de créer un service autonome de sécurité sanitaire indépendant des trois organismes mentionnés plus haut, dont les attributions et les missions sont définies clairement, et qui ait autorité pour les faire appliquer. Notre proposition est qu'elle dépende d'un ministère ayant l'idéologie et la culture de la lutte contre les risques et les attaques en provenance de l'étranger : la Défense nationale. Et que ce pilotage se fasse avec l'aide des autres ministères concernés.

Le Covid-19 après le vaccin

Les européens, dont la France, n'ont pas lésiné leurs efforts pour acheter des vaccins. Et, à partir du moment où les limites ne seront plus déterminées par leur disponibilité mais par l'acceptation de se les faire administrer, on va se retrouver avec deux populations. La première sera en grande partie protégée quand la seconde, par refus de ce traitement, ne le sera pas. Elle constituera un réservoir dans lequel le virus pourra continuer à vivre, à se développer et à muter.

Mais se pose évidemment la question de la durée de l'immunité conférée (faudra-t-il une 3e dose pour ceux qui nécessitent deux injections[1] ?) et de la qualité de cette dernière en cas de mutations. On le voit, tant que 1) la totalité de la population du globe n'aura pas été vaccinée et 2) des traitements efficaces pour tuer le virus n'auront pas été mis au point, le futur reste grevé d'incertitudes. Et ce d'autant plus que l'évolution du variant indien Delta au Royaume-Uni qui a fait passer le nombre de cas quotidiens d'environ 2 000 en avril-mai à plus de 10 000 en juillet, cependant que les malades de réanimation montaient de 120 à 853 et les morts d'une dizaine à 70-80.

Le variant indien Delta a remplacé le variant anglais au Royaume-Uni en milieu du mois de juin 2021. Et, comme on pouvait s'y attendre, suivant en cela le mutant anglais Alpha, il est arrivé et se propage en France.

1. C'est probable.

Effets de la vaccination
Les cas du Royaume-Uni et de l'Espagne

Début juin 2021, alors que le Royaume-Uni avait, devançant le reste de l'Europe, beaucoup vacciné (100,8 doses pour 100 habitants le 4), le nombre de cas par jour qui était stable aux alentours de 2 000 depuis début avril a, variant Delta oblige, effectué une hausse progressive pour dépasser les 28 000 dans la première semaine de juillet. Alors, inefficace le vaccin ? Regardons-y de plus près et comparons avec ce qui s'est passé lors de la poussée hivernale.

Si on prend quatorze jours consécutifs dont la moyenne des cas journaliers est du même ordre (du 20 janvier au 3 février : 30 081 et du 30 juin au 14 juillet : 27 772), une énorme différence est constatée pour la mortalité. Dans le premier cas, il y avait 1 135 morts par jour ; dans le deuxième, 19. Ainsi la vaccination, qui a été prioritairement, comme partout, faite sur les gens âgés et vulnérables, les a protégés de la mort. On sait que statistiquement (*cf.* p. 453), ce sont les jeunes qui ont le plus grand nombre de cas et les vieux celui des morts. Grâce à la vaccination, ces derniers ont été protégés et le même constat peut être fait pour l'Espagne dont les cas ont augmenté début juillet (83,7 doses pour 100 habitants le 2). Du 11 au 24 février, la moyenne des cas journaliers a été de 11 706 ; du 30 juin au 14 juillet de 12 749 et les morts 455 et 16 respectivement.

La démonstration est faite : la vaccination massive protège massivement de la mort. Et une étude israélienne n'a trouvé que 152 cas graves (94 % avec des comorbidités) chez 5,5 millions de personnes vaccinées (Pfizer).

Aux États-Unis le 30 avril 2021, sur 101 millions de personnes complètement vaccinées, on comptait 10 262 cas de Covid-19, 995 hospitalisations et 160 morts.

Conclusion

Que d'un mal sorte un bien

Le coronavirus apparu en 2019 est porteur d'une maladie. Dans maladie il y a mal. Lutter contre une maladie, c'est s'opposer au mal. C'est affirmer sa foi dans le progrès, c'est s'opposer à la souffrance, à la déchéance, aux mutilations multiples que cause la pathologie. Aux vies écourtées, aux amours détruites, aux projets anéantis. Aux effets secondaires sur l'entourage, la famille, les proches qu'elle malmène, perturbe, aveugle souvent, culpabilise pour beaucoup. Elle s'oppose au bonheur et à la réalisation individuelle.

Cette action sur les êtres humains se retrouve tant au niveau des personnes que des groupes.

Et, il faut bien le dire, le constat de la grande majorité des pays face au Covid-19 est peu encourageant. Aveuglement, négation, incompétence, la médiocrité de la gouvernance des pays démocratiques comme les dictatures a été cruellement mise au jour. Agent pervers et mortifère, le Covid-19 sert aussi de miroir révélateur des sociétés qu'il frappe.

Au premier abord on pourrait désespérer.

Mais quand on regarde de plus près, on voit que tous ou presque tous les peuples de la terre comptent cas et morts tous les jours. Avec toutes les imperfections qu'un tel phénomène comporte, c'est la première fois dans l'histoire de l'humanité que le mal qui frappe partout est partout identifié, compté, publié. Ce phénomène, qui exprime l'unicité des humains, est absolument majeur. Il n'y aura pas de retour en arrière. Face au mal, l'humanité fait face, unie malgré de bien compréhensibles différences.

Et du coup, ce sont la santé et la vie des hommes qui sont passées au premier plan des préoccupations de tous, pas les moyens de faire fortune au détriment des autres. Face au mal, l'humanité a retrouvé un sens des valeurs et de l'éthique digne d'elle.

Cet élan se retrouve dans la recherche d'une solution, en particulier d'un vaccin. Qui imaginerait que le Kazakhstan ou l'Égypte soient sur les rangs ? En dehors de la rivalité des grandes puissances et des grands groupes pharmaceutiques, cela indique une mobilisation planétaire sans précédent.

La recherche sur le vaccin a aussi montré un phénomène très important. Ce ne sont pas les spécialistes traditionnels qui sont arrivés les premiers ou arrivés tout court. Et la faillite de celui de l'Institut Pasteur – leader mondial depuis longtemps – sonne l'alarme. Malgré les rodomontades politiciennes, la recherche – qui est le seul espoir de notre pays – n'y a qu'une place mineure. Résultat, au lieu d'attirer les meilleurs venus de l'étranger comme autrefois, nous en exportons. Pour ne prendre qu'un exemple, les directeurs de l'américain Moderna et de l'anglo-suédois AstraZeneca sont français. Peut-on accepter cet état de fait ?

Une révolution s'impose, menée par ceux qui sont les plus créatifs, pas par ceux dont la carrière a suivi les programmes des laboratoires pharmaceutiques. Avec des moyens et des structures sans commune mesure avec la situation actuelle. Recruter des chercheurs, faire venir de l'étranger les plus inventifs est une obligation absolue et vitale si on croit que notre pays a un futur. Comme indiqué au chapitre précédent, une des leçons de la pandémie actuelle est la nécessité de créer, dans le cadre de la Défense nationale, un service autonome de sécurité sanitaire chargé : 1) de détecter les risques pandémiques ; 2) d'assurer un stock stratégique de défense ; et 3) de piloter, avec autorité sur les autres corps de l'État, la lutte quand une pandémie touche notre pays.

Un dernier mot. Tout a été dit sur l'hédonisme, l'individualisme, l'indifférence de la jeunesse. Nous avons vécu les conséquences psychologiques dévastatrices des trente-cinq heures qui, du jour au lendemain, ont transformé des héros en petits médiocres comptabilisant leurs heures de travail et, du coup, ne croyant plus à rien. Le Covid-19 a eu le résultat de les réveiller. De leur redonner leur noble fonction de protéger et d'aider les plus faibles. Ils sont redevenus des héros. Car ils ont décidé de faire ce qu'ils devaient faire.

Nul doute que, dans un objectif généreux, solidaire et évident pour tous, le reste des jeunes prendraient le même chemin. Pour cela il faut qu'on leur présente la réalité dans laquelle ils vivent d'une façon honnête et réaliste et que les enjeux pour l'humanité soient autre chose que les slogans vides de sens qu'on leur impose aujourd'hui.

Et c'est d'autant plus nécessaire et indiqué que c'est l'humanité tout entière qui s'est mobilisée contre le mal qu'est le Covid-19.

Supplément

Petit dictionnaire des farces et attrapes

Petit dictionnaire des farces et attrapes

Apparu brutalement sur la scène mondiale, le Covid-19 a suscité une cacophonie d'interventions, chacun voulant y voir ce qui lui passe par la tête. Et le système médiatique n'a fait que leur servir de porte-parole et de caisse de résonnance. Le petit dictionnaire des farces et attrapes en répertorie quelques-unes qui vont de la théorie du complot universel aux déclarations de prophètes qui, tel Philippulus dans *L'Étoile mystérieuse* d'Hergé, annoncent la fin de tout (et de rien).

Ces farces et attrapes sont parfois anodines. Beaucoup plus souvent elles sont sournoises, pernicieuses. Elles accentuent le désarroi devant un nouveau venu particulièrement fourbe et dangereux. En semant le trouble avec des déclarations d'autorité que rien ne justifie, elles détournent des attitudes défensives (masques, lavage des mains, distanciation, vaccination). De plus, certains, dont la carrière est particulièrement heureuse et qui ont bénéficié de beaucoup d'avantages, se présentent comme des victimes de telle ville, de telle institution, de tel laboratoire pharmaceutique dont ils ont pourtant largement profité. Permettant ainsi un ostracisme de la parole de ceux qui se contentent de rappeler les faits, rien que les faits en dehors de tout propos polémique. Loin d'être exhaustif, ce petit dictionnaire illustre quelques-unes de ces déclarations faites avec autant d'assurance que de mépris de la vérité.

Ce n'est qu'un petit rhume

Cette déclaration fracassante faite au tout début de l'épidémie aux États-Unis par celui qui était encore le Président de ce pays, propos dont il a expliqué ensuite à un célèbre journaliste Bob Woodward qu'il pensait que c'était dangereux mais qu'il ne fallait pas effrayer la population (???), a fait partie d'une campagne visant à nier l'existence d'un danger. Par ses interventions répétées relayées par tous les complotistes et toute une kyrielle disparate de « disciples », le président Trump et derrière lui ceux de son parti qui l'ont suivi ont joué un rôle central dans le fiasco de la lutte contre la maladie qui a fait des États-Unis, et de loin, le premier pays pour le nombre de cas, de cas graves et de morts.

Poiret et Serrault

Il fut un temps, dans les années 1950-1970, où dans les cabarets et à la télévision se produisaient des couples de comédiens : Roger Pierre et Jean-Marc Thibault, Darras et Noiret, Les Frères ennemis, Michel Muller et Henri Guybet, etc. L'un des plus connus était l'association, en début de leur carrière, de Jean Poiret et de Michel Serrault. Dans un de leurs numéros, le premier demande au second qui allait mettre en scène au cinéma la vie de Mozart si la musique était bien de ce dernier. Non, elle est de Francis Lopez (spécialiste de l'opérette). Et d'ajouter : vous savez, ce sont les mêmes notes, dans un ordre différent, mais ce sont les mêmes. Obsédé par le virus du sida, un éminent prix Nobel français a cru en reconnaître des fragments dans celui du Covid-19. Hélas pour lui il n'en est rien. Les éléments constitutifs des virus (les nucléotides) se retrouvent dans beaucoup d'entre eux sans qu'ils aient une quelconque parenté car ce qui compte est, comme dans un jeu de Meccano ou de Lego, leur arrangement, et le virus du sida ne ressemble pas plus à celui du Covid-19 qu'un pont fait avec du Lego à une maison ou que la musique de Francis Lopez à celle de Wolfgang Amadeus Mozart.

Une déclaration fracassante du Pr Tasuku Honjo prix Nobel de médecine (2018)

« Il est fabriqué et le virus est complètement artificiel. Je travaille depuis quatre ans dans le laboratoire de Wuhan en Chine. Je connais bien tout le personnel de ce laboratoire. Je les ai tous appelés après l'accident du coronavirus. Mais tous leurs téléphones sont morts depuis trois mois. Maintenant il est entendu que tous ces techniciens de laboratoire sont morts. Sur la base de toutes mes connaissances et recherches à ce jour, je peux dire cela avec une confiance à 100 % que le coronavirus n'est pas naturel. Cela ne venait pas des chauves-souris – la Chine l'a fait. »

Le Dr Tasuku Honjo, qui n'a jamais travaillé à Wuhan et dont le compte Twitter est manipulé par quelqu'un d'autre, a déclaré : « Je suis très attristé de voir mon nom et celui de l'Université de Kyoto utilisés pour diffuser de fausses accusations et de la désinformation. »

Fake news donc. Avis aux comploteurs, manipulateurs, farceurs (pas drôles) et autres gogos.

Le virus a été importé en Chine

Comme on a pu s'en rendre compte, l'ex-président Donald Trump attaque la Chine comme responsable du virus du Covid-19. Si on suivait son raisonnement, on pourrait demander des comptes aux États-Unis d'Amérique pour la grippe espagnole – en fait apparue dans ce pays en 1918 –, pour la pandémie de grippe H1N1 de 2010 (*idem*) et aussi pour le sida puisque c'est là encore dans ce pays qu'il s'est multiplié de telle manière que, de quelques cas isolés et disparates, il soit devenu la peste que l'on connaît.

Du coup les Chinois répliquent – puisqu'ils ont trouvé (quelques mois après) du virus soigneusement conservé dans des produits surgelés venant de diverses contrées –, ils posent la question : et si nous n'étions pas à l'origine du Covid-19 ? Tout est possible dans la vie, même l'invraisemblable. Et pour être invraisemblable, cette hypothèse se pose là.

Il faut laisser les jeunes se contaminer, ils ne risquent rien

Le Covid-19 tue essentiellement des adultes et surtout des gens âgés et plus des hommes que des femmes. Cependant, un certain pourcentage d'individus plus jeunes présentent des formes graves, douloureuses, avec quelques cas funestes. Supposons que le Covid-19 ne frappe que les jeunes. Les centaines de décès, les milliers de formes pénibles, longues à guérir, avec souvent des séquelles très désagréables suffisaient à effrayer les classes d'âge qui, aujourd'hui voyant la surmortalité des plus vieux, en déduisent qu'ils n'ont rien à craindre. Il y a plus grave. Même en l'absence de ces derniers cas, ce conseil serait judicieux à deux conditions : 1) de ne pas être en contact avec les jeunes porteurs de pathologies qui les exposent aux formes graves et 2) n'avoir de rapport que par messageries avec les plus âgés, en particulier dans leur famille. Il n'en est rien. Résultat : ceux qui ne se protègent pas amènent le virus dans leur propre famille (en Chine, 64 % des contaminations l'ont été dans ce cadre). Avec, comme conséquence, des morts.

Ce n'est rien à côté de la grippe

Certes, au moins jusqu'ici, les quelques millions de morts, ce n'est rien à côté de la grippe espagnole qui entre 1917, venue des États-Unis d'Amérique (et non d'Espagne), et 1920 a tué, selon les dernières estimations, aux alentours de 50 à 70 millions de personnes, c'est-à-dire entre 3 et 5 % de la population mondiale, les estimations des pandémies suivantes (1957, 1968, 2010) sont sans commune mesure. Au cours de ces pandémies, comme dans le cas du Covid-19, les sujets (souvent jeunes) mouraient de pneumonie, c'est-à-dire d'une maladie grave du poumon en quelques jours.

Rien à voir avec la grippe hivernale « ordinaire ». Les morts par pneumonie sont si rares que l'auteur, pneumologue et réanimateur, n'en a quasiment jamais vu en plus de cinquante ans d'exercice. Les morts de la grippe banale ne meurent pas de la grippe. Ce sont des gens généralement âgés souffrant de multiples pathologies. La grippe est une pichenette qui les déséquilibre. S'ensuivent toute une série d'événements et de complications qui entraînent la mort, non pas dans l'atmosphère d'une réanimation prolongée mais au terme d'une cascade d'épisodes de nature diverse (infections bactériennes, accidents vasculaires, marasme, etc.).

Le Covid-19 n'a tué que ceux qui devaient mourir de toute façon

Le Covid-19 tue essentiellement des sujets âgés et, en France, plus de 40 % du total ont touché les Ehpad. On pourrait donc penser qu'il n'a fait qu'accélérer un processus inexorable. Prenons les statistiques de l'Insee. Le nombre de morts en 2020 a été de 658 000, la moyenne des trois dernières années (2017-2018-2019) était de 605 788, celle des dix dernières (2010-2019) de 581 138. La différence était d'environ 48 000 et 77 000 respectivement. On peut donc raisonnablement penser que la quasi-totalité de cette augmentation était due aux 63 109 morts officiels du Covid-19. Qui a donc tué en plus et ne s'est pas contenté d'accélérer un phénomène inévitable. Même constat d'ailleurs aux États-Unis : entre le 1er mars 2020 et le 2 janvier 2021, il y a eu, par rapport à la même période un an plus tôt, 522 368 morts en excès, dont 72,4 % rapportés au Covid-19 (ce qui laisse présumer que la mortalité de ce dernier était sous-estimée). Et on y a calculé que de mars 2020 à mai 2021, 184 477 cas de Covid-19 n'avaient pas été compté parmi les morts.

Les labos ne veulent pas de l'hydroxychloroquine pour faire fortune avec des vaccins chers

C'est vrai que le Plaquénil (hydroxychloroquine) ne coûte pas cher : 5,33 € la boîte, ce qui correspond à un traitement. Notons au passage que « les labos » n'en sont qu'un, c'est-à-dire Sanofi qui, avec l'anglais GSK, met au point un vaccin. Lequel est vendu à 7,56 € la dose, c'est-à-dire 15,12 € pour une personne. On le sait, des difficultés ont retardé sa mise au point, ce qui implique évidemment des coûts de recherche et de fabrication considérables.

Alors faisons des comptes. 5,33 €, ce n'est pas cher certes mais le médicament existe, il n'y a aucune recherche ni investissement à faire. Autrement dit, il ne coûte à Sanofi que les frais de fabrication et d'emballage. Supposons que seulement 1 milliard de personnes de par le monde le prennent, on peut aisément calculer que les bénéfices seraient énormes. Et ce d'autant plus qu'il n'y aurait rien à investir, le vaccin devenant secondaire.

Considérons ce dernier. Sur les 15,12 €, la moitié revient à GSK. Donc 7,56 pour Sanofi dont il faut retrancher les frais de recherche, les assurances à cause des risques, etc., et le tout, alors que Pfizer et Moderna se taillent la part du lion. Il est facile de calculer que les bénéfices seraient bien inférieurs à ceux de l'hydroxychloroquine. *End of the story.*

C’est fini, plus rien ne va se passer

Cette déclaration fracassante faite à la fin du printemps a permis à beaucoup, soulagés après les deux mois de confinement et désireux de compenser cette période de « punition » par la fête, se sentant invulnérables et autorisés, puisque c’était fini le virus, de négliger les mesures préventives pendant l’été. On connaît la conséquence : des millions de cas et des dizaines de milliers de morts.

Il va faire chaud, le virus va mourir

Encore une déclaration remarquable puisque c'est justement quand il a fait 40 °C et plus que le virus s'est répandu dans le golfe Persique et en Inde. Et c'est également en été qu'il a envahi l'Asie centrale, à une moindre échelle cependant. Ah ! Ce doit être la faute de la climatisation. Pourquoi pas ? Mais jusqu'à preuve du contraire, 1) seule une minorité en bénéficie[1] et 2) même dans ce cas, la température à l'intérieur des maisons n'est pas hivernale mais tempérée.

1. 3 % à New Delhi.

Mauricette est morte

On sait que la première vaccinée contre le Covid-19 a été une dame âgée de 78 ans appelée Mauricette le 27 décembre 2020. Quelques jours plus tard, on apprenait sa mort sur certains réseaux sociaux. Vérification faite, c'était faux. Acculé et démasqué, l'auteur de cette sympathique *fake news* a expliqué qu'il voulait lutter contre le vaccin. Sans commentaire.

Il ne faut pas ventiler les vieux

Assénée avec toute l'autorité que la personne qui a prononcé cette phrase s'était attribuée, on a atteint un des sommets des farces et attrapes. En effet, décider de ne pas ventiler « les vieux » revient à les laisser mourir. Or les critères d'entrée en réanimation basés sur l'utilisation de l'IGS2 comportent déjà l'âge. Autrement dit, une défaillance monoviscérale relève généralement de la ventilation assistée quel que soit l'âge alors que la situation est très différente quand plusieurs organes sont défaillants.

Avis aux ignares.

ARN et ARN messager

Un homme est mort, dix-sept jours après l'administration d'un vaccin à ARN messager, du Covid-19. À l'autopsie, on a trouvé le virus dans plusieurs organes. Et comme c'est un virus à ARN, c'est bien entendu l'ARN du virus qu'on a identifié. Un ex-candidat à la présidence de la République, qui avait probablement oublié de mettre ses lunettes, a cru qu'on avait trouvé l'ARN messager du vaccin. Et que le malheureux était mort, colonisé par ce dernier. Confondre l'ARN du virus (c'est le plus gros de sa catégorie) avec le petit ARN messager est comme confondre une souris nouvelle-née avec un éléphant adulte. Information immédiatement relayée par toute une série d'aimables farceurs. Et puis, il a dû se rendre à l'évidence en remettant ses lunettes et revenir dans le monde réel.

Remerciements

L'auteur tient à remercier celles et ceux qui l'ont accompagné dans la conception et la réalisation de cet ouvrage :

Adélaïde et Aymeric Descoqs pour leur aide constante et leurs encouragements.

Albert Benloulou pour son esprit toujours en éveil, critique positif de la moindre imprécision ou défaillance, permettant ainsi d'améliorer le texte.

Michel Gaillard pour ses avis et suggestions, toujours positifs et amicaux.

François Bricaire pour les idées et les critiques qu'il a apportées.

Christine et Éric Verdier pour leur enthousiasme, leurs encouragements et la fidélité de leur amitié.

David Klatzmann pour ses conseils et sa bienveillance.

Rebecca et Pierre Perret pour la fidélité de leur amitié et pour la chanson de Pierre.

Jean de Kervasdoué, Chérif Reggui et Guy Renou, eux aussi amis fidèles pour leurs avis et propositions éclairés.

Marie-Thérèse Planckaert pour son aide et son fidèle soutien.

Danielle et Jean-Patrick Azpitarte pour la constance de leur aide et pour les renseignements concernant Getraline.

Chantal Aladenyse, Tristan Azpitarte, Didier Baraud, Joelle Benloulou, Ghislaine Bergès-Gillet, Jean-Yves Branchard, Philippe Camus, Benoît Choquet, Alain Cornier, Jalloul Daghfous, Armelle Debru, Evelyne Deparis, Yves-Noël Derenne, François Desgrandchamps, Éric Duchossoy, Catherine et Philippe Duval, Christine Fardeau, Carlos Freire, Michel Fremder, Brigitte et Alain Genestar, Philippe Grenier, Mireille et Gérard Huchon, Myriam Illouz, Joëlle Jansé-Marec, Mathis Jouhet, Sophie, Stéphane et Zoé Jouhet, Régine et Bernard Labbé, Christophe Le Baron, Isabelle et Jean-Charles Le Baron, Marie-José et Jean-François Le Baron, Nicolas Le Baron, Pierre Lemanissier, Paul Léophonte, Jennifer Macklem, Gudrun von Maltzan, Anne-Sophie Mercier, Hubert Michel, Steve Nanchen, Anne et Hervé Nicolas, Monique et Patrick Nivet, Penelope Opperman, Jacques Pérez, Gaspard Pinta, Paule et Jean Plou, Danièle Renou, Hélène Reghi, Maryvonne Rigodiat, Olivier Rixe, Dominique

Valeyre, Dominique Vayron, Victoria Verdier, Gérard Vincent, Serge Wasersztrum, William A. Whitelaw pour leurs commentaires, leurs propositions, leurs encouragements.

Sans oublier mes amis que le Covid-19 a tués : Jean-Claude Gillet, Louis Jeannin, John F. Murray.

Table

Et les autres animaux ?

Les voies de la contamination

Ô saisons
Ô contaminations

L'homme et l'animal

La maladie : une pneumonie virale

Les enfants

Immunité donnée par l'infection par le SARS-CoV-2

Dans le dédale des tests

Traitements curatifs

Les vaccins

II
Le tour de la terre

Il court, il court, le Covid
Il court, il court, le Covid

Il est passé par ici
Il repassera par là

La Chine

Les continents

III
Enjeux, défis et décisions

Le Covid et la société

La vie à distance

Conséquences économiques et sociales

Stratégie de lutte contre la pandémie de Covid-19

Vérité et mensonges

En 2005, avec François Bricaire, nous avions décrit la situation actuelle et fait des propositions

Les pays qui ont réussi

De quelques solutions…

Bonne et mauvaise gouvernance

Pourquoi tant de morts ?

Union ou désunion

Ni vainqueurs ni vaincus ou alors…

L'heure des mutations et des variants

Quelques propositions
Quelques interrogations

Conclusion

Supplément

Petit dictionnaire des farces et attrapes

Cet ouvrage a été composé
en Adobe Garamond Pro
par Nord Compo
à Villeneuve-d'Ascq (Nord).

Achevé d'imprimer en septembre 2021
sur les presses de La Nouvelle Imprimerie Laballery (58)

N° édition : 7381-5699-X – N° d'impression : 108386
Dépôt légal : août 2021

Imprimé en France

Inscrivez-vous à notre newsletter !

Vous serez ainsi régulièrement informé(e)
de nos nouvelles parutions et de nos actualités :

https://www.odilejacob.fr/newsletter